微生物がつくる発酵ワンダーランド

人類と「発酵&微生物」の不思議な関係

秋田今野商店 代表取締役社長
今野 宏

産学社

まえがき

発酵食品がなければ、日本の食生活は成り立たない

日本は今、65歳以上の人口が30パーセント近くを占める超高齢社会を迎えています。日々健康であること、それは誰しもが望みます。しかし、さまざまなストレスにさらされる現代社会で、体調の不安を全く感じない人は少ないでしょう。多くの人がウォーキングを始めとする運動に精を出したり、サプリメントを常用したりしています。

このように健康への関心が大きくなっていることもあり、「発酵」への注目度が高くなってきました。発酵とは微生物の働きによって、人間にとって有益に作用することです。発酵は食物の美味しさ、栄養価、保存性を高めるだけでなく、腸内環境の改善や抗酸化作用などの健康効果をもたらします。身近なところでいえば、日本酒や焼酎などのお酒や味噌、醤油、ヨーグルト、納豆、漬物など、実に多くの発酵食品・飲料に働く微生物が、私たちの生活を豊かにしています。私はこの発酵に関わる微生物を取り扱う仕事を、長年続けてきました。

微生物の種である胞子は、肉眼で見ることはできません。その胞子を純粋に培養して販

売するという、世界に類を見ない「商売」が日本で誕生しました。種麹《たねこうじ》屋（もやし屋）です。種麹屋は日本酒造りに最も重要となる麹菌を専門に生産する、プロフェッショナルな技術集団です。今から６００年以上前に、蒸《む》した米に木灰を添加することによって胞子の耐久性を高める画期的な技術を開発しました。これは一つのキーテクノロジーといっていいでしょう。

木灰利用の種麹造りはオートクレーブと呼ばれる高圧蒸気滅菌器のような殺菌装置が存在しなかった時代に、麹菌をほぼ純粋に繁殖させる秘伝のようなもので、これは現代の微生物学的に見ても、実に巧妙で革新的な技術です。この驚異的な技術ゆえに、種麹屋は世界最古のバイオビジネスだといわれているのです。

私は、この種麹屋である秋田今野商店の四代目に当たります。２０２４年で創業１１４年を迎えました。しかし、種麹屋の長い歴史から見れば、私たちは新参者です。

弊社の創業者である今野清治は明治時代、当時まで原始的であった種麹造りに、新しい技術を導入しました。「単胞子分離」という育種の手法です。粘性のあるグリセリン入りの殺菌水に薄めた麹菌胞子を入れ、スライドガラスの上に落とします。それを顕微鏡で観ながら、たった一粒の胞子だけを先端の尖った濾紙《ろし》で吸い取り、その濾紙ごと培養するというものです。その一粒の胞子は発芽し、麹菌が増えていきます。一粒から発生した米麹をつくってその酵素を測定し、厳選された優秀な一個の胞子を元菌として培養をくり返すという粘り強い作業を行ないました。こうして純粋化された種麹の「今野菌」を、希望者に惜しみなく頒布したのです。

「菌の銀行」ともいえる種麹屋ですが、この世界最古のバイオビジネスを営む会社は、全国に数社しかありません。この数社が国内外に種麹を販売しています。

麹菌は日本酒造りに欠かせない基盤的な存在で、２００６（平成18）年に、「国菌」に認定されています。近年は醸造分野だけでなく、微生物農業の原体、健康食品の素材、化粧品の原体などにも活用されるようになってきました。今後さらに、さまざまな分野での活用が期待されています。

人類の未来にも、大きな影響を与える微生物

発酵というと古くさい、あるいは得体の知れないというイメージを持つ人もいれば、発酵は安全、安心、やさしさ、体に良いという発酵食品からくるイメージを持つ人もいるでしょう。毎日の食卓の上には、味噌や醤油、みりん、米酢、鰹節《かつおぶし》などの発酵調味料をはじめ、それらを使ってつくられた味噌汁、納豆、パン、バター、チーズ、ヨーグルトなど、何かしらの発酵食品が並んでいるはずです。その食品の元《もと》になるのが麹菌や酵母、酢酸菌、納豆菌などの微生物（菌）なのです。

発酵は大昔から伝えられてきた技術です。日本だけでなくヨーロッパ各国のワインやチ

ーズにも、この技術は使われています。アジア諸国にも、納豆と似た発酵食品が存在しています。しかしその仕組みは、何千年にもわたってベールに隠されていました。それが目に見えない多くの微生物たちによって起こると分かったのは、せいぜい150年ほど前のことに過ぎません。そして微生物の存在が明らかになったことで、発酵の技術も格段の進歩をとげました。

微生物による発酵作用は今、私たちの生活のありとあらゆる場面に関連しています。食品・飲料だけでなく、大袈裟《おおげさ》にいえば人類の未来に大きな影響を及ぼすほどの力を持っているのです。

本書では、発酵のメカニズムや種類を中心に、微生物そのものを食べる代替タンパク（微生物タンパク）の話から酒造り、製薬、化粧品、農業や環境に果たす先駆的な役割、免疫と腸内細菌の関係など、微生物が関わる幅広い発酵の世界を、各章で紹介していきます。ご自分の興味のある章を拾い読みいただいても結構です。

1人でも多くの読者に菌や発酵について知っていただき、その無限の可能性を知ってもらえれば幸いです。

著者

目次

ブックデザイン　若松　隆
編集協力　吉川健一、相田英子（有限会社リリーフジャパン）

【 第一章 】

発酵技術
ますます進歩する

麹菌や乳酸菌など、菌による発酵作用から生まれる発酵食品は、日本人の食生活と健康長寿の土台。菌を直接食べる「菌食」、菌を活用した人工肉も注目されるようになってきました。

01 日本人は〝菌食〟の先駆者

健康長寿をもたらす発酵食品

温暖な気候と豊かな水、そして山と海の幸に恵まれた日本には数多くの発酵食品が生まれました。麹菌や乳酸菌など微生物（菌）による発酵作用から生まれる食品は、**図1**のように多種多彩です。日本の食文化は、微生物によって築かれているといっても過言ではありません。発酵は人間の体に有用なものを指し、有害になる場合は「腐敗」と区別します。

私の前著『食をめぐる「菌」の話』（産学社・刊）では、全国各地の名品である発酵食品や、誰でもつくれるレシピなどを紹介しました。これらの食品を活用した和食が、日本人の健康長寿を支えていることは間違いありません。厚生労働省や長寿科学振興財団も、和食の摂取を強く推奨しています。

図1にある味噌や醤油、みりん、酢などの発酵食品は食事の主役ではありませんが、和食の美味しさを支え、健康を支える実力者です。日本人は古来、菌の働きに注目し、さまざまな発酵食品を生み出してきました。世界に誇ることができる日本の食文化の象徴、それが発酵食品です。

人間の肉眼で個体を区別して見られる限界は、1ミリ～0・1ミリくらいの大きさです。

図1 主な発酵食品

豆類	納豆、醤油、味噌、豆腐よう（沖縄）
魚介類	鰹節、塩辛、くさや、魚醤（しょっつるなど）、アンチョビ 酒盗、なれずし
肉類	生ハム、サラミ、ドライソーセージ
乳製品	チーズ、ヨーグルト
野菜・果物	糠漬け、キムチ、ピクルス、いぶりがっこ、ワイン シャンパン、ザーサイ、メンマ
穀類	米酢、黒酢、日本酒、ビール、甘酒、焼酎、みりん パン、コチュジャン
その他	チョコレート、プーアル茶

出典：小林食品ホームページ「和食の旨み」

図2 発酵に関わる3種類の微生物

カビ	麹菌（日本酒、醤油、味噌）
	青カビ、白カビ（チーズ）
	カツオブシカビ（鰹節）
酵母菌	酵母菌（酒類、パン、醤油、味噌）
細菌	乳酸菌（ヨーグルト、漬物）
	酢酸菌（酢）
	納豆菌（納豆）

（※上から個体の大きい順）

それより小さな生物は、すべて微生物ということになります。微生物の中で比較的大きいのは原生生物で、大きさは0・1〜0・01ミリです。カビ（真菌）は約0・001ミリ、細菌はその10分の1くらいの大きさになります。

このように同じ微生物の仲間でも、大きさは100万倍くらいの違いがあります。発酵に関わる菌類は、大きく分けると**図2**のように3種類です。

カビと細菌はどちらも微生物ですが、体を構成する構造は根本的に異なります。カビはキノコや酵母と同じ菌類の仲間で真菌と呼ばれ、細胞内に核を持っています。一方で大腸菌や納豆菌、乳酸菌のような細菌類は、細胞内の中に核膜で囲まれた核という構造を持たないので、動物や植物、菌類など核を持つ真核生物とは大きく異なります。

かつて全生物を大きく動物と植物に分類していた時代、菌類は植物に分類されていました。その後、菌類は光合成によって自ら栄養をつくり出す植物、植物を食べて生きる動物のいずれとも異なることが分かりました。主に動植物の死骸を分解することによって栄養を得る、「自然界の物質の分解に働く生物」として認識されるようになったのです。

キノコも実は微生物

私たちは日常の生活の中で、実はかなり多くの微生物を生きたまま食べています。たとえば納豆、ヨーグルト、チーズ、キムチ、それに濁り酒などにも生きた微生物の細

図3 キノコは生きた植物と共生関係を築く

キノコは菌糸を土の中に張り巡らせ、植物の細根部に菌根をつくります。キノコの菌類はチッ素やリン、カリウムなどの養分や水を吸収し、それを利用しながら菌根を通じて植物に提供。一方、植物は光合成でつくった糖類などを菌類に与える形で、両者は共生関係を築いているのです。

出典：aff誌「農林水産省.10.通巻640号(2010)」

胞がたくさん含まれています。

ここで紹介するのは、このような発酵食品を食べるのではなく、微生物の菌体そのものを食べるというものです。微生物は薬やワインやチーズの生産に関わるだけでなく、そのものを食べることができます。菌体内にはタンパク質や糖質、脂質、ビタミンなど重要な栄養素が含まれています。菌体食といえば、やはりキノコでしょう。

日本は森林が豊富な国で海を前に森を背にして海の幸、山の幸に恵まれた生活を営んでいますが、キノコは山の幸の代表格として、古くから菌体そのものが食べられてきました。その数は1万4000種といわれています。

キノコ（担子菌）の持つ自然の風味を大切にする和食では、マツタケ、シイタケ、ナメコ、エノキダケなどを日常食として食べてきました。しかもキノコは、免疫力を高めることでも知られています。このように多くの微生物を直接、あるいは間接的に発酵食品として日常的に美味しく食べたり飲んだりしている日本人は、菌食民族といえるかもしれません。

キノコは**図3**のように、地下組織をつくりネットワークを張り巡らしています。私たちが目にするのは、キノコの体の一部にすぎません。キノコの本体は、土の中や木材の中に広がったカビのような菌糸の塊です。この菌糸の塊が酵素をつくり出して周囲の有機物を徐々に溶かし、吸収し、栄養を得てジワジワと広がります。これがキノコの本体です。

キノコは確かに菌体そのものを食べるので、菌食とはいえますが、ここで紹介する菌食とはキノコのような旧来の食品素材ではなく、微生物を大量培養することによって得られる、いわゆる培養肉です。

近年、タンパク質摂取意識の高まりや健康的というイメージが浸透したことで、日本でも大豆ミートのような植物性代替食品市場が拡大し、2010年度の48億円が2020年度には246億円と5倍増になっています。さらに、それを発展させた微生物由来の代替肉（菌肉）に注目が集まってきました。

最近では菜食主義やアレルギー疾患、健康志向の人たち向けに、あるいは地球環境への配慮、人類のタンパク質必要量を賄えなくなる「タンパク質危機」の打開のために開発される事例が増えています。

1キログラムの動物タンパク質をつくるためには、5～10キログラムの植物タンパクを動物に与えなければなりません。その過程で農作物の収穫、輸送、貯蔵など、害虫被害などで多くのタンパク質が失われます。この損失を補うことができるのが、微生物なのです。

微生物は発酵食品の生産に関わるだけでなく、そのものを食べることができるからです。菌体内には人間にとって必要なタンパク質、糖質、脂質、ビタミンなど重要な栄養素が豊富に含まれています。

タンパク質を基準にして考えると、タンパク質の生産に要する時間は動植物からつくるよりも、微生物のほうが単位面積当たりの生産速度や生産量がはるかに効率的です。たとえば一つの細胞が2倍に増殖する時間は、細菌や酵母だと20分から2時間です。カビや藻類は2〜6時間、牧草だと1〜2週間、ニワトリで2〜4週間、ブタで4〜6週間、ウシだと1〜2カ月、ヒトだと3カ月〜半年もかかるのです。

微生物タンパク質は、貴重な代替食品となる

そこで植物の代わりに石油、天然ガス、アルコール、廃糖蜜、農産物を発酵原料に菌体を大量培養してその菌体を殺菌し、それを微生物タンパク質（SCP：シングルセルプロテイン）として、人がタンパク源に利用することが考え出されました。使われる微生物は酵母、細菌、カビ、藻類などですが、それぞれ長所、短所を持っています。たとえば細菌は増殖速度が速く製品中のタンパク含量が高い特徴がありますが、形状が小さく培養後に菌体を

培地から分けたり洗浄したりすることが困難です。そのうえ乳酸菌や酢酸菌、納豆菌以外は食用とは縁の遠いもので、安全性にも問題がありそうです。その点、これまでの実績が示すように酵母はパンやワイン、ビール、日本酒など多くの発酵食品の主役をなし、食品微生物としての親しみがあり、安全性も一、二の例外を除けば高く、形状も細菌よりははるかに大きく、遠心分離で菌体を容易に分けることが可能です。

カビSCPは、細菌や酵母に比べて一般的には生育速度が遅いのが欠点です。もっとも、英国のICI（インペリアル・ケミカル・インダストリーズ）が開発したカビは、菌体量が2倍に達する時間が2時間以内といわれ、酵母と比べても遜色《そんしょく》はありません。カビの特色としては多くの培地での生育性に優れ、培養後菌体の回収は簡単な濾過装置で出来、圧搾《あっさく》、乾燥が容易であり、製品は繊維状で成型も容易、かつ肉状のテクスチャー（歯ごたえや舌ざわり）が得られます。

香味は淡泊でクセがなく、利用されるカビとしては麴菌、クモノスカビやケカビなどが候補に挙げられます。麴菌のように古くから醸造に利用されているカビは安全性の点で問題はないのですが、時にカビにはカビ毒（マイコトキシン）をつくるものもあるので、菌株の選択は慎重でなければならないでしょう。カビSCPであるマイコプロテインについては後述します。

SCP製造の原料としては、石油や天然ガスのような地下資源とイモ類、穀類、繊維などの天然資源が挙げられます。地下資源は直接動物が食べられないので食飼料と競合することはなく、まとまった量が確保できることなどの利点がありますが、中東の政情不安を契機とする供給の不安定、価格の高騰など先行きの不安もあります。

SCPの生産に利用される天然資源としては各種廃糖蜜、馬鈴薯《ばれいしょ》加工廃液、亜硝酸パルプ廃液などはすでに実用化されていて、英国、フランス、イタリア、ルーマニアなどでは、これらでつくられたSCPが飼料として販売されています。すべての食品加工廃棄物、廃液は資源化の可能性を持っているので、それらは環境保全の見地から排出前のBOD（生物化学的酵素要求量）やCOD（化学的酵素要求量）の低減化処理が必要であり、その処理を兼ねたSCPの生産を考えなければなりません。

02 菌類は食糧危機の救世主

第一次大戦中、酵母を使ったソーセージが登場

21世紀末に、世界の人口は現在の約2倍に達すると予想されています。それとともに動物性タンパク質の需要も拡大すると推測されていますが、畜産や水産などによってタンパク質が増産される見通しは、地球環境の悪化や天然資源の減少などから楽観できません。そ

のために今までとは異なる工夫によって、タンパク源を生産する方法を開発する必要に差し迫られています。

第一次世界大戦中、ドイツ帝国は酵母を増殖させて菌体タンパクを大量に製造していました。食糧不足のため、主にソーセージと水増し用のスープにパン酵母を大量に培養していたのです。酵母は安価で糖分を多く含んだ廃糖蜜などで容易に培養でき、糖質を価格の高いタンパク質に変換することができました。第二次世界大戦中と戦後の一時期にも、酵母を薄片状に加工した食品が飢えた多くの人々を支えました。

1960年代に入ると、再びヨーロッパでタンパク質の需要が増えたため、微生物タンパクの巨大な生産設備がつくられるようになりました。将来的に深刻な食糧危機がくると想定されていたので、糖質だけでなく炭水化物を含む原油成分のパラフィンやメタノールで増殖する微生物の探索が始まり、いくつかの候補菌株が発見されました。パラフィンはろうそくの原料で、石けんの包み紙やカニ缶の中に敷かれている紙で、馴染みがあります。探索されていた微生物の中に、酵母がありました。一般的に酵母にはパラフィンを分解するものが多く、その中でもキャンディダ属の酵母が多く見つかっています。酵母の栄養成分としてタンパク質、脂質、炭水化物、ビタミンB類などが含まれますが、ビタミンB群の含有量は、他の動植物と比べると著しく高いのが特徴です。

しかしその後、パラフィンを餌として食べた酵母には発がん性物質の混入が懸念されて、動物飼料としては限定された量しか生産されませんでした。

酵母のタンパク質は、動物の飼料として有用

廃糖蜜を培地として食経験のあるパン酵母（サッカロマイセス・セルビシエ）は、SCP（微生物タンパク質）として世界各国で食用に使われています。原油成分のパラフィンを酵母の餌とせず、パルプ廃液で培養したパエシロマイセス酵母はフィンランドで、澱粉《でんぷん》廃液で培養したエンドマイコピシス酵母はスウェーデンで製造されており、飼料として実用化されています。

最も広く使われているのはキャンディダ・ユティリスと呼ばれる酵母で、そのタンパク質は栄養価が高く、ニワトリによるアミノ酸のリジン利用率（純リジンを100％として）は70％に達します。餌のタンパク質の一部を酵母のタンパク質で賄うようにすると、その効果は歴然として現れます。動物の体を構成するタンパク質は20種類のアミノ酸で出来ていますが、そのうち数種のアミノ酸は動物体内では合成されないことから、配合飼料で補わなければなりません。これらのアミノ酸は必須アミノ酸と呼ばれており、動物の種と成長段階によって9種類の異なる必須アミノ酸があります。

飼料にアミノ酸を添加することで、飼料原料コストの削減、飼料効率の改善、成長促進を図ることができるのです。飼料用アミノ酸の代表的なものとしてリジン、メチオニン、ス

レオニン、トリプトファン、バリンなどがあります。

一方で人の場合、酵母のタンパク質を栄養のために摂取しすぎると、胃腸障害を起こすという問題が生じます。その他の難点として細胞壁が固いこと、核酸の含量が多いこと、口当たりが悪かったり、ネバネバしたりすることなどがあります。

酵母は12～15％のRNA＝リボ核酸を含んでいて、プリン化合物の含量が多いという特徴があります。人以外の動物にはウリカーゼ（尿酸を分解する酵素）があり、この酵素は、尿素（プリン化合物の代謝産物）を可溶性で容易に排出可能なアラントインに転化します。人にはこの酵素がないので、プリン化合物は尿酸までしか転化されません。このために組織や関節に尿酸が蓄積して、通風と同様の状態になる危険性があります。また、肝臓や膀胱《ぼうこう》に結石が出来る場合もあるのです。

これらの難点を解決するため、酵母菌体からタンパク質を合成するRNAを除いたり減らしたりする研究が盛んに行われています。一つの有力な方法は、加熱して細胞内のRNA分解酵素を不活性化し、それでRNAをヌクレオチドにまで分解させれば、それだけタンパク質のロスは少なくて抽出除去できるというものです。菌体を68℃に数秒間加熱すれば、リボソームと呼ばれる生体タンパク質の合成を行う組織が崩壊するので、その後、数時間にわたり45～55℃に加熱すれば核酸の含量は約1・5％に減少します。

このように核酸含有量の高い菌体から核酸（DNA、RNA）を取り除き、タンパク質源やビタミンB類の補給源として、近い将来には人間が食べられる日もくることでしょう。すでにSCPは厳重な検査が行われていて、安全な栄養源であることが確かめられ、多くの国（英国、フランス、ロシア、ルーマニア、フィンランド、日本など）で、主に家畜の飼料用タンパク源として販売されています。

麹菌のつくる「菌肉」によって支えられる食生活

SCPとしての麹菌の可能性についても考えてみましょう。麹菌は日本の醸造で広く利用され、重要な役割を果たしています。その役割は第一に糖化酵素、タンパク分解酵素など酵素類の生産であり、第二にビタミン類などの生理活性物質の生産です。生理活性物質は酵母や乳酸菌の活性を高め、ビタミンB_2のように最終製品にも残り、食品の栄養価を高めています。

日本の発酵工業が、国民総生産（GNP）に占める割合は3・5％くらいです。出荷額の4分の1は清酒、醤油、味噌で占められています（**図4**＝28ページ）。これらの発酵食品は、いずれも麹菌によって製造されたものです。麹菌は「小さな体」を張って、国民総生産の1％を稼ぎ出しているのです。その額は5兆円に上ります。ミクロの麹菌が、この巨大産業を支えているわけです。このように私たちは知らず知らずのうちに、大量の麹菌菌体を食用に供しているのです。

図4　日本の発酵工業の内訳

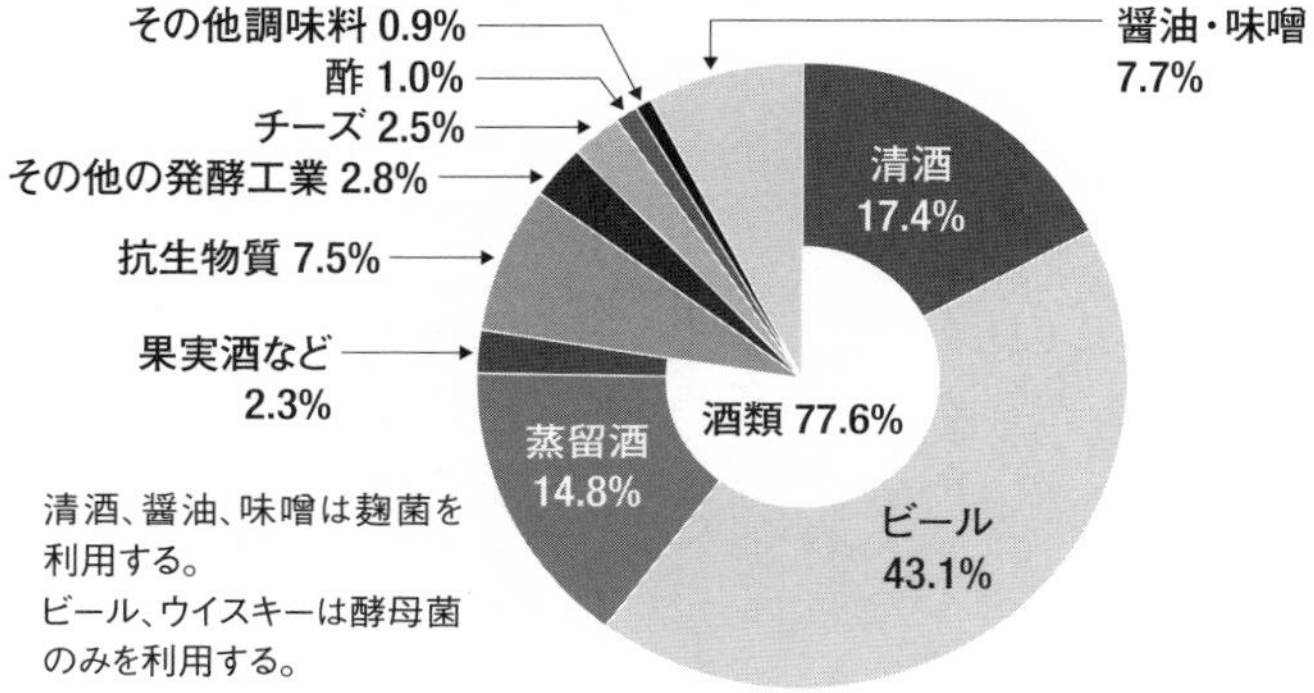

出典：『発酵食品への招待』（一島英治・著　ポピュラーサイエンス249　裳華房・刊）

菌体を食飼料に供す場合、その一般栄養成分は粗タンパク質48％、粗脂肪6％、粗繊維17％、灰分5％で約50％が粗タンパクからなっています。粗タンパクの中に含まれる窒素化合物としてて核酸が挙げられますが、リボ核酸が5％、DNAが0・5％程度含まれます。この核酸は人間の食物として多量に摂取すると、前述の通り痛風の原因となるので、WHO（世界保健機関）は一日2グラムを超えないよう勧告しています。

したがって麹菌体を食用化する場合には脱核酸処理を行うか、菌体収穫期をやや遅らせることによって、核酸含量の低下を図る必要があります。

乳がん予防や女性の健康に貢献する大豆麹は、微生物由来の菌肉

大豆一粒に0・2～0・3％含まれるイソフラボンは、女性ホルモンであるエストロゲンに

よく似た構造をしているため、「植物エストロゲン」と呼ばれています。大豆イソフラボンは、乳がんの治療薬であるタモキシフェンと同じような構造をしていることも分かっていて、乳がんを予防する効果も期待されています。事実、大豆食品をたくさん摂取することによって、乳がん発症リスクが低くなることが最近の研究で分かってきました。アジア人を対象とした研究では、大豆食品を多く摂取する人は、そうでない人と比較して乳がん発症リスクが低くなることも報告されています。日本人を対象とした研究でも大豆食品やイソフラボンの摂取で、乳がん発症リスクが低くなることが知られています。

女性ホルモンの分泌が少なくなる更年期は、体内のバランスが崩れやすい時期です。ほてりやのぼせ、イライラ、不安感、骨粗鬆症《こつそしょうしょう》などさまざま不調が起こります。そんなゆらぎ期に大豆イソフラボンを摂取し、女性ホルモンの不足をやさしく補うことで、女性ホルモンの減少で起こる更年期障害の緩和にもつながります。

大豆イソフラボンは大豆の中に含まれるポリフェノールの一種で、体内に摂取した時に体がエストロゲンと認識し、大豆イソフラボンがエストロゲンと同じような働きをしてくれます。体の中にエストロゲンが充分にある時、大豆イソフラボンはエストロゲン様の作用はしません。閉経に向かって体内のエストロゲンが足りない状態のとき、初めてエストロゲン様の作用を発揮してくれるのです。

大豆イソフラボンには大きく分けて二種類あります。「グルコシド型」と「アグリコン型」です。納豆や豆腐、豆乳などの大豆食品に含まれる大豆イソフラボンを、グルコシド型イソフラボンといいます。グルコシド型イソフラボンはイソフラボン分子に糖がくっついた構造をしていて分子量が大きいため、腸内細菌が糖を分解することによって初めて体内に吸収されます。

食品に含まれる大豆イソフラボンの量に対して、グルコシド型イソフラボンは約2割程度しか吸収されません。そのうえ、体内に吸収されるまでにかかる時間は6時間から8時間と長くなります。腸内環境は個人差も大きいため、吸収にも差が出てくるのです。

一方、アグリコン型イソフラボンは味噌や醤油などに多く含まれていて、麹菌の酵素（ベータ－グルコシターゼ）によって、グルコシド型イソフラボンの糖を分解して分子量が小さくなっているため、体内に直接吸収できる点が特徴です。アグリコン型イソフラボンは腸内環境に関係なく、胃や小腸で効率よく吸収されます。その吸収のスピードは摂取後2時間でピークを迎えるため、グルコシド型イソフラボンより約3倍も効率がいいのです。

アグリコン型イソフラボンには、大きく分けて三種類があります。「ダイゼイン」「ゲニスティン」「グリシティン」です。それぞれ構造的な違いは少ないものの、エストロゲン様の作用が大きく違っています。一番強いのがゲニスティンで、弱いのがダイゼインです。グリシティンには、ほとんどこの作用がありません。

そのためエストロゲン様作用の強いゲニスティンに注目が集まりそうですが、エストロゲン様作用の弱いダイゼインにもメリットがあります。ダイゼインは腸内細菌によって分解され、エクオールになります。エクオールは、イソフラボンと同様にエストロゲン様作用があることで注目されている成分です。スーパーイソフラボンと呼ばれ、イソフラボンさえ摂れればエクオールの効能を享受できると思われがちですが、それは少し違います。エクオールとはイソフラボンの代謝物であり、ダイゼインが体内で腸内細菌によって代謝されて初めてエクオールになり、これがエストロゲン様の作用発揮するのです。

味噌や醤油のように麹菌で発酵させるアグリコン型イソフラボンは、細胞を錆《さ》びさせ傷つける「活性酵素」を消去する抗酸化能があります。この抗酸化作用は、アグリコン型イソフラボンに比べて1000倍以上も高いのです。

近年、日本で乳がんの患者が増加しているのは食生活、生活習慣の変化が大きな原因ではないかと考えられています。多数の女性を対象に1人ひとりが摂った食べ物の種類や量を調査し、長時間の追跡調査で乳がんの発症の有無を調べ、それらの間にどのような関連があるのかを検討し、大豆食品の摂取によって乳がんになりにくいという結果が得られました。その鍵を握っているのが、アグリコン型イソフラボンをつくる麹菌なのです。大豆麹には麹のつくる菌体そのものの「菌肉」はもちろん、植物由来のタンパク質も豊富で、女性にとって大切で吸収されやすい大豆イソフラボンを効率よく摂取できるので、おすすめの菌食といえます。大豆麹は秋田今野商店で製造・販売しています。

03

人類の飢餓を救うカビ

これからの時代に欠かせない培養肉の原料は、カビ

食糧問題は、今や解決すべき世界の喫緊《きっきん》の課題となっています。人類には飢餓《きが》に終止符を打ち、食糧の安定確保と栄養状態の改善を達成するとともに、持続可能な農業を推進することが求められています。中でも食肉需要は年々増加傾向にあり、食肉消費量の半分近くを輸入に頼っている日本にとっては、食糧安全保障の問題にも大きく関わってきます。

一方で食の嗜好は多様化しており、ベジタリアンやヴィーガン（完全菜食主義者）などの間での人気が後押しして、人工肉市場は拡大成長しています。欧米では今から37年前に販売された肉の代替品「クォーン」の人気が年々高まり、２０１７年にはヨーロッパで前年比27％増、米国で35％増でした。

クォーンの原料はカビです。私はオランダの微生物研究所に留学中に、その生産工場を見学したことがあります。１９５０年末期、今後30年以内にタンパク源となる食料が世界的に不足すると予測されていました。

英国の微生物由来の代替タンパク質が、世界的食糧不足の解決策になると期待され、81年初めにマイコプロテイン、すなわちカビタンパク製造プロジェクトが立ち上がりました。

そこで、穀類加工廃棄物の澱粉をタンパク質に富む食物に変換する方法の開発に、官民挙げて着手したのです。3000株以上のカビから大規模なスクリーニングの結果、原料となる微生物として選ばれたのがフザリウム・グラミネアリウムです。84年、大規模な発酵槽を保有していた世界有数の化学企業ICIのビリンガム工場（イングランド北東部）で、連続流動培養システムによる生産が開始されました。ちょうどその頃、私はICIを見学する機会に恵まれました。

人や動物の病気の多くは細菌によって起こされ、カビによるものはわずかです。ところが、植物の病気を起こす病原菌のほとんどはカビです。「フザリウム」は土壌病原菌の代表格で、作物の導管を伝わってあっという間に蔓延《まんえん》し、トマトの萎《い》ちょう病やナスの半枯《はんがれ》病などの病気を起こします。かつてアカカビ病に汚染された麦が原因で多くの食中毒患者が発生し、ロシアでは死者も出ました。これは、フザリウム菌の生産する毒素によるものです。

フザリウム菌はカビの中の悪玉に聞こえますが、中には病原性のないものもあります。この病原性のないフザリウムは、培養すると菌体内に良質のタンパク質を豊富につくることができるため、栄養価の優れた飼料や食料生産に活用できる可能性を持っているのです。使用している菌株がフザリウム・グラミネアリウムと聞いた当初、私は少々驚きました。この菌株は麦類にアカカビ病を発症させる植物病原菌なので、アカカビ病菌が産生するカビ毒「デオキシレバニール」や「ニバレノール」は、人畜に中毒症状を引き起こす恐れがあったからです。

菌体マイコプロテインは、食肉の食感と酷似

ＩＣＩの担当者は私を歓迎してくれ、開発までの流れと実稼働しているラインを見学させてくれました。スクリーニングソース（探索源）は、世界中の土壌試料から採取した菌株3000株以上の菌類。事前に探索する際の基準を6点挙げてくれました。それは、①培地での速い増殖、②菌糸状に増殖すること、③無色無臭であること、④無機窒素を栄養源にできること、⑤無毒であること、⑥45％以上のタンパク質含量であることです。

私は菌の学名を聞いて心配しましたが、全く毒性のない菌株であると説明されました。のちに、この菌株は誤認されていたことが分かり、フザリウム・グラミネアリウムに近縁のフザリウム・ベネタムと種名が決定されました。

3000株の中から選ばれた20株について、小動物などへの投与実験を経てフザリウム・ベネタム菌が選び出されました。

カビの菌糸は動物の筋繊維と長さや幅が似ているため、マイコプロテインは肉の代替品として使用されたのです。担当者は私が種麹屋だと知ると、麹菌アスペルギルス・オリゼーでの微生物タンパク（マイコプロテイン）の可能性についても言及してくれました。麹菌

は最後までマイコプロテインの最終候補としてベネタム菌と争ったのですが、タンパク質含量がベネタムに及ばなかったそうです。

ＩＣＩのラインの発酵タンクも見せてくれました。通常、発酵工業で使われる発酵タンクは、微生物の餌になる液体培地の中に連続的に無菌空気を送ることで、微生物細胞を繁殖させるか、培地表面に厚い菌膜を形成させるかどちらかの形を取る場合が多いのですが、ＩＣＩではタンクの培地攪拌《かくはん》用のフィン（液体をよく攪拌できるように回転軸に付いたプロペラ）によって菌糸の塊（フロック）が付着しないよう工夫されていました。連続的に無菌空気を送りながら、大量の菌体を30℃で連続的に培養していました。

培養された菌糸体の細胞は、中に核酸を含んでいます。細菌細胞に比べてカビ細胞はサイズが大きいこと、培養液から菌体の分離が容易であることなどが利点としてあげられます。一方で細菌より生育速度が遅く、重さが2倍になる時間が細菌の20分に対して、カビは4〜6時間かかります。これが実は利点にもなるのです。生育が遅いと、最終生産物に含まれる核酸が少なくなります。核酸を摂りすぎると痛風になる恐れがあるからです。

細菌の中では最大25%、酵母では最大15%の核酸を含むものがあります。ＩＣＩではこの新しい微生物タンパク（マイクロプロティン）の核酸含有量を、人に対する許容量上限である1%より低くすることに成功したのです。

人体への安全面を考慮してＲＮＡ含量を減少させるために、64℃に昇温させていると聞きました。現在も当時と同じ方法で培養されているかどうかは分かりませんが、この培養方法だと驚くことに、24時間で菌体500グラムが約30キログラムに増殖するのです。体重500キログラムの牛が一日に500グラムしか増えないのに比べると、猛烈な増加ぶりです。

カビタンパクを食用にするという取り組みは、日本の麹菌に代表されるように東洋では目新しいことではありませんが、西洋では違和感を持って見られていました。しかし、フザリウムを培養して得られた菌体マイコプロテインは非動物性タンパクで、本物の鶏肉や牛肉と識別できないほど、天然の肉に食感と香りが酷似しています。しかも栄養に富み、低脂肪でコレステロールがない健康的な食べ物です。このカビの最も特徴的な点はスープ、ビスケット、鶏肉、ハム、子羊の肉まであらゆる種類の構造食品に加工できることです。この幅広い適応性の鍵は、繊維の長さを調節できることにあります。たとえば長時間培養すれば繊維は長くなって、ざらざらした食感を持った食材ができます。

培地の炭素源は糖蜜で、窒素源はアンモニアです。糖蜜は容易に入手できる澱粉《でんぷん》（ジャガイモ、コーン、キャッサバ）から抽出でき、その生産性は家畜を通して澱粉をタンパク質に変えるよりはるかに効率がいいのです。

私はその後、ロンドンのスーパーマーケットのベジタリアンコーナーで売られているミートパイを購入して日本に持ち帰り、麹菌の研究者の集まりでマイコプロテインを披露したことがあります。今では菜食主義者のミートパイとして人気で、人工肉クォーンはスーパーの店頭にも並ぶようになってきました。スーパーマーケットでの消費者の購買意思決定要因は味と価格になりますが、クォーンが英国において100グラム当たり100〜200円程度で販売されていることを考えると、消費者にも充分受け入れやすい価格といえるでしょう。

世界の人口は着実に増え続け、従来の農業を主体とした食料生産手段ではもはや供給が追いつかないとされています。このフザリウムがつくるタンパク源が解決の鍵を握っているかもしれません。

04 クロレラを食べる

食物繊維などを含み、栄養補助効果が大きい

微生物の菌体そのものを食べる例としては、クロレラも古くから知られています。地球が誕生したのが46億年前、光合成により酸素をつくり出すシアノバクテリアが誕生したのが二十数億年前といわれています。クロレラは直径3〜8ミクロンのほぼ球形の単細胞緑藻（プランクトン）で、主に湖沼や河川などに生息しています。光合成によって成長し、人

間を始めとする動植物の細胞が2分裂しながら増えていくのに対し、クロレラは20時間で4分裂という驚異的なスピードで細胞分裂をくり返します。

クロレラの栄養補助効果は大きく、現代人の食生活に不足しがちなビタミン、ミネラル、食物繊維、葉緑素を豊富に含み、生の緑黄色野菜の10倍の栄養価に匹敵します。

クロレラは光合成菌として光線の下で簡単なミネラルの入った液体培養液に、炭酸ガスを通しながら培養すれば急速に繁殖します。クロレラの乾燥物の約50％はタンパク質で、必須アミノ酸やビタミン類も豊富に含まれています。クロレラの単位面積当たりのタンパク質生産量は大豆の約70倍、太陽光エネルギー変換効率は15～20％と高いのが大きな特徴です。

一般的な陸上植物の太陽光エネルギー変換効率は0・1～0・5％、イネやサトウキビのような変換効率の高い植物でも4～5％です。最新鋭の家庭用ソーラーパネルでさえも15～20％の変換率といわれていますから、人類が誕生する太古の昔から生息するクロレラに、やっと人類の英知が追いついてきたのです。

クロレラを食糧または飼料として大規模に生産しようとする試みは、第二次世界大戦中からクロレラ・エルプソィデアやクロレラ・ピレノイドサなどを用いて、日本を始め米国、英国、ロシアなど10カ国以上で研究されてきました。酵母や細菌に比べてクロレラの生産には広大な場所を必要とし、増殖率もはるかに低く、しかも光や炭酸ガスの効率のいい供給方法を考えなければならない点などから、生産効率は必ずしもよくありません。またクロレラの細胞は硬いセルロース膜に包まれていて、消化吸収率は60％程度です。そこで、機械で細胞破壊したりしているメーカーもあります。

濃緑色クロレラ粉末、あるいは脱色した菌体をそのまま利用する方法として、いろいろな食品に2〜5％添加してタンパク質やビタミンの強化に用いられています。クロレラは独特の香りがありますが、これは緑茶や青のりの成分であるメチルサルファイトで不快臭ではありません。「青のり」も微生物の仲間です。光合成を行う真核生物で、日本では中世から食用にされていました。その意味では、菌食の一つといえます。

クロレラの大量培養は、意外に簡単

クロレラの培養法は、比較的簡単です。他の微生物と同様に、試験管の斜面培地と呼ばれ寒天で固めた表面積の広い培地の上にクロレラ菌を植え付けて約2週間、蛍光灯の下で培養し原菌とします。さらにこの原菌を小型のフラスコの液体培地により順次、大型のフラスコの液体培地に移し、人工光（50〜75キロルックス）の下で5％の炭酸ガスを含む空気を通じながら菌体を増殖させます。

次にこの増えた菌体を屋外の円形の大型培養池（直径5〜20メートル、深さ10〜15センチ）のミネラル分を補給した培養液に移して液温25℃、pH6・0〜6・8で、円の直径を水中で回転しているパイプから炭酸ガスを吹き込みながら培養します。

培養中の液はクロレラの菌体が深緑色なので一見、深いプールのようですが、手を入れると手首まで浸らない程度で、とても浅いことに驚きます。なるほど深くなれば太陽光は届きにくくなるので、培養プールの水を浅く広くすることで、たくさんの光をまんべんなくクロレラに届くようにしているのです。日照、液温が適当だと7〜20グラム/㎡/日のクロレラ菌体が得られます。培養液をポンプで吸い上げ、遠心分離で菌体を分離して乾燥するのです。

クロレラは下水処理に利用することもできます。また、クロレラはタンパク質の含有量が多いことから、将来の食糧不足を解消してくれる未来食として期待されています。クロレラには乳酸菌の発育促進物質が含まれ、乳酸菌飲料にも利用されています。また、宇宙旅行の宇宙食としての可能性も検討されています。宇宙船内でクロレラを培養し、飛行士の呼吸により排出される炭酸ガスと水から酵素を発生させ、同時にクロレラの菌体を食糧にしようとするアイデアです。

食糧としてのミドリムシにも期待

最近、光合成微生物のユーグレナが注目されています。ユーグレナは単細胞で細胞壁を欠き、鞭毛《べんもう》により運動をします。鞭毛の基部には赤い眼点を持ち、大量に増殖すれば緑色に見えるのでミドリムシとも呼ばれていますが、れっきとした微生物です。培養はシンプルで、太陽の光と二酸化炭素、海水などに含まれる天然由来のミネラルだけでいろいろな栄養素をつくり出します。約10マイクロメートルのユーグレナにはビタミン類として、β－カロチン、B_1、B_2、B_6、B_{12}、C、D、E、K_1、葉酸などがあります。無機物は鉄、亜鉛、カルシウム、マグネシウム、カリウム、リン、ナトリウムなどを含んでいます。また、アミノ酸は必須アミノ酸を含む計18種あります。

不飽和脂肪酸は、DHA（ドコサヘキサエン酸）、EPA（エイコサペンタエン酸）を含んでいます。多糖類としてはβ－1・3－グルカンが食物繊維の特性を持っているのです。このようにユーグレナには、非常に多種類の栄養素が含まれています。動物細胞同様、細胞壁がないので消化が容易で、私たちは効率よく栄養素を吸収することができます。ユーグレナは多種類存在しますが、近い将来、微生物の菌体が私たちの食卓に出てくる日も近いと思われます。

コラム

培養肉には「菌」と「食肉細胞」を使う方法がある

食肉の細胞を培養してつくられた試験管育ちの肉（培養肉）が注目されています。世界的に食肉需要が増していますが、畜肉には多くの餌や水、育てる土地などが必要です。しかも温室効果ガスの3分の1には食が関わりますが、そのうちの40%は畜産分野の排出です。

そこで注目を集めているのが、家畜の細胞を培養した「培養肉」です。微生物の菌体を培養した菌肉とは異なり、細胞培養の基本培地にはアミノ酸、ビタミン、ミネラル、ブドウ糖の他に血清を添加しなければなりません。血液の上澄みである“血清”は食肉細胞を培養するための成長因子、接着因子、ホルモン、脂質およびミネラルの供給源としてきわめて重要です。さらに培養中にはpH、CO_2、温度などを厳密に管理して無菌環境で培養を進めなければならず、コストは高くつきます。

オランダの研究者が2013年、世界で初めてつくった培養肉のハンバーガーは、パティ肉の培養に25万ユーロ（約4000万円）かかりましたが、このコストが今後の大きな課題になります。同じ代替肉でも、低コストで出来る微生物培養肉とは雲泥の差です。

【　第二章　】

「菌」の活躍で酒は生み出された

米にカビを生やして麹を造り、麹の糖化力を利用する日本酒造りは、奈良時代くらいから始まったとされています。私たちの祖先の知恵とアイデアには、脱帽するしかありません。

01

酒を最初に味わったのは猿だった？

世界の食卓を飾るようになった日本酒

第一章では、微生物そのものを食べる「菌食」を紹介しましたが、第二章では菌体がつくり出す液体発酵物の代表例として、日本酒を中心に詳しく紹介します。

言うまでもなく、日本酒は日本の伝統酒ですが、その歴史は、「口嚙みの酒」に始まります。２０００年を超える壮大な時間を経て現在に至る、偉大なる「文化」といっても過言ではありません。

日本酒の消費量のピークは１９７０年代前半、日本経済の高度成長期の波とともに訪れましたが、その後は衰退の一途をたどっています。しかし、消費量全体が減少する中、昨今の日本酒の消費トレンドとして、「特定名称酒」など高付加価値商品にスポットが当たり、堅調にシェアを延ばしています。特に海外市場での伸長は顕著です。寿司を始めとする和食が世界中で注目され、それとともに日本酒の需要も高まってきました。２０２２年度の日本酒輸出額は４７５億円（日本酒造組合中央会のデータ）で、過去最高となりました。輸出数量としては米国が約30％を占め、輸出金額では第一位が中国です。香港、韓国、台湾などアジア主要都市における需要も高まっています。

日本が誇る文化として、2021(令和3)年12月には「伝統的酒造り」が無形文化財に登録され、22年3月にはユネスコ無形文化財に提案されました。日本の伝統的な酒造りの根幹をなすのが麹《こうじ》造りです。この技術は日本の恵まれた気候風土によって育まれた、世界に類を見ない独特の文化です。

果実が自然発酵して酒になった

発酵というと最初に思い浮かぶのがワインやビール、日本酒、ウイスキー、焼酎などのアルコール発酵飲料です。これらの酒類はどのような経緯で生まれたのか、その酒類の起源を少し探ってみましょう。世界中どこの地域を見まわしても、最も原始的な酒は「果実酒」です。どのような酒でも糖分があれば、酵母が発酵してアルコールをつくり出します。自然界で最も簡単に手に入る糖分……それは果実に含まれています。水分が多く甘みのある果実で、酒の原料にならないものはないといっても過言ではありません。

猿が造った酒、いわゆる「猿酒」が話題になったことがあります。現在のところ猿が酒を意識的に造ったことは確認されておらず、動物が果実を集めて隠しておいたのが自然に発酵したのではないかと考えられています。よくいわれるのですが、酒を醸《かも》して飲むのは人間だけの文化のようです。しかし、人間以外にも酒の好きな動物がいても不思議ではありません。NHKテレビで以前、アフリカの動物が発酵した果実を食べてフラフラになったシーンが放映されたことがありました。かなり前の話で録画してもいないので詳しいことは覚えていませんが、ある種の果物が木になったまま発酵し、発酵した果物が木から落下し、その下にはいろいろな動物が集まってきて、それは美味しそうに食べてフラフラになり、散っていくというとても幸せそうな（?）シーンでした。これらの動物は、アルコールを含んだ果物が特定の木から落ちてくるのを知って集まってきたと思われ、酒が好きなのは明らかです。しかし、自分で醸す技術は持ち合わせていません。

果物の糖分、形状、気温、降雨状況などが整えば、果実が木に成ったまま発酵する可能性は充分あります。このシーンを見て、猿は酒を造らないかもしれないが、猿酒は存在するかも知れないと思いました。猿酒が存在すれば、最も古いタイプの醸造酒といえるでしょう。

保存の失敗が、酒となった可能性もある

日本でも山ブドウや木イチゴなどが山に自生し、古代人はそれを採取して食べていました。これらの果実は容器の中へ入れ保存しておくと、果皮に付着している多くの野生酵母が糖分を分解してアルコール発酵し、最も原始的な酒が出来上がります。保存の途中で偶然に酒になることもあったでしょうが、果実から酒を得るにはまず果実をつぶさなければなりません。保存中に偶然、果実が潰れて酒になることもあったのでしょう。問題はその

とき、人々はその酒をどのように取り扱ったのかということです。酒という概念がない時代に、人類が初めて飲んだ酒はどんなものだったのでしょうか。

まず、第一に思いつくのが、糖分とアルコールのどちらが人にとって重要であったかという問題が出てきます。糖分は人に限らず多くの動物にとって重要な栄養源であり、糖分を摂ることは本能の中に埋め込まれている基本的欲求の一つです。アルコールは後天的に摂取し始めたに過ぎないので、酒が出来たという認識はなかったかもしれません。糖分を摂らない民族はいませんが、アルコールを摂らなかった民族はいくらでもいるし、容易にアルコールに変える原料を持ちながら、酒を造らなかった民族も少なくありません。つまり、糖分のほうがアルコールより重要であり、酒が出来たことを保存に失敗したと考えた可能性も高いのです。そして酒が出来ないよう、保存の方法に注意を払ったとも考えられます。

二番目に考えられるのが、糖からアルコールへの変化はそこで留まるものではなく、引き続きアルコールは酸に変わっていきます。あるいはアルコール発酵だけでなく、腐敗も同時に起こるのです。腐敗したものは飲んだりはしないでしょうから、くり返しこうしたことが起こらないよう保存方法を改善していったことは、容易に想像がつきます。酒として積極的にそれを口にするのは、それなりの勇気のいる行為といえます。

酒は、神と交わる幻覚剤の役割を果たした

三番目に考えられるのは、たまたま上手く出来た酒を飲んで酔った時、その現象をどのように評価したかという点です。「美味《おい》しい」「楽しい」とか「気持ちいい」と評価したのでしょうか。初めて酒を飲んだときのことを思い出してください。顔が火照《ほて》り、心臓がドキドキし、足元がふらふらし、むしろ不快感があったかもしれません。ましてそれは、腐っているかもしれないのです。人類史上、初めて酒を前にした人々も同じで、恐る恐る口にしたことでしょう。

それが美味かったかどうかを、知ることはできません。そこで酒は何のために飲まれたのかを考えてみます。楽しみのために飲んだとは、到底考えられません。それはずっとあとの時代のことでしょう。最も可能性が高いのは、「神」との交流を図るためだったのではないかと、私は想像しています。神からいろいろ啓示を得たり、豊穣の願いや感謝を示したりするためです。そこに呪術《じゅじゅつ》があり、魂を飛ばすためにさまざまな技法が開発されました。太鼓をたたいて踊ったり、飢えや渇きに耐えたり、痛みに耐えたり、眠らなかったりといった方法が考え出され、もうろうとした意識の中で神に近づくという、一種の幻覚剤のような役割が酒にあったとも考えられます。

日本では果実酒が定着せず、米から酒を造る技術が発展

そもそも人が何かを食べたり飲んだりするのは、他の動物と同様に生存に必要な栄養補給のためですが、それ以外の目的で飲み食いが行われる場合があります。それは薬です。体の不調を和らげる、あるいは治すために何かを飲食する。これは栄養補給とは異なった目的を持つ行動です。偶然に酒が出来たとしても、それを飲むという行動に何らかの理由がなければ、くり返し造られることはないでしょう。結局、偶然出来た酒も意識の変容による異常な精神状態（トランス）に入るための一つの方法として、あるいは薬としての方法として受け入れられたものではないかと考えられます。

やがて人は農耕を始め、その生活は大きく変わっていきます。もともと幻覚剤の仲間であった酒が、農耕の中に取り込まれてブドウなどの栽培が進み、現代につながる果実酒が登場することになります。その一方で、穀物を利用した穀物酒が発明されていくのです。

この果実酒や穀物酒による酩酊《めいてい》は、農耕の神との交流の場として定着していきました。世界中どこでも酒の起源は果実酒ですが、それではなぜ、日本では果実酒が定着しなかったのでしょうか。その一つの理由として、日本の果実は地中海岸や中部ヨーロッパの果実のように甘くならず、酸味が強すぎて酒の原料には不適であったことが挙げられます。二つ目の理由としては、日本の温暖湿潤な気候があります。すでに糖化している果実が酵母

によりアルコール発酵するより先に、カビなどの他の雑菌によってその果実は腐敗してしまうのです。そもそも貯蔵に回すほど大量に収穫できる果実が、その時代の日本にはなかったともいえます。

果実酒は日本では定着しませんでしたが、私たちの祖先は弥生時代に伝わった稲作の米を使った酒を造ろうと試みました。果実から酒を造るのは比較的容易ですが、主食である米から酒を造るのはかなり難しく、一壷の酒を得るために私たちの祖先は大変な苦労をしてきたのです。

02 糖さえあれば、世界のどこでも酒は造れる

古代日本や中南米で広まった口噛みの酒

弥生時代から米を主食とするようになった日本人は、酒もまた米から造るようになりました。米の主成分は澱粉《でんぷん》ですが、澱粉を効率よくアルコール発酵する酵母はないので（野生酵母の中には一部アルコール発酵する酵母もありますが、アルコール濃度は低い）、酵母が発酵できるよう澱粉を糖に変える必要があります。糖さえあれば果実酒同様、酒になります。澱粉から糖に変える手間はかかりますが、果実を採取し果実酒を造るより確実に手に入る米

を選んだわけです。澱粉はブドウ糖という無数の輪が結合したもので、一般にはこのような物質を高分子と呼び、それぞれの輪（ブドウ糖）を単位分子と呼びます。酵母はいってみれば小さな口しか持っていないので、長い糖が結合した鎖は大きくて食べることができません。酵母の口は「おちょぼ口」なので、輪一つひとつの単位分子であれば食べられます。

一方で、麹菌は澱粉という長い鎖を酵素で切断して、一個一個のブドウ糖（単位分子）を切り取ることができます。ひとたび糖が澱粉から切り出されれば、酵母はその小さな口でブドウ糖を食べ始めアルコールをつくり出すのです。

澱粉を糖に変える手法として「口噛み酒」「穀芽酒《こくがしゅ》」「カビの酒」がありますが、その中で最も古いのが「口噛み酒」です。口噛み酒は米を口に入れて噛み、それを吐き出して溜めたものを放置して造る酒のことで、古代日本で造られていた他、穀物やイモ類、木の実などの口噛み酒が中南米アフリカなど世界各地で見られました。口噛み酒は澱粉を持つ食物を口に入れて噛み、唾液中のアミラーゼという澱粉を糖に分解させる酵素が働き、糖化させることで澱粉が糖に変わり、その糖を餌に野生酵母が増殖・発酵してアルコールを生成するのです。

生《なま》のまま口に入れて噛む製法の他には原料を煮炊きしたり、酸敗させたあとに口に入れて噛んだりする製法もあります。原料を煮炊きすることで糖化しやすくなるのです。この製法は台湾の高砂族《たかさご》で用いられていました。また、原料を酸敗させることで乳酸による酸性下での発酵となるため、雑菌の繁殖を抑えることができます。「醸造」を表す動詞の「醸《かも》す」は、「口噛みの酒」の噛《か》むが起源とする説もあります。

口噛み酒の製法では、高濃度の酒が出来ない

名城大学（愛知県名古屋市）の山下勝氏らは、古代酒文化の一翼を担った口噛み酒がどのようなものであったかを知るために、学生の協力のもと再現発酵試験を行っています。1回の口噛み時間を5分以上取ると非常に口が疲れて大変だったようで、3分間噛んでもらったところ生米で2％、蒸米で6％の糖が生成され、口噛み米量の200～300％というたっぷりの唾液が加わったといいます。さらにそれに、原料として生米、蒸米、蒸米に生米を5対1で混ぜたものを10日間発酵させたところ、生米で1・66％、蒸米で0・78％、蒸米に生米を5対1で混ぜたケースでは1・85％と、いずれもアルコール量は少ないものの口噛み酒の再現に成功しています。

唾液には1ミリリットル中に野生酵母が20～30個程度いますが、生米にはその100倍程度の野生酵母が付着しています。蒸米では蒸しの工程で米に付着している野生酵母がすべて死滅してしまうので、アルコール量が少ないですが、生米には生きた野生酵母が付着しているため、口噛み後のアルコール発酵がスムーズに行われたのでしょう。

残念ながら、酒にするためにはアルコール発酵を司る野生酵母の絶対数が少なすぎます。

日本酒やビールの発酵している醪《もろみ》では1ミリリットル当たり1億個以上の醸造酵母がいるのです。これではまともな酒ができるはずがありません。さて、出来上がった口嚙み酒の味ですが、澱粉が多く残存しているため泥状を呈し、酸が多いためヨーグルトにアルコールを少量加えたみたいだったそうです。

いずれにせよ、口嚙み酒の製法ではアルコール濃度の高い酒は出来ません。大量の酒を造るにはたくさんの嚙み手が必要なため、廃《すた》れてしまったのでしょう。

ビールの原型である麦芽酒は、メソポタミアが発祥

麦芽酒の起源についてはダンカン・フォーブス氏（英国、1644〜1704）の報告が詳しいので、以下に要約して紹介します。

「穀芽酒の代表的なものは麦芽酒《ばくがしゅ》である。現代でいうところのビールである。この麦芽酒は古代メソポタミアあたりで始まったらしい。今から約5000年前には成立していたと考えられていてエジプトに伝えられ、ここで大量に生産されるようになった。製法が確立するまでの初期の麦芽酒は、原料の違いやその前処理の方法、加工方法、発酵条件等を変えた多くの麦芽酒がさまざま造られていたようであるが、のちに整理統合され単純化されて、現在のような形になったと言われている。」

フォーブスは、麦芽酒の起源が穀物の食品加工の過程にあると見ています。すなわち穀

物を美味しく、また容易に食べられるように、何らかの加工をする前に水に浸けておくと考えました。浸けた穀物を干して、粉にしてから加工するわけですが、この過程で芽が生《は》えてきます。そして芽の生えた穀物は、食料のレパートリーのうちの一つになっていきました。「緑の麦芽」と呼ばれるこの麦芽は、宗教施設の奴隷や労働者の賃金として支払われていました。しかし、ウル第三王朝（紀元前22〜21世紀に築かれたメソポタミアの王朝）の頃、この麦芽は消えてしまいます。それまで、オートミールのような粥《かゆ》状のものを主食としており、「緑の麦芽」はその材料でしたが、それがパンに代わりました。そのため、「緑の麦芽」は消えてしまったらしいのです。

代わって、「ビール・パン」が登場します。「ビール・パン」は麦芽粉を原料とし、香辛料やナツメヤシの実などを加えたものです。そして、このパンから麦芽酒を造るという方法が確立しました。ビール・パンから麦芽酒を造るためには、酵母を必要とします。パンを焼く時に、パン中の酵母は死んでしまうからです。この酵母は、初めは自然酵母、のちには果皮や穀物の殻からの酵母、さらに前回の発酵の残りが用いられたようです。

しかし、麦芽酒自身はこのビール・パン発生以前から造られていたのでしょう。「緑の麦芽」が存在していたときはすでに麦芽酒もあったと考えられますが、いつ頃から造られ始めたのかを特定することはきわめて難しいと、フォーブスは述べています。

03 カビで酒を造るという先人の知恵に脱帽

カビの生えた食物を食べるのかという、素朴な疑問

食べ物にカビが生えた時、それを「腐敗」というのか「発酵」というのか、実のところカビが生えただけでは腐敗なのか発酵なのかは分かりません。それらの区別はそのカビの生えた状態が、人間にとって好ましいか否かに関わってきます。人間とって好ましいカビが生えた場合は発酵と言い、人間にとって好ましくないものを腐敗といっているに過ぎません。ですから発酵と腐敗は、科学的には同じ現象ということができます。

発酵腐敗のこうした観念を獲得するまで、人間はカビの生えたものを食べたり飲んだりはしなかったのでしょうか。国立民族学博物館の文化人類学者吉田集而《しゅうじ》氏によれば、ニューギニアに住む原住民を調査した際、そこに住む人々はカビが生えた肉をその部分を取り除いて食べればよさそうなものですが、決して食べないそうです。その肉は全部、惜し気もなく捨ててしまうのです。

発酵と腐敗を区別する知識を持たないとき、「カビの生えた食べ物を食べる民族はまずいない」と、吉田氏は述べています。では、発酵と腐敗の区別を持たない人が、たとえば粥《かゆ》にカビが生えたようなものを飲むでしょうか。日本人が麹菌《こうじ》というカビを、どのような

きっかけで何のためらいもなく飲むようになったか興味が湧きます。

麦芽を発見した祖先にとって麦に芽が出てそれを食べることは、カビが生えた場合とは異なり、あまり抵抗感はなかったかもしれません。だから、それでパンをつくることもでき、また固くなったパンを液体に浸けることも試みたのでしょう。それらに野生酵母が入ってアルコール発酵を起こしたとしても、それはカビの発酵とは異なります。麦芽はカビがモヤモヤと生えているわけではないので、見た目には腐ったという印象はありません。果実の搾《しぼ》り汁に野生酵母が飛び込み発酵して酒になったとしても、こうした酵母による発酵は偶然に起こり、しかも人間がそれを飲んだという可能性は充分に考えられます。しかし、カビの場合はそうはいかなかったのではないでしょうか。

人間がカビの生えた物を食べたり飲んだりすることのきっかけは、偶然起こったとは考えにくいのです。

奈良時代初期に編纂《へんさん》された「播磨国風土記《はりまのくにふどき》」には、この当時すでにカビで酒を造ったことが記述されていますが、カビ酒の起源については述べられていません。それまで日本中のあちらこちらで、酒造りの試行錯誤がくり返されていたのではないでしょうか。

そもそもカビを使って酒を造るというアイデアは、どこからきたのでしょうか。「稲麹」が麹のルーツであるという説もあります。しかし、この稲麹から単離した麹菌が酒造に使えるという発想には残念ながら結びつきません。どうして稲につく黒いカビの塊を醸造に使うようになったかの答えにはなっていません。それではカビ酒の起源は、一体どこにあるのでしょうか。これはとりもなおさず、麹の起源にも通じる問題です。

カビ酒のルーツは稲芽米か

エジプト近隣のアフリカ諸国では穀物を発芽させ、それをスターターにした穀物酒が造られていました。大麦や小麦だけでなく雑穀の種類も多く、その酒造法はバラエティーに富んでいますが、稲芽酒《とうがしゅ》は少ないようです。稲芽は麦芽ほど、多くの澱粉分解酵素を持っていないためでしょう。稲を発芽させて酒を造ろうとしても、ほとんどアルコールが出ません。

名城大学の山下勝氏らは、穀芽の澱粉を糖に変換する酵素力を調べています。それによれば、穀芽の糖化力は大麦を100にした場合、小麦は54、稲は3・2、粟《あわ》は1・4、黍《きび》は1・1、赤米は0・5であり、大麦以外はほとんど酒にならないだろうと想像がつきます。古代メソポタミアで成立した麦芽酒は、インドを経由して稲作地帯に伝えられました。稲作地帯では当然のことながら、この方法を米に適応しました。そうして出来たのが稲芽酒です。しかし、稲芽では酒は出来ないはずで、出来てもそのアルコール含有量は少なくて致酔飲料になり得ない代物《しろもの》です。それでも稲芽酒は、ナガランド（インド東部）で発展しました。それは稲芽を生やそうとした際に、カビも一緒に生えてきたからです。すなわち稲モミを湿らせ、芽を出させようとすると稲モミにカビが生えてきます。稲モミについているカビが繁殖し、そのカビが澱粉分解酵素を生産したと推測され、それゆえ酒は出来たのでしょう。

稲芽酒の見かけは穀物酒でありながら、実はカビ酒なのです。芽を用いて酒を造るというアイデアだけが入ってきて、粟や黍で酒を造ろうとしましたが、やはり穀芽だけでは酒に出来ません。もしこの穀芽にカビが生えたのであれば、酒は出来ます。芽を生やそうとしてカビが生えたのです。いずれ粟や黍が芽を出さなくても、カビだけで酒ができることに気づいたのでしょう。

こうした稲芽酒なら存続していてもおかしくはありません。この稲芽酒は、穀物酒とカビ酒をつなぐキーになるのではないかと思っています。

04 口噛み酒から穀芽酒、そして麹酒へと変わっていく

稲芽より麦芽のほうが、アルコール醗酵に適している

紀元前3世紀頃までの酒は口噛み酒でしたが、紀元3〜4世紀に百済《くだら》などから渡来する人たちが増え、酒は米や麦などの穀物を発芽させた「糵《げつ》」と呼ばれる穀芽を用いるように

なります。糵はいわば口噛み酒の唾液に相当し、糖化を進める役割を持っています。糵を用いることによって蒸米を糖化させ、糖を含む甘い酒を造っていました。

稲の起源はアッサム・雲南《うんなん》説が有力で、それが長江《ちょうこう》流域の江南《こうなん》で稲作として花開き、江南から縄文後期（約3000年前）に南朝鮮、北九州に伝わり、またたく間に日本のほぼ全土に植えつけられるようになったと考えられています。

一方、小麦や大麦の栽培の歴史をたどると、小麦はメソポタミアからパレスチナに及ぶ「肥沃な三日月地帯」と呼ばれる地域で、紀元前7000年頃に栽培化され、同2000年頃に中国へ伝播《でんぱ》し、日本列島でも縄文時代晩期あるいは遅くとも弥生時代には伝わり、栽培されていました。大麦も同じ頃に、「肥沃な三日月地帯」で栽培化されていましたが、日本列島に伝播したのは小麦より少しあと、紀元5世紀頃だと推測されています。

穀芽《こくが》には稲芽と麦芽《ばくが》があります。稲芽をつくるには1晩水に浸した籾《もみ》を25℃程度に保った暗い部屋に置き、籾が乾かないようにしておくと1週間ほどで根を出します。そのとき胚芽は、籾の中で伸びています。それから37℃くらいに保ったまま発根した籾《もみ》を1〜2日置いて乾燥させ、これを粉ひき器で粉砕し、籾殻や根を取り除くと稲芽の粉が出来ます。

麦芽は大麦または小麦の籾に水分を吸わせ、15℃くらいに保った部屋に置いておくと、米と同様に芽が出て根が生えてきます。このような状態の麦を「麦芽」と呼び、眠りから覚めた麦芽の中には、いろいろな酵素がつくられています。そのうちの一つが、澱粉を糖化する酵素です。その酵素を利用するために麦芽を乾燥して粉砕し、水を加えて65℃くらいで数時間保つと麦芽中の澱粉を糖化することができます。

稲芽と麦芽では、澱粉分解する酵素（アミラーゼ）の活性が大きく異なります。麦芽アミラーゼのほうが稲芽アミラーゼより強力なので、飴《あめ》は麦芽でつくり、稲芽ではつくらないとの一文が、中国の百科事典と呼ばれている『説文《せつもん》』に記載されています。酒の発酵も稲芽よりも麦芽のほうが、アルコール発酵がスムーズに進むうえ、香気《こうき》成分や糖分も多く、はるかに濃厚な酒が出来ます。麦芽はご存じの通り、現在でもビールやウイスキーを造る際に使われています。

日本を含む高温多湿な地域で、カビ酒が発達

平安時代中期に編纂《へんさん》された古代法典『延喜式《えんぎしき》』の酒造りに関する箇所には、いくつも「糵《げつ》」の字が現れ、「よねのもやし」と振り仮名が付してあります。しかし、この糵は中国の稲芽のように穀物の種子の発芽したものとは全く異なり、米の散麹《ばらこうじ》を指しています。つまりこの頃には、穀芽による酒造りは行われず、すでにカビを使った「カビの酒」に推移していたと考えられます。

このように酒造りをするためには、澱粉を糖化させなければ酵母によるアルコール発酵が出来ません。そこで糖化させる方法として、乾燥した気候を持つ中近東地方では穀物の

芽を生やし、その糖化力を利用して酒を造るようになりました。乾燥地帯なので容易にカビが生えないためカビ酒は発達せず、穀芽（麦芽）を使った酒が主流になったのです。一方で、日本などを含む高温多湿の気候のアジア地域では、穀物にカビを生やして麹を造り、この麹の糖化力を利用して穀物から酒を造るようになりました。

民族固有の酒の多くは、そこの主食と密接な関係があります。西洋では昔ながら麦を主原料にしたパンであるのに対して、東洋では米を主食とします。すなわち、西洋では麦の扱いに慣れた民族が麦芽糖化法を生み出し、日本や中国では米食が必然的に麹を造り出したと考えられています。

カビを用いた酒造りが登場した最初の文献は、713（和銅6）年に書かれた「播磨国風土記《はりまのくにふどき》」です。その中に、「神様に捧げた強飯《こわめし》は濡れて黴《かび》が生《は》えたので、それで酒を醸《かも》し新酒を神に献上して酒宴を行った」とあります。しかし、これはあくまでも文献に登場したカビ酒の初見であって、この風土記が書かれた時代が日本最初のカビ酒の登場とするには疑問が残ります。なぜなら醸造学的に見ると、カビ酒の元になる麹の成立はもっと以前でも可能だからです。

この風土記にある強飯は蒸した米（もっと古い時代には蕗《ふき》の葉や樹皮などに包んで、火で炙ったり灰の中に入れたりして焼いて食べた）のことで、それをつくるためには甑《こしき》、つまり蒸し器が必要になります。

カビの繁殖には、水分の量が決定的な影響を及ぼす

甑は縄文時代晩期後半あたりのものが出土しており、そのうえ水稲とともに米の調理具として大陸型のものが渡来してきています（和歌山県音浦《おとうら》で出土）ので、弥生時代前期において甑を用いるのは当たり前のことだったのでしょう。このように甑を使う、すなわち蒸すことによって強飯が得られたという事実は、最初の米麹の出現に重要な意味を持っています。醗酵・醸造学の第一人者である小泉武夫氏は、以下のようなとても興味のある実験を行っているので紹介しましょう。

焼いた米、蒸した米、煮た米の3種類を別々の茶碗に入れて室内に放置します。すると3日目に蒸した米の表面にカビが一杯繁殖し、ほのかに甘い香りがしてきたというのです。ところが煮た米では1週間ほど経過してもカビは生えず、細菌（バクテリア）がクリーム状の薄い膜をつくって繁殖し腐敗臭を放ち出しました。焼いた米には微生物が何も生えなかったそうです。

この実験は何度くり返しても、結果は同じでした。その理由は、それぞれの米の加熱方法にあります。「煮る」というのは100℃の水中で加熱されること、「蒸す」のは100℃に近い温度で水の蒸気と触れること、「焼く」のは数百度という高温で水を介さず加熱されることですから、それぞれの場合に水分量に差が出ます。この水分量こそが、微生物の

繁殖に重要な影響を及ぼすのです。そこで3種類の米の水分量を測ってみたところ、煮た米は約65%、蒸した米は約37%、焼いた米は約10%以下でした。カビの繁殖に最も適した水分領域は35~40%ですから、蒸した米の水分量と見事に一致したのです。

このことから陸稲《りくとう》がすでにあったり、水稲が新たに入ってきたりして、それを甑で蒸して強飯を食べていた縄文人や弥生人がいて、そこにカビにとって最適な湿度の高い気候風土が加わったとすれば、麹が出来ないほうがむしろ不自然ともいえます。それを用いた酒造りが行なわれていたとしても、何ら不思議ではありません。

前述の通り、カビによる酒造りについて8世紀の「播磨国風土記」まで記述を見なかったのは、それまで日本中のあちらこちらで試行錯誤がくり返されていたからだと推測されます。

05 大陸の麹と日本の麹は、どこが違うのか？

遠い祖先は試行錯誤を経て、「酒」にたどり着いた

餅を放置しておくと、やがていろいろなカビが生えてくることで分かるように、高温多湿の日本では、食べ残したご飯にもたくさんのカビが生えてきます。紹介した小泉氏の実

験が示すように、強飯にはカビがよく生えます。そのカビの生えた強飯にお湯を加えて放置すれば、甘酒のように甘いものが出来たに違いありません。それをさらに放置して置いたら酒になったこともあるでしょう。このような偶然が「カビ酒」の発見につながったと思われます。

私たちの祖先が知ったのは、カビの生えた強飯を放置しておくと、いつの間にか酒になったという事実です。カビは増殖が進んで初めて、カビとして肉眼でその存在を確認することができますが、しかしアルコール発酵を司る酵母は直径6～10ミクロンほどの楕円形の微生物で、目で見ることはできません。つまり酵母の存在など知らないまま、強飯に生えたカビを使えば酒ができることを学んだのでしょう。

何回も失敗をくり返していくうちに、ある種のカビを使うと甘くなるのに別のカビでは腐敗することを経験的に知り、酒造りに有効なカビを見つけたのかもしれません。さらにこれは想像の域を脱し得ませんが、古代の人はその有効なカビを人為的に増やせることを知った可能性もあります。つまり、カビの生えた蒸米を他の蒸米に混ぜるとその蒸米にもカビが増殖する。これをくり返すことによって、いつでも酒を造れることを知ったとも考えられます。この考え方は、現在の日本酒の造り方と原理は同じなのです。

カビの生えた蒸米、これこそが麹《こうじ》なのです。麹に生えているカビが麹菌です。現在、菌類の仲間は9万7０００種類知られていますが、推定総数は１５０万種といわれています。

菌類にはカビの他、酵母やキノコも含まれるので、そのうち全体の約36%がカビとされています。つまり少なく見積もっても3万種を下らないカビの中から、先人たちはたった1種類の麹菌だけを選び出し醸造に用いてきたのです。

民族の主食の加工法と、酒の製造法は一致する

そもそもアジア各国にはカビを使った酒が数多くありますが、使われる麹の形状はそれぞれ異なります。大陸の麹は原料に麦、高粱《こうりゃん》など、比較的タンパク質の多い穀物を使い、これを粉にして蒸すことなく生の粉に水を加え練って丸め、餅型や煎餅《せんべい》型に整形し、複数のカビを自然増殖させたあと乾燥させたもので、餅麹《もちこうじ》(へいきく)と呼ばれています。

一方で、日本の麹は穀物を蒸して一粒一粒に麹菌を繁殖させた散麹《ばらこうじ》を用いています。前にも述べましたが、各民族の酒の製造法はその主食の加工法と一致することが多く、ご飯を食べる粒食の日本では散麹を原料とした酒が発展し、粉食(麺や饅頭、包子)主体の大陸では、餅麹が発展したと考えられます。

この双方の麹に繁殖するカビにも、決定的な違いがあります。餅麹はクモノスカビやケカビが主要ですが、散麹には麹菌だけが繁殖するのです。その理由は蒸米ではタンパク質が熱で変性して酵素作用を受けにくくなるので、タンパク分解力の弱いクモノスカビは増殖が著しく低下するからです。その半面、タンパク分解力の強い麹菌は繁殖しやすいこと

から散麹になるのです。

このことから発酵食品全体を見渡すと、日本はカビを使う点では大陸からその技法を学んだかもしれませんが、散麹を使うという製造法には日本人の独創性を見ることができます。

大陸の餅麹で使われているクモノスカビやケカビは、日本の麹菌と比べると胞子着生量が100分の1から1000分の1くらい少ないといわれています。種麹屋が日本で成立した一方で、中国で成立しなかった理由の一つがここにあります。2021年12月には、この「日本の伝統的な麹菌を使った酒造り」が登録無形文化財となりました。さらに22年3月には、文化庁がこの独創的な文化を無形文化財に登録すべきだと、ユネスコに提案しています。もし、24年に麹造りの技術がユネスコ無形文化遺産に登録されれば、世界中から注目を集めることになるに違いありません。

稲の渡来は紀元前6~8世紀頃といわれますが、醸造適性の優れた麹菌は800年前にはすでに存在したと推測されています。しかしこの麹菌、もともとはどこに生息していたものだったのでしょうか。私たちが知っている菌類の仲間は、せいぜい全体の6%弱なのです。日本人は、この膨大な数のカビの中からたった1種類の麹菌というカビを、一体どのようにして選び出していったのでしょう。

06 麹菌はどこからやって来たのか

初期は、野性の麹菌を活用した

前記のように、原始的な酒は原料の米を口で噛んで造ったと考えられていて、今日の「酒を醸す」の語源は「噛むす」から由来するといわれています。それでは、口噛み法に代わって登場した麹菌を使う酒造りは、一体何がきっかけで発明されたのでしょうか。

現在、利用されている醸造用種麹は、日本人が長年にわたり系統選抜をくり返して確立した「栽培品種」といっていいものです。しかし初期は、自然界から混入した野生の麹菌を利用したと考えられます。明治時代初期の日本酒に関する文献には、稲の穂につく黒色の玉（稲麹）を水田から採ってきて種麹にしたという記述があります。稲麹《いなこうじ》は麹菌とは全く異なる属のカビですが、水田からそれを採ってきて木灰を加え、半年ほど置いたあとに麹の元種として使ったものです。

稲麹とは稲麹病のことで、稲の籾《もみ》に病粒である黒い塊《かたまり》をつくります。一般に低温、日照不足、多雨などの条件で多発するようです。稲麹病の病粒は黒穂病《くろほびょう》と外見は似ていますが、黒穂病の原因菌「ティレティア・バークレイアーナ」がキノコ（担子菌）の仲間であるのに対し、稲麹病は稲麹菌の「クラビセップス・ビレンス」というカビに感染して発病します。

このカビは雌雄のない不完全菌の仲間に属していましたが、現在はその有性世代が確認され、ビィオスクラバ・ビレンスという子嚢菌《しのうきん》に分類されています。同じ菌なのに二つの学名があるとことを不思議に思われるかもしれませんが、菌類の多くは無性生殖と有性生殖という二つの生殖法によって増殖します。多くの場合、前者はカビに、後者はキノコとして認識されます。つまりあるキノコには、カビのように増える別の形態があることを意味します。

両者の形はあまりにも異なるため、カビの形態は長い間「不完全菌」として、キノコの形態では別の学名が与えられました。一つの生物に二つの学名が与えられるのは菌類だけです。しかしこれは、生物の命名ではかなり例外的であることや、今日では分子情報で両者を結び付けることが可能と考えられる点などから、どちらか一つの名前に決めることが2011年に、国際藻類・菌類・植物命名規約で決められました。

話がズレてしまいましたが、稲麹菌は厚膜《こうまく》胞子《ほうし》と呼ばれるとても硬い黒い胞子の塊をつくるので、発病後に薬剤を散布しても効果はありません。指でピンとはじくと、胞子がパッと散ります。稲麹菌は「ウスチロキシン」というカビ毒をつくるため、人体に有毒です。「稲麹」という名称から稲麹が麹菌のルーツで、酒や味噌、醤油に使う麹菌の野生種と思われていたようです。確かに以前はそう考えられたこともありましたが、現在では遺伝子解析も進み、稲麹菌と醸造用の麹菌は全く関係がないことが知られています。

稲麹菌はタンパク分解力が弱いため蒸米による繁殖が困難なので、たまたま共存していた麹菌「アスペルギルス・オリゼ」が繁殖して、米麹となったと考えられています。

木灰を利用して、純粋な麹菌を単離

稲麹菌が麹菌になることはありませんが、種麹屋が昔から使っている秘伝の木灰を麹菌を単離する際に用いることによって単離効率、濃縮効率を著しく上げたようです。この木灰利用の理論は、現代の微生物学的見地から考えると実に巧妙な方法です。ほとんどの雑菌は木灰の強アルカリに対して抵抗力がなく死滅してしまうのに対し、麹菌は木灰に含まれるカリウムを利用して多量の胞子を着生させます。

この他に木灰を使うメリットとしては、「胞子着生を妨げる酸性化合物を中和する」「米粒がくっつかないようにする分散剤として働く」などがあります。これは雑菌や麹菌、木灰の性質を非常によく見抜いた方法で、雑菌は淘汰され純粋な種麹が得られるのです。推測の域を出ませんが、麹菌が稲、特に稲麹病菌に感染した稲穂のエンドファイトではないかと想像する学者もいます。

エンドファイトとは、生きている植物体の組織や細胞内で生活する微生物のことです。麹菌はエンドファイトとして、内部に菌糸として存在するのではないかという仮説です。稲穂はこのエンドファイト（麹菌）の侵入に対して抵抗せず、受け入れて共存しているのではないかと考えられているのです。

小泉武夫氏らは、稲麹に種麹を製造する際に使用する木灰を混ぜて、稲麹菌「クラビセップス・ビレンス」の他、麹菌を単離しています。

2020年に、岩手県工業技術センターの佐藤稔英、米倉裕一両氏は稲麹に木灰を混ぜて一定期間放置し、カビ毒をつくるアフラトキシン遺伝子が完全に欠損した、醸造適正の優れた麹菌（アスペルギルス・オリゼー）の単離に成功しました。麹菌のルーツともいえるこの株には、従来の種麹にはない多くの特徴がありました。グルコアミラーゼが高くアルファーアミラーゼが低い（このような酵素バランスを持った麹で酒造りをすると味のきれいなキレの良い酒ができる）ことに加えて、褐変性が低いうえに（麹がいつまでも純白で酒粕までもが白く仕上がる）ACP（酸性カルボキシペプチターゼと呼ばれる酵素）が通常の他の麹の3分の1程度に抑えられるので、酒の雑味が少なくなる特徴があります。さらにこの麹菌を使うと、従来では麹を造るのに要する時間（製麹時間）が40～45時間、あるいはそれ以上かかったのに、40時間の製麹時間で優良な米麹が出来上がるのです。この特徴は業界が長年求めていた菌株だったのです。この株は、共同研究を進めていた秋田今野商店からルーツという名前で商品化されています。

今から800年前、微生物の存在すら知られていない時代に、世界中のどの民族に先駆けて「純粋分離法」「純粋培養法」「長期保存法」を、木灰を用いて行っていた日本人の知恵には感服するばかりです。

花咲爺さんは枯れ木に灰を撒《ま》き、見事な桜を咲かせました。種麹屋は玄米に灰を撒き麹菌の胞子という花を咲かせることに成功したのです。そういえば麹の国字は「糀《こうじ》」、まさに米に花を咲かせている様子を見事に表す字ですね。

麹菌の仲間であるカビは、大きな可能性を秘めている

石川雅之氏の漫画『もやしもん』（講談社）の影響で、私の生業《なりわい》の知名度もだいぶ上がり、「種麹屋」が「もやし屋」であることを知る人もだいぶ増えてきました。

世界最古のバイオビジネスといえる種麹屋の存在によって、日本の麹菌は特異な発展をとげてきました。麹菌を利用する産業は醸造物や食品の製造に加え、化学物質や医薬品など多岐にわたっています。これらの産業のほとんどは、麹菌の生理作用を巧みに利用したものです。

種麹造りには特殊な技能を必要とし、一種の秘伝として受け継がれてきました。驚くことに「種麹屋」は、全国にわずか数社しかありません。そして、それぞれ長い歴史を持つ数社でつくる麹菌が、日本の食文化を支えているのです。

麹菌の産業利用における主な役割は、多種多様な酵素をつくる点にあります。そのためには、主に二つの培養方法があります。一つは米麹や麦麹のように穀物の粒に麹菌を繁殖させる、日本特有の穀物粒培養です。もう一つは栄養分の多く含んだ液体の中で、空気を

送りながら麹菌を培養する液体培養です。１９９０年代には、米粒に麹菌を増殖させる散麹（穀物粒培養）よりも作業効率がいいため、液体の中で麹を造る研究が積極的に実施されましたが、残念ながら成功しませんでした。

その頃、分子生物学的なアプローチで日本酒造りの現象を解明しようとしていた月桂冠の秦洋二氏によって、麹菌は散麹で大量に発現するグルコアミラーゼの遺伝子を持っていて、それは液体培養で発現するグルコアミラーゼとは異なるものであることが発見されました。

実験室では普通、麹菌をフラスコなどで液体培養します。散麹のように米粒という穀物粒上の固体培養とは異なり、液体のほうが固体より均一系の中で発酵をコントロールできます。つまり、液体培養のほうが扱いやすいのです。秦氏も、もちろんそう思っていたのですが、何年も研究を続けていく中で、液体培養で発現する遺伝子だけでは説明できない現象が起きていたのです。

そんな時、新人研究員の「それなら新しい遺伝子があるかもしれませんね」というひと言がヒントになり、その遺伝子を見つけ出すことに成功しました。その新しい遺伝子の配列を見たときに秦氏は、固体培養でしか発現しない遺伝子があれば、すべてつじつまが合うことに気がついたのです。そこで、培地の水分含量とグルコアミラーゼ遺伝子の発現関係を調べたところ、水分含量が少ないほうが遺伝子の発現には適していることが明らかになりました。

こうしてグルコアミラーゼの産生には、表面がやや乾燥して硬くなった外硬内軟《がいこうないなん》の蒸米を使い、培養初期は水分が蒸発しないように温度調節し、培養中期から40℃以上に上げて水分の蒸発を促すことが必要条件であることが分かりました。

驚くのは、これらの手法は脈々と受け継がれてきた麹造りの条件と見事に一致していたことです。つまり蒸米表面を乾燥させれば、麹菌の菌糸は蒸米表面で増殖せずに、蒸米内部にある水分を求めて米粒内部深くに伸長して広がり、理想的な米麹が出来上がるのです。本来、カビにとっては液体の中より穀物や植物の上で生育するのが自然で、その培養法こそがカビの機能を最大限に活かせる方法といえます。醸造から生まれた麹造りの技術です。

最近、この日本特有の方法で培養された麹菌の仲間のカビたちが、抗ウイルス物質や抗菌物質、生理活性物質をつくる事実が数多く報告されるようになってきました。面白いことに、これらの物質は培養温度を上げたり水分活性を下げたり、限定された条件でないとつくられません。おそらくこのような遺伝子は、何らかのストレスによって誘導されるのではないかと考えられます。満たされた条件ではその遺伝子が発現せず、ある種の緊急事態になって初めて現れるのでしょう。菌もハングリーな環境に置かれると、生き残るためにとんでもない力を発揮するのです。この麹造りの手法をもってすれば、さらに多くのユニークな生理活性物質を探し出せるに違いありません。

醸造から生まれた麹造りの技術が今後、世界的に醸造以外のさまざまな分野でも大いにもてはやされることは間違いないでしょう。この一見古めかしい技術が、日本の誇るべき技術として世界に出ていく大きなチャンスがやってきました。

07 日本酒が出来るまでの工程

日本酒に向いた米を丁寧に加工する

日本酒は米の精米から始まり、麹造り、酒造りのスターターとなる酒母（酛《もと》）造り、仕込みとたくさんの工程を経て出来上がります（**図5**）。その造り方を探ってみると、先人たちの実に巧妙な技術が見えてきます。

●精米　酒造米は注意深く磨き上げられる

酒造りは、まず玄米の精白から始まります。酒造りに用いる米は、一般の米より大粒で厚みがあり、中心に白色不透明の部分（心白《しんぱく》）の多いものが適するとされています。食用米に比べて、①吸水が速い、②醪《もろみ》で溶けやすい、③麹を造ると菌糸が中心部へ伸長しやすいなど、酒造りの面から見て有利な特性を多く持っています。玄米の外層部はタンパク質や脂肪分が多いため酒の香りや味に悪影響を与え、発酵が不順になるので、この外層部を

図5 酒造りの概念図

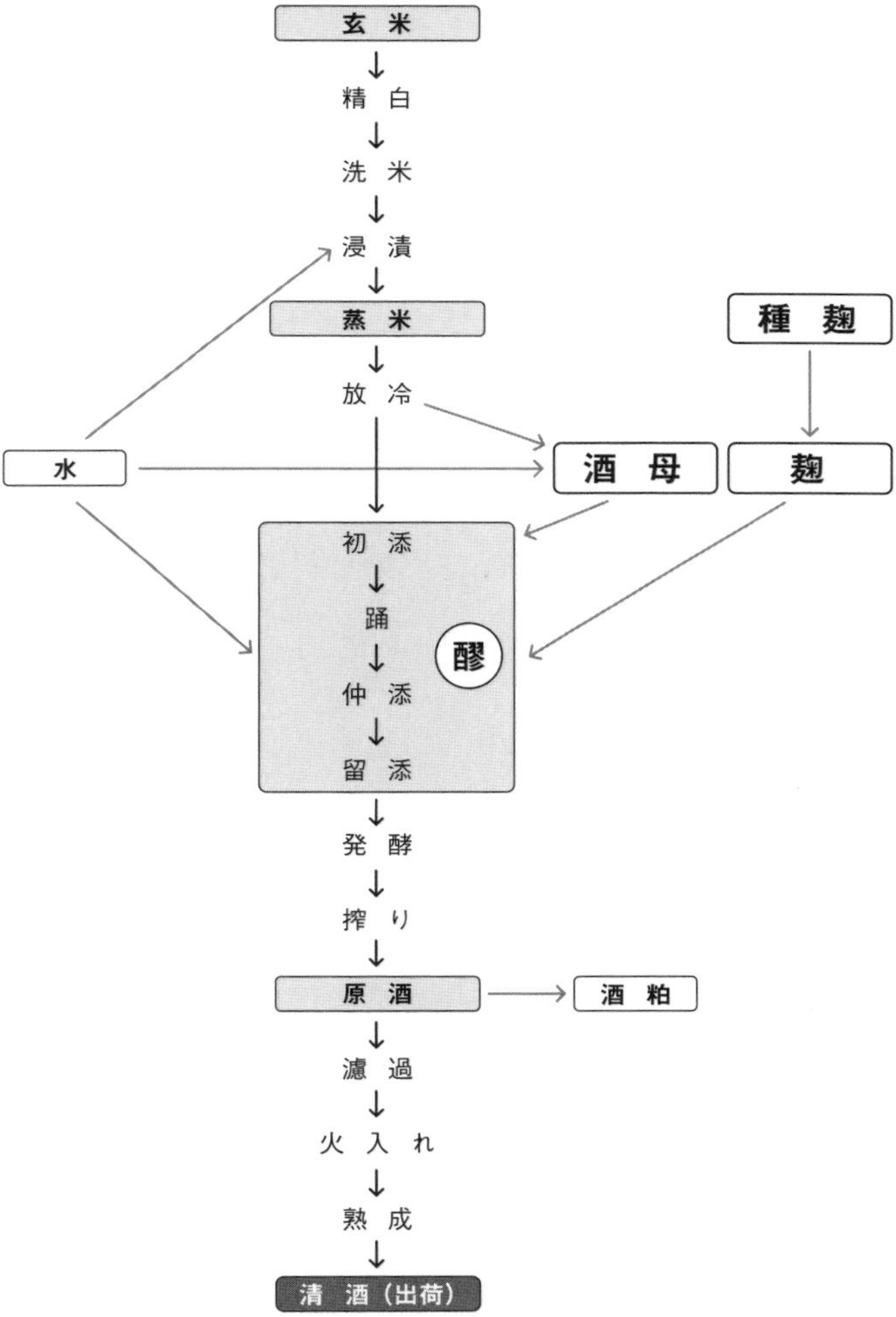
玄 米
精 白
洗 米
浸 漬
蒸 米
放 冷
種 麹
水
酒 母
麹
初 添
踊
醪
仲 添
留 添
発 酵
搾 り
原 酒
酒 粕
濾 過
火 入 れ
熟 成
清 酒（出荷）

図6　精米歩合と米

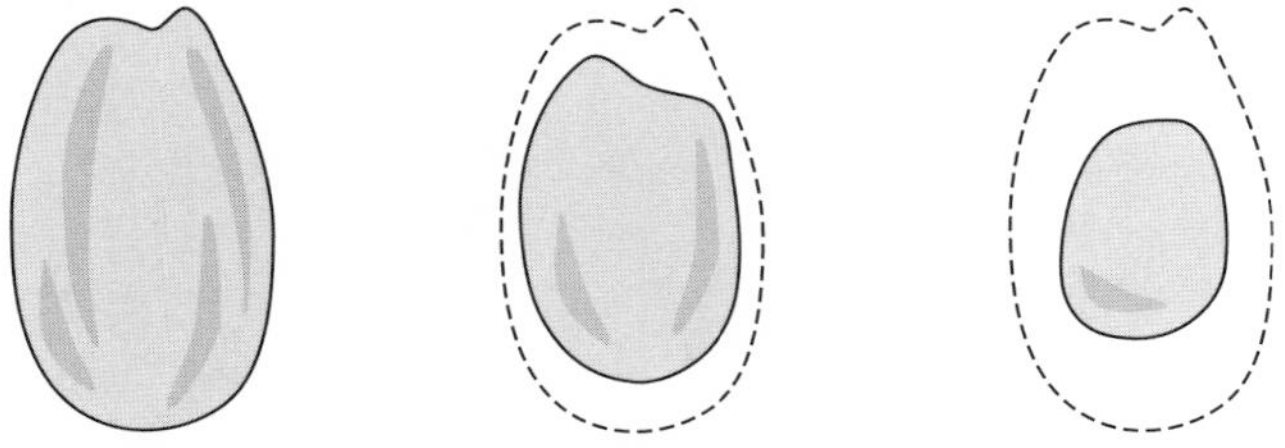

左から玄米、玄米の外側を35%削り取った白米、60%削り取った白米。

削り磨いて白米とします。家庭用の精白米は7～8%ほど外層部を削ったものですが、酒造米は25～30%も削り取り、注意深く磨き上げられます。米を削るのはもったいない話ですが、美味しい清酒を造るために考えられた方法です。大吟醸では、外層部を50%以上も削り取ることがあります（図6）。

●洗米と浸漬《しんせき》　酒造りには清浄な水が欠かせない

精白された米は丁寧に洗われ、糠《ぬか》を落としてから、米質に合わせ15～20時間水に漬けます。この間に米は、30%ほど水分を吸収します。白米に吸収された水分は、最終的に酒の中に溶出するわけですから、後述する仕込みの際と同様、使用する水は良質のものでなければなりません。

酒造りにとって、清浄な水は欠かせないものです。仕込む白米の量の約10倍の水が必要になります。鉄は血液中の赤いヘモグロビンを構成する、人間にとってなくてはならないミネラルですが、鉄が酒に入ると赤褐色に着色し、香りや味を悪くしてしまいます。水道水の基準では鉄は0・3ppm以下（1リットルに0・0003グラム以下）と定められていますが、酒造りではその10分の1以下の水が使われています。名水のあるところには酒の蔵元があることが多く、日本酒の二大産地である灘《なだ》（兵庫県）と伏見《ふしみ》（京都府）には、環境庁の名水百選に指定された有名な水があります。

●米を研ぐことと洗うこと　酒造用の米粒は内部の不純物が少ない

家庭では米を（研《と》）いで、（炊《た》）き、酒造場では米を洗って蒸します。「研ぐ」とは「米などを水中でこすり合わせて洗う」ことです。米と水を容器に入れて、米粒と米粒をこすり合わせると水は白く濁るので、水を替えてまた研ぐとやはり白濁します。米粒は水に浸けると水を吸って柔らかくなり、米粒と米粒をこすり合わせると米粒の表面が削られて水は白濁します。したがって米を研ぐのは、精米するのと同じ意味合いを持ちます。市販の白米は玄米重量の8〜10%程削って（精米して）います。精米の度合いが少ないほど米粒は褐色を帯びて見えるので、そのような場合には丁寧に研ぐほど米粒は白くなり、透明感が増します。

一方、酒造場では「米を研ぐ」ではなく、「洗う」といいます。米を洗う装置が洗米機です。酒造場では1回に数百キログラム以上使用するので、研いで磨かなくてもいいようにあらかじめ所定の割合に精米した白米が使用されます。品種にもよりますが、酒造に使われている米粒は内部ほどタンパク質などの不純物が少なく、澱粉《でんぷん》の純度は高くなります。清酒の場合、高級な酒ほど精米機で米粒の表面を多く削った米が使用されます。普通の清酒は玄米の重さの30~40%程削った白米が使われますが、大吟醸酒と呼ばれる酒は50%以上も削った米が使用されます。

清酒のラベルに、「精米歩合」が表示されていることがあります。「精米歩合」は誤解されやすい用語で、精米された(削られた)割合ではなく、玄米から得られた精米(白米)の割合を意味しています。たとえば精米歩合60%は玄米100キログラムを精米して白米60キログラムが得られたことを意味しています。つまり「精米歩合」は、「精(白)米の割合」という意味です。

●蒸米(ご飯と蒸し米) 良い麹を造るための条件

普通に食べるご飯は炊いたものですが、酒造りでは蒸し米が使われます。白米を炊いた「飯」または「お粥《かゆ》」は、特殊な場合を除いて酒造に使われることはありません。古来、酒造りに蒸し米が使われてきたのには理由があります。清酒に限らず焼酎や味噌造りでは、麹造りが重要視されています。清酒の場合に限らず、それぞれ醸造物の品質は麹で決まるといっても過言ではありません。良い麹を造るためには、良い蒸し米を造ることが大前提になります。良い蒸し米とは、「外硬内軟《がいこうないなん》」とされてきました。米粒の外は硬く、内が柔らかい蒸し米であるという意味です。

これには、いくつかの理由があります。蒸し米は溶けて酒にならなければいけないので、米粒の内外とも硬くて溶けなかったら話になりません。少なくとも米粒の内部は柔らかいほうがいいのです。米粒の表面が粘ってくると米粒が手や器具に付いたり、米粒同士が結合して団子状になるなど、多くの障害が起こります。麹菌は米粒の表面に繁殖するので、米粒同士が結合して団子状になると、麹菌の生える面積が小さくなってしまいます。酒造り用の蒸し米は、一粒一粒がバラバラになっているのが理想です。したがって米粒の表面は米粒がお互いにくっつかない程度の硬さで、かつ醪《もろみ》の中では速やかに溶けるような蒸し米が良いとされています。

外硬内軟の蒸し米を造るには、そのような米の品種を選ぶことが第一条件です。その次に、そのようになる米の処理方法が大切になります。清酒醸造に適した品種がいわゆる酒米で、酒造好適米と呼ばれる米です。代表的な品種が「山田錦」です。多くの酒造好適米は米粒の中心に心白《しんぱく》と呼ばれる白濁した部分があり、柔らかい構造をしています。

酒造好適米であっても、処理方法が適切でないと外硬内軟の蒸し米にはなりません。特に重要視されるのが、蒸す前の水分です。酒造用に蒸す場合には洗米したあと、一定時間水に浸け水を吸わせてから水を切ります。水を切ったあとに重量を測ると、吸水量が計算できます。蒸し米の硬軟は吸水量によって決まりますが、吸水量は漬ける時間に比例して増加するのでコントロールできます。蒸したあとの水分増加量は通常、白米重量の30〜40%程度です。適当な蒸米ができるように調節するのが、杜氏《とうじ》の仕事です。高度に精米された米では蒸し前の吸水率を調整するため、ストップウォッチを使って秒単位で管理しています。

ご飯の炊き方については、いろいろな流儀があります。いつもふっくらしたご飯を炊くのは難しいものですが、ご飯と酒造用の蒸し米を比べると違いがあります。酒造用の蒸し米の水分増加量は非常に少ないですが、ご飯を炊く場合、水分は白米重量の100%前後増加するようです。米を炊く場合には最初に加えた水は蒸発したり、吹きこぼれたりした水以外は全部ご飯に残りますから、最初の水加減が重要です。少なすぎると硬くなり、場合によっては焦げてしまいます。逆に水分量が多いと柔らかくなります。また新米は水分が多いので、加える水は少なくするという調節も必要になります。米を炊く場合の水加減は数値を表すのは難しいようで、経験が重要なのです。

●麹造り　澱粉を糖に変える麹菌が絶対不可欠

米の前処理が終わると、いよいよ本格的な酒造りに入ります。その前に、酒造りに重要な二つの微生物の働きを説明しましょう。アルコール発酵は、清酒酵母（サッカロマイセスセルビジェイ）の働きによります（**写真1-1**）。学名はラテン語で、姓名のように属名と種名の二つの語が組み合わされています。サッカロとは砂糖、ミセスとは菌、セルビジェイ

写真1-1　清酒用酵母
サッカロマイセス セルビジェイ

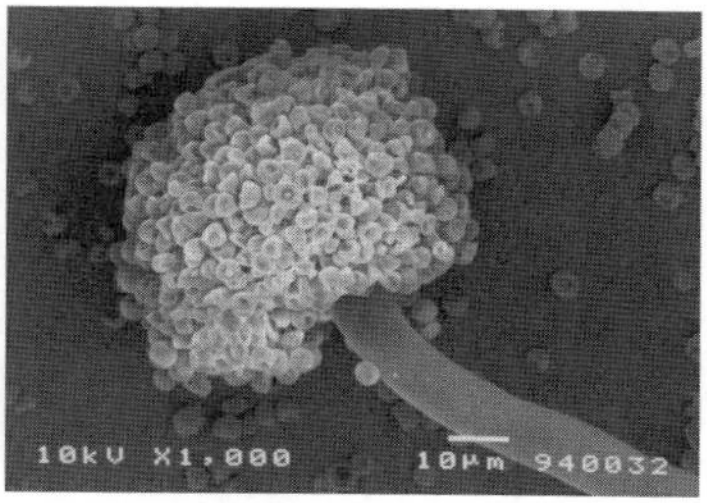

写真1-2　黄麹菌
アスペルギルス オリゼー

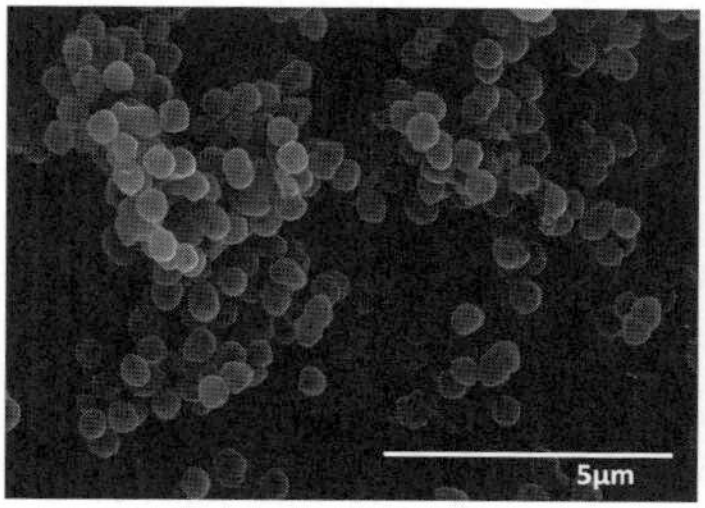

写真1-3　乳酸球菌
ロイコノストック メッセントロイデス

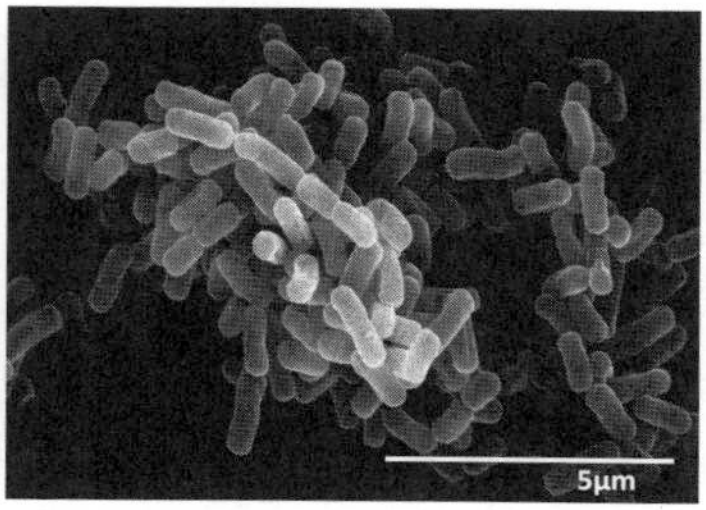

写真1-4　乳酸桿菌
ラクトバチルス サケイ

写真1　清酒醸造に関わる微生物
資料提供：秋田今野商店

とはビールの意味です。つまりサッカロマイセスセルビジェイとは砂糖を食べてビールをつくる菌を意味しています。酵母は5～7マイクロメートル（1マイクロメートルは1000分の1ミリ）の微生物で増殖が速く、条件が良ければ2～3時間でその数は2倍になります。ただ、この酵母は蒸米の澱粉を小さく寸断したブドウ糖がなければ、アルコール発酵ができません。そこで、澱粉を糖に変える能力を持った微生物が必要になります。そこに登場するのが麹菌（アスペルギルス オリゼー）です（**写真1－2**）。麹菌は蒸米に生《は》える時、酵素をつくり出して米麹の中に蓄えられます。

　この酵素はハサミのような機能を持っていて、澱粉を小さく寸断してブドウ糖に変えることができるのです。これを「糖化《とうか》」といいます。米麹に御飯とお湯を混ぜて55℃程度に保温すると米麹に含まれている酵素が、ご飯に含まれている澱粉を切り取りブドウ糖にするのでとても甘い甘酒が出来ますが、それと同じ原理です。ちなみにアスペルギルス オリゼーのオリゼーは「稲」が語源です。アスペルギルスは、カトリックで聖水を振りかける道具「アスペルギルム」に、顕微鏡で観た形が似ていることから、この学名がつきました。

　次に、その大切な麹造りを説明しましょう。まず、最初に蒸米に麹菌の胞子（種麹《たねこうじ》）を

写真2　蒸米に種麹を振りかける

全体に行き渡るよう、手でしっかりと蒸米を混ぜ合わせる。

資料提供：菊正宗酒造

振りかけ、種麹が全体に行き渡るように、丁寧に手でしっかり蒸米を混ぜ合わせて繁殖させます（**写真2**）。28～30℃に保たれた清潔な室内で、湿度なども厳重に調節しながら2日間かけて麹は造られます。胞子を振りかけてから十数時間経過すると菌糸の発育が盛んになり、蒸米が麹米化していきます。その呼吸熱で温度が上昇して酸素が欠乏し、菌の発育を阻害するので、麹米の撹拌《かくはん》など細心の管理が必要となります。

麹の中で特に重要な働きをする酵素は、米の澱粉を糖に分解するアミラーゼとタンパク質をアミノ酸に分解する「プロテアーゼ」や「ペプチターゼ」です。これらの酵素によって分解生成された糖やアミノ酸がアルコールのもとになり、香りや旨味の成分になるのです。こうして造られた麹の一部は酒母（酛《もと》）造り用に、残りは醪造り用に使われます。

●酛造り　多量の酵母と強い酸性が条件

酒母（酛）とは、酒造りに不可欠な酵母を多量に増加させたもので、生酛《きもと》、山廃酛《やまはいもと》、速《そく》醸酛《じょうもと》などがあります。酒母とはまさに読んで字のごとく、大切な酒の母のような存在です。

酒母に必要な条件は優良な酵母がたくさんいて、強い酸性であることが求められます。梅干しや酢漬けが腐りにくいように、発酵を酸性で行うことで酒を腐らせる雑菌を抑えられるのです。強い酸性の酛を造るには、乳酸菌を使う方法と醸造用の乳酸を使う方法があります。前者の代表が生酛、後者の代表が速醸酛です。生酛が一カ月かかるのに対し、速醸酛は二週間ほどで出来上がります。酛は酵母を培養する場であり、腐敗防止に役立つ乳酸を蓄積させる場ともいえます。

近年の主流は速醸酛で、原料である白米全体の約6〜8%が当てられます。そのうち白米3分の1で麹を造り、残りを蒸米として添加します。酛の仕込みは麹と掛米《かけまい》、水をタンクの中で混合すれば終了です。酒造りに使用する米は麹造り用と、麹米にせず蒸すだけの米があり、後者を掛米といいます。掛米は醪を増量したいときに使われますが、麹米と同じものが使われる場合もあれば、精米歩合や品種の違う米が使われることもあります。

仕込んでから数時間もすると蒸米と麹は水を吸い、ちょうど炊き上がった御飯のように盛り上がります。それが1〜2日のうちにドロドロに溶けてくるから不思議です。これは、麹のアミラーゼが米を溶かしているのです。舐めると猛烈に甘く、酸味も感じます。

こうして米から溶け出したブドウ糖やペプチド、アミノ酸などを食べて酵母が増殖を始めます。一定の時間をおいて加温したり止めたりしながら、温度を最高で20℃前後に持っていきます。その間に次第に炭酸ガスの発生が激しくなり、入道雲のような泡がモクモクと表面に盛り上がってきます。酵母が繁殖し、発酵が進むにつれて仕込み当初の甘い香りは消え、フルーツのような芳香が立ってきます。やがて泡が低くなり、乳酸、コハク酸、リンゴ酸が蓄積し、ツンとした刺激臭も加わります。その頃には酵母数は1グラム当たり2〜3億個にもなります。

一方、生酛は江戸時代に確立された、自然の微生物を巧妙に利用して優良な酵母を生育させる技術です。生酛造りの場合、半切り桶《おけ》と呼ばれるたらいの形をした底の浅い桶に麹、蒸米、水を入れ仕込みます。仕込みから数時間後、米粒が水を吸って膨らんできますので、それから数時間おきによく混ぜます。仕込みの翌日、これを櫂《かい》という道具を使って摺《す》りつぶします。この作業を「山卸《やまおろし》」といいます（**写真3**）。山廃酛《やまはいもと》とは、この山卸作業を廃止した酛のことです。

山卸の作業は冬の寒い部屋で、一つの半切りに2〜3人がかりで一日3回摺るという大変な作業で、酒造り唄に合わせて行われます。摺り終わればタンクに移し、三日ほど6〜7℃の低温に保つ「打瀬《うたせ》」を行います。仕込んだ物の中には硝酸還元菌（シュードモナス フレオレッセンス）が働き出して仕込み水に含まれる硝酸塩を分解し、亜硝酸を生成します。この亜硝酸は酵母の増

写真3　山卸作業
資料提供：菊正宗酒造

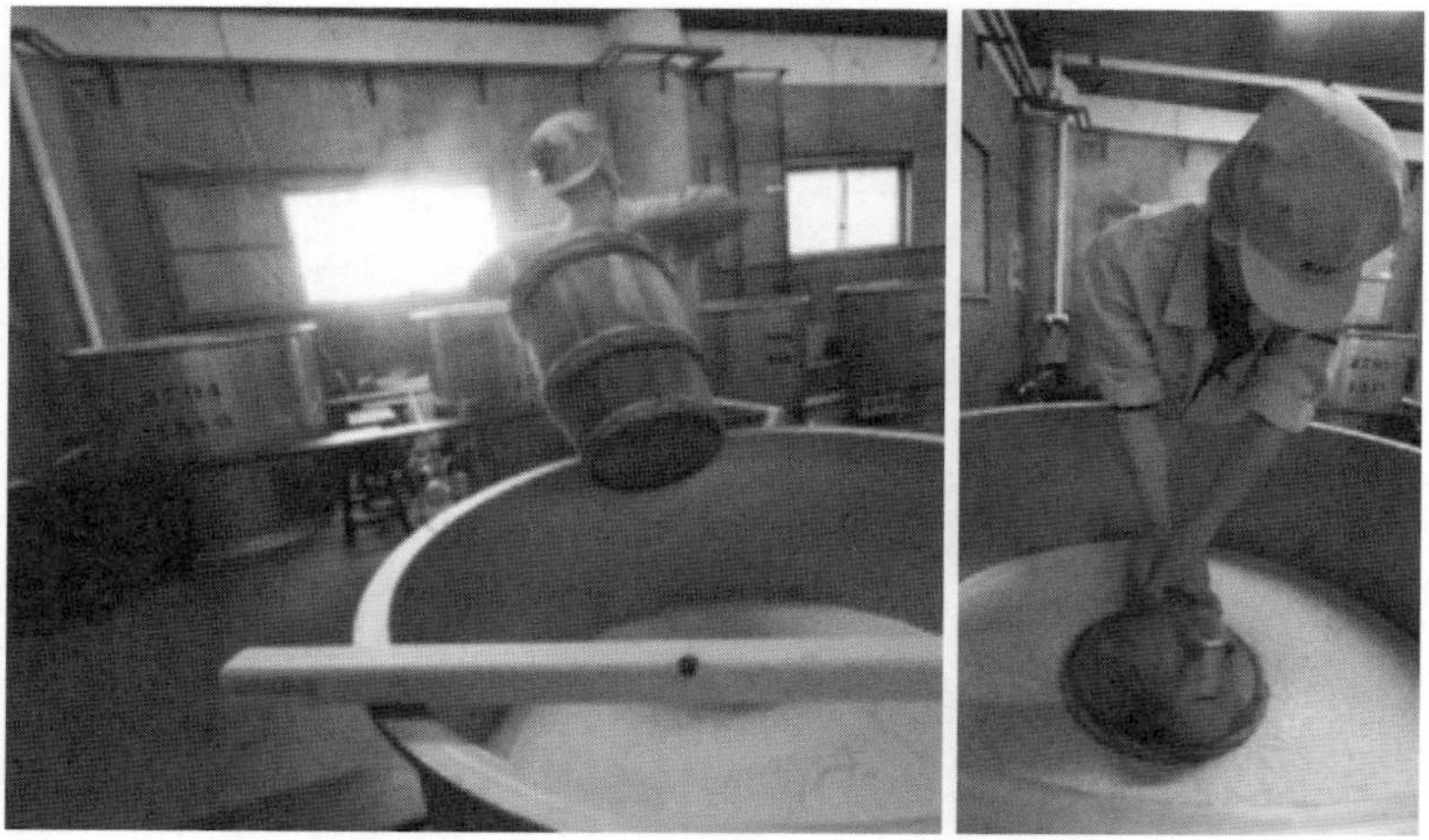

写真4　暖気樽を使って、タンクの温度を一定に保つ作業
資料提供：菊正宗酒造

殖を抑制する作用があります。タンクの中の温度を25℃前後に保つよう、熱湯を入れた暖気樽《だきだる》を使って攪拌していくと（**写真4**）、やがて温度が徐々に上がって乳酸球菌（ロイコノストック メッセントロイデス＝**写真1－3**）や乳酸桿菌《かんきん》（ラクトバチルス サケイ＝**写真1－4**）が増殖し、乳酸をつくり始めるのです。

　こうして出来た乳酸と亜硝酸の共同作業で、清酒造りに適さないハンゼヌラ属の産膜酵母やキャンディダ属の野生酵母などは死んでしまいます。やがて乳酸が増えて酸性になると、硝酸還元菌も死滅し、亜硝酸は消えます。さらに酸性が強くなると、乳酸菌自体も弱ってきます。この頃になると糖分やアミノ酸も増えて、酵母の増殖する条件が整ってきます。そこで種となる少量

図7 生酛系酒母における微生物の遷移

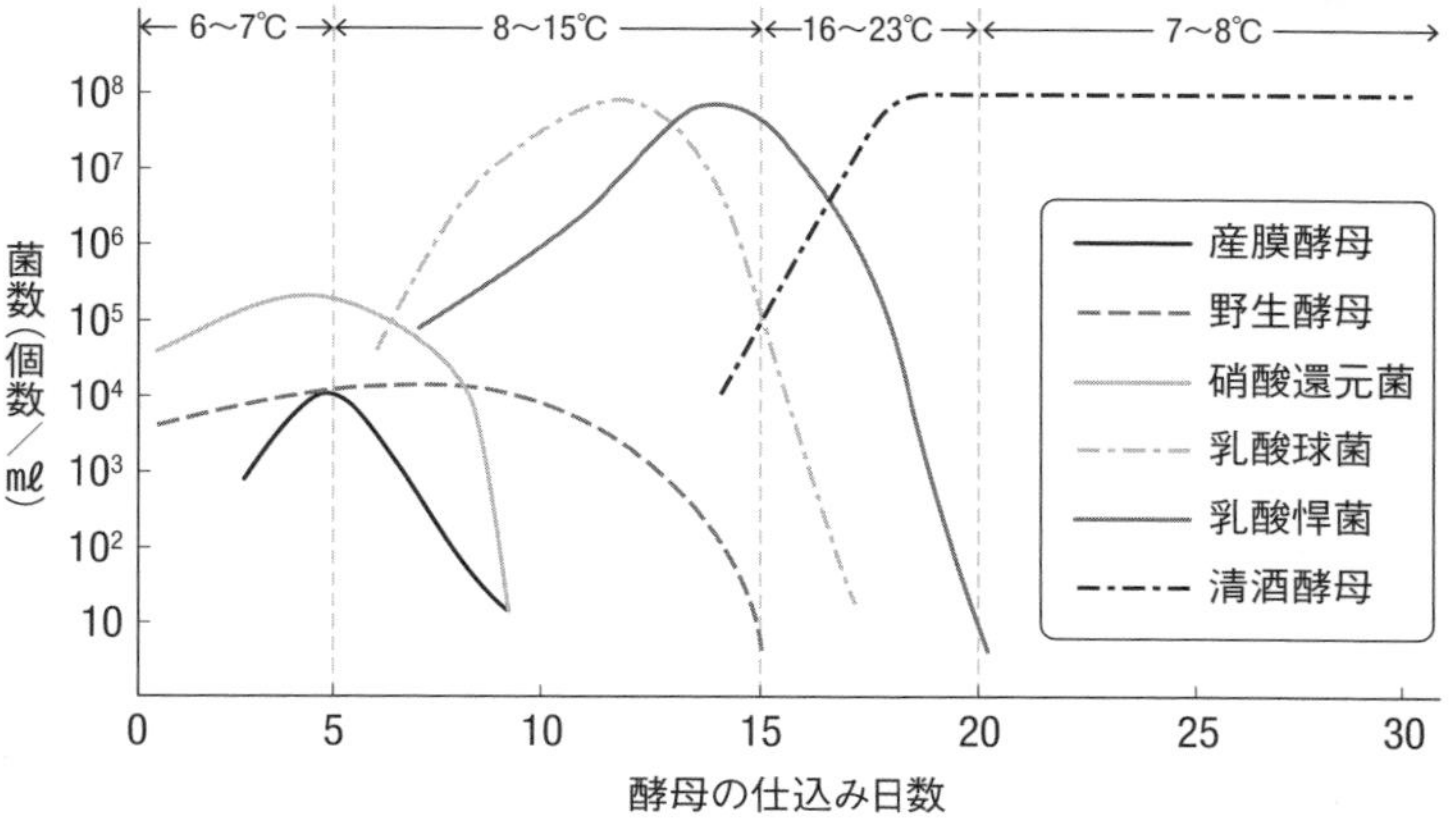

出典：株式会社日本グラフィックス

の清酒酵母、またはすでに醗酵している酛の一部を添加します。酛の後半になれば、残っている乳酸菌も生成したアルコールや高い温度により死滅し、結果的には清酒酵母だけが純粋に培養されるのです。まさに驚くべき先人の知恵です（図7）。

●仕込み　原料を3回に分けて行う

麹と酒母（酛）の準備ができると、次は酒の仕込み、醪《もろみ》づくりです。蒸米、水、麹、酒母を混ぜ合わせ、麹の酵素で米の澱粉を糖に変え、同時に酛の酵母にアルコール発酵させるのです。ビールの醸造では糖化の工程と発酵の工程が完全に分かれていて、それぞれ別のタンクで行われます（単行複発酵）。それに対し、日本酒では同一タンクの中で糖化を追いかける形で「醗酵」が同時に行われる（並行複発酵）ので、糖化と発酵のバランスがとても重要になります。

この並行複発酵は清酒にのみ見られ、清酒は醸造酒の中で世界一アルコール濃度が高い酒といわれています。ビールは4～5％、ワイン12～13％ですが、清酒の原酒は20％です。清酒のように蒸留しない酒がこれほど高いアルコール度数を含有することは、驚異的といわなければなりません。これは、日本の発酵技術の高さを示しています。

仕込みは普通、原料を一度に仕込まず、3回に分けて行われます（三段仕込み）。第1回目の仕込みは初添《はつぞえ》といい、その翌日は酵母をさらに増殖させるため仕込みをしません（踊《おどり》）。3日目と4日目に仕込みをして、醪づくりは終わります（3日目の仕込みは仲添《なかぞえ》、4日目の仕込みは留添《とめぞえ》）。なぜ初添、仲添、留添と三段仕込みをするかというと、一度に仕込むと酵母が過度に薄まって、アルコール発酵が始まる酵母密度になるまで時間がかかり、その間に醪に雑菌が繁殖して酒の風味が悪くなるからです。三段仕込みは雑菌を抑え、常に酵母優位の状態に保ちながら安全に酒造りするための先人の知恵といえます。

日本酒醪の特徴の一つに、濃厚仕込みがあります。穀類を原料とするビール、ウイスキーの醪では穀物100に対して汲水（仕込みに使う水の量）が400～500ですが、日本酒では125～130程度が標準ですから、かなり濃厚仕込みといえます。醪の中で澱粉は蒸米の状態で存在し、これに麹の酵素が複雑に働いて徐々に糖化されていきます。生成された糖は酵母によって次々にアルコールに変えられるため、多量の糖が蓄積するということがありません。最も糖の多い留添《とめぞえ》後3～4日目でさえブドウ糖は8％前後で、以後その量は漸減《ぜんげん》して後期には3％前後になります。

ビール醸造のような単行複発酵でアルコール濃度を高くしようとすると、原料の糖濃度を上げる必要がありますが、糖濃度が高くなると酵母がその浸透圧に耐え切れず、発酵障害（濃糖圧迫）を引き起こします。そのため、アルコール濃度を上げることができません。一方、日本酒仕込みのような並行複発酵では浸透圧を引き上げる糖は発酵の期間中徐々に生成して、それが酵母によってアルコールに変換されるために、糖濃度は発酵期間を通じて高い濃度になることはありません。

このように濃厚仕込みでありながら、酵母は濃糖圧迫を受けずに順調に発酵を続けることができ、アルコール分20％以上といった高濃度のアルコールが得られるのです。この濃度は、世界の醸造酒の中で最も高い部類に属します。米や麹に含まれるオリゼニン（米タンパクの名称）やプロテオリピッドと呼ばれる麹菌体中に存在する顆粒の物質が、高濃度のアルコールから酵母を保護する役割を果たしています。特にプロテリピッドは常に醪内部に存在し、低温、濃糖、乳酸酸性、アルコールの存在、嫌気的環境など、一般の微生物にとって増殖しにくい環境下で酵母だけを保護し、増殖させ、長期間の発酵に耐えさせて20％以上にもなる高濃度のアルコールを生成させる重要な役割を果たしているのです。

タンクに入れられた醪は4～5日も経つと、表面は発酵に伴う泡で覆われます。発酵中の醪は1ミリリットル当たり約1億個の酵母が増殖し、ブドウ糖をせっせとアルコールと炭酸ガスに変えていきます。発酵温度は8～18℃が一般的で、およそ2～3週間で発酵は終わり、アルコール分は18～20％ほどになり、日本酒特有の味と香りが醸《かも》し出されます。

清酒醪の特徴の一つに、低温発酵があります。酵母の発酵は25℃前後が最も旺盛であり、果実酒、焼酎などの醪でもこれに近い温度で発酵が行われますが、日本酒では普通15℃を中心として8～18℃と他の酒類の発酵温度よりも低温で行われます。単にアルコールの生成だけを目的とするのであれば20～25℃の温度が最適ですが、糖化と発酵のバランスを保ち、日本酒の香味をよくするためには、15℃前後の温度で発酵させる必要があります。20℃前後の高温では、酒質が粗くなったり雑味が出たりするからです。

●酒の誕生　濾過したあと、「火入れ」を行う

発酵が終わった醪は、搾り機で酒と酒粕《さけかす》に分けられます。一般にいわれる「原酒」とは、この段階の酒のことです。出来上がったばかりの新酒にはフレッシュな香味があり、そのまま出荷されるものもあります。しかし大部分の日本酒は濾過《ろか》したあと、「火入《ひい》れ」といって、65℃前後に加熱されます。これは殺菌のみでなく、残存酵母を破壊して変質を防ぐ役割も持っています。酒のようにアルコールが存在している場合、殺菌のために煮沸《しゃふつ》すればアルコールは飛散してしまいます。

フランスの生化学・細菌学者のルイ・パスツール（1822〜1895）は、ワインで煮沸しなくても低温でわずかな時間を保っただけで、殺菌効果は充分果たせることを発見しました。パスツリゼーションと呼ばれる低温殺菌法です。それを遡《さかのぼ》ること300年以上も前に、日本人は火入れと称する低温殺菌法を確立し、実践していました。火入れは日本人の知恵、発想で生まれた技術なのです。火入れのあと、酒はタンクに入れられて一定期間貯蔵され、この間に味と香りがまろやかに熟成されます。こうしてさらにいくつかの工程を経て、清酒は工場から出荷されるのです。

08 日本酒は、祖先の知恵とアイデアの賜物

日本酒の定義とは？

酒造法上での日本酒の定義は「必ず米・米麹を使用すること」「必ず濾《こ》すこと」「アルコール分が22％未満であること」が挙げられています。1989（平成元）年から93年にかけて、日本酒の品質は段階的に特級酒、一級酒、二級酒といった「級別制度」に変わり、「吟《ぎん》醸《じょう》酒」「純米酒」「本醸造酒」といった製造用語で表示されるようになりました。ところが当時、これらの表示には基準がなく消費者が困惑し始めたことから、原料と製法で八つに

分類した「特定名称酒」と呼ばれる基準が設けられ、90年から適用されています。
その八つとは純米酒・特別純米酒・純米吟醸酒・純米大吟醸酒・本醸造酒・特別本醸造酒・吟醸酒・大吟醸酒です。特定名称酒を名乗るためには「麹の使用割合が15%以上であること」と「三等以上の原料米を使用すること」と定められています。特定名称酒に該当しないものは、普通酒と呼ばれています。国税庁が作成した「特定名称酒の表示」を**図8**に示しました。

これを見ると、純米酒には精米歩合の規定がありません。実は特定名称酒が制定された際に純米酒の精米歩合が70%以下と規定されていたのですが、その後撤廃されました。これは製造技術の発達により、精米歩合70%以上でも純米酒と名乗るのに遜色《そんしょく》ない日本酒が出来るようになったからです。普通酒と呼ばれる酒は「一般酒」や「レギュラー酒」と呼ばれることもありますが、この名称はあくまでも通称です。ラベルには普通酒と記載されないので、特定名称酒表示のないもの以外は普通酒と判断してもいいでしょう。

なお、「特定名称酒の表示基準に該当しない」とは、以下のようなことを指します。どれか一つでも当てはまらなければ、いくら米・米麹だけが原料であっても「純米酒」とは呼べないし、精米歩合が50%以下でも大吟醸酒と呼ぶことはできません。「米麹の使用割合が15%未満の場合」「使用米の等級が等外（一等・二等・三等以外）の場合」「甘味料・酸味料・アミノ酸類など・米・米麹以外の原料を使用した場合」「本醸造酒で規定量以上（白米重量

図8　国税庁が作成した「特定名称酒の表示」

特定名称	使用原料	精米歩合	こうじ米使用割合（新設）	香味等の要件
吟醸酒	米、米こうじ、醸造アルコール	60%以下	15%以上	吟醸造り、固有の香味、色沢が良好
大吟醸酒	米、米こうじ、醸造アルコール	50%以下	15%以上	吟醸造り、固有の香味、色沢が特に良好
純米酒	米、米こうじ	ー	15%以上	香味、色沢が良好
純米吟醸酒	米、米こうじ	60%以下	15%以上	吟醸造り、固有の香味、色沢が良好
純米大吟醸酒	米、米こうじ	50%以下	15%以上	吟醸造り、固有の香味、色沢が特に良好
特別純米酒	米、米こうじ	60%以下又は特別な製造方法（要説明表示）	15%以上	香味、色沢が特に良好
本醸造酒	米、米こうじ、醸造アルコール	70%以下	15%以上	香味、色沢が良好
特別本醸造酒	米、米こうじ、醸造アルコール	60%以下又は特別な製造方法（要説明表示）	15%以上	香味、色沢が特に良好

出典：特定名称酒の表示（国税庁／平成15年）

の10％）の醸造アルコールを添加した場合」「本醸造で精米歩合が71％以上の場合」。これらを「米だけの酒」などと命名されるようになり、消費者から見て、純米酒との違いが分かりにくくなったことが要因となっています。

現在は、「米だけの酒」と表記されたものには、特定名称酒でいう「純米酒」の規格商品と「普通酒」の規格商品があります。純米酒の規格商品は特定名称酒の条件を満たしていますが、普通酒商品は「麹の使用割合が15％以下」や「三等以下の米を使用」などと特定名称酒の条件を満たしていないことになります。普通酒規格の「米だけの酒」には必ず「純米酒ではありません」と表示されています。

日本酒の出荷状況を見ると約7割が普通酒、3割が特定名称酒になっています。

図8の中にある特別純米酒や特別本醸造酒の「特別」とは、図を見ると精米歩合60％以下または特別な製造方法（要説明表示）とあります。これは、たとえば精米歩合が60％以下でなくても、山田錦などの酒造好適米を１００％使用することを特別と解釈して、ラベルに「山田錦１００％使用」などと表示すれば、特別純米酒と名乗れるというものです。

ここまで簡単に日本酒のできるまでと、日本酒の定義を紹介しました。酒造りにはきわめて高度な発酵技術が活かされていることを知っていただけたかと思います。これらの技は、長年の酒造りの経験から、先人が試行錯誤の上であみ出した知恵です。

酒造りには「一麹《こうじ》、二酛《もと》、三醪《もろみ》」という言葉があります。酒造りの基柱を表した酒蔵の言葉です。「酒造りで大事なのは麹が一番だ」という意味で、良質な麹がなければ美味しい酒は造れません。さて、ここからは私の生業に関わる麹造りについて、その高度な技術の一端を紹介していきたいと思います。

酵素がつくり出す酵母の餌

世界中の醸造酒の中で、日本酒ほど技が抜きん出ている酒はありません。同じ醸造酒であるワインやビールと比べてみると、そこには驚くべき技が隠されていることが分かります。日本酒を造り上げた私たちの祖先は、誠に知恵者であったとつくづく思います。そこで、ワインやビールと日本酒との決定的な違いを見てみましょう

ワインの原料のブドウには、もともと糖分が含まれています。ブドウを搾《しぼ》ればそのジュースはやがて酵母により自然にアルコール発酵を始めます。酵母は糖分さえあればそれを食べてアルコール発酵をする、珍しい微生物なのです。

一方でビールの原料は、ひとすじ縄にはいきません。原料の大麦には澱粉が含まれていますが、澱粉自体は少しも甘くないのです。酵母は大好きな糖がないので、アルコール発酵することができません。しかし、大麦の中には不活性の糖化酵素（アミラーゼ）が大量に含まれていて、ひとたび発芽するとその酵素が活性化して、大麦の中の澱粉が糖に変化（糖化）して麦芽糖（マルトース）が出来ます。糖さえあれば、酵母はそれを簡単にアルコール

発酵させることができます。それにホップや水を加えて麦汁をつくり、これに酵母を入れるとビールが出来上がるという仕組みです。したがってビール醸造には麦芽を糖化させるタンクと、麦汁を発酵させるタンクの二つが必要になります。

これに対して日本酒は、米が原料になります。米にはもちろん大麦と同じく澱粉を含んでいますが、大麦のような不活性の糖化酵素をほとんど含んでいないので、米を発芽させても澱粉の糖化はほとんど進みません。それもそのはずで、糖化力は大麦麦芽を100とした場合、稲芽では3・2と微量です。そこで私たちの祖先は、大麦のような原料自体の持つ麦芽の酵素を用いるのではなく、麹菌を増殖させてその麹菌の酵素によって澱粉を糖化させてきたのです。なんと、素晴らしい知恵でしょうか。麹の酵素は、麦芽の酵素以上に強力なものだったのです。これに酵母を加えてアルコール発酵を行い、清酒が出来上がりました。

前記の通りビールでは、糖化と発酵がそれぞれ別のタンクで行われる「単行複発酵」ですが、日本酒の場合は一つのタンク内で糖化と発酵が同時に進める、「平行複発酵」である点が大きく異なっています。

微生物の世界を眺めてみると、面白い傾向に気がつきます。酵母はアルコール生産能力の高い微生物ですが、澱粉分解能力はありません。逆に澱粉分解能力を持つ微生物は、アルコール生産能力を持たないのです。麹菌もしかりです。強力な澱粉分解能を持ちながら、アルコールをつくることができないのです。もし神様が一つの微生物に両方の能力を授けたなら、米や麦を原料にする穀物酒の誕生は数千年早まっていたかもしれません。神様は人だけでなく、微生物にも二物を与えなかったようです。

09 酒造りの最も大切な工程は麹造り

麹は酵母の栄養源として不可欠

日本酒造りでは、米の澱粉を糖に変化させる糖化酵素をつくり出す麹菌を蒸米に繁殖して、麹を造ります。その麹造りの工程を「製麹《せいきく》」と呼んでいます。

製麹の主な目的は糖化酵素をつくり出す以外に、酵母の栄養源として、また麹由来の独特な味や香りを醸し出す役割があります。通常は酒造りに使用する蒸米総量中、麹米の割合は約20％前後です。麹菌が供給する酵素は米の澱粉を糊《のり》状に分解し、デキストリンを生成させる「アルファーアミラーゼ」、糊状になったデキストリンを糖（グルコース・ブドウ糖）に分解する「グルコアミラーゼ」があります。その他に、酒造りに重要なタンパク質をペプチドと呼ばれるアミノ酸が結合した物質に分解する「酸性プロテアーゼ」、ペプチドをアミノ酸まで分解する「酸性カルボキシペプチターゼ」があります。

酵素とは生物の細胞内でつくられるタンパク質で、一種の触媒の役割を果たします。麹

図9　麹菌が生成する各酵素の役割

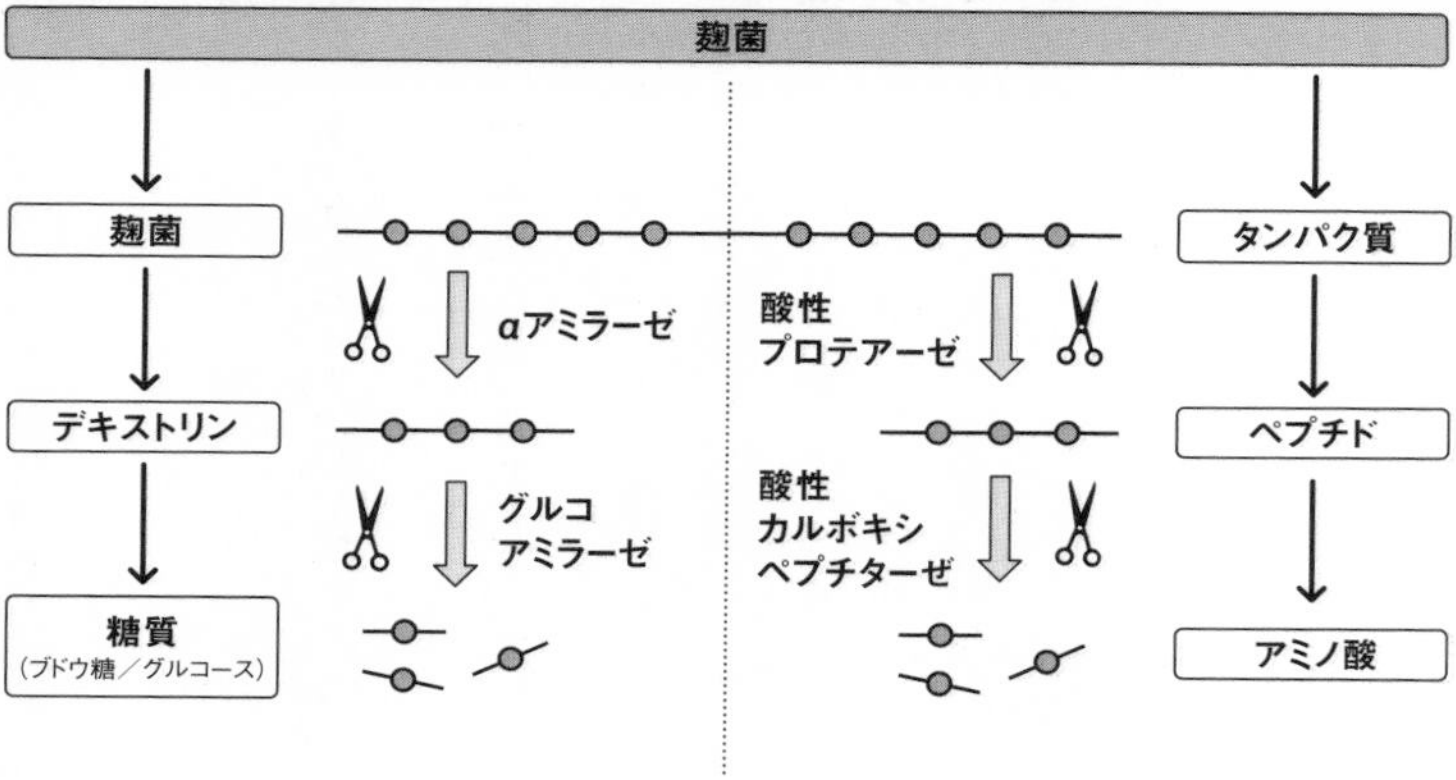

菌の生成する各種酵素は、日本酒造りには不可欠です（図9）。

生酒とは、これらの酵素が生きている酒を指します。生酒の酵素は60℃になるとそのタンパク構造が壊れて働かなくなります（酵素の失活）。生卵を煮るとタンパク質が固まりゆで卵になるのと同じです。酵素も加熱により、タンパク質の構造が壊れます。つまり酵素が不活性化し、その後の反応が進行しないので品質が安定するのです。この性質を利用したのが、生酒の中の酵素を失活させる火入れ（低温加熱殺菌＝パスツリゼーション）です。火入れすることによって、劣化を止めることができるのです。

製麹の工程では、温度調節が重要

製麹には約2日間要します。蒸米に麹菌を繁殖させるため、高温かつ高湿度の環境が必要となります。麹造り専用の「麹室《こうじむろ》」と呼ばれる部屋は、断熱壁で囲まれて床暖房やパネルヒーターなどで温度がおよそ32～38℃、湿度が60～70%という真夏の蒸し暑い環境が保たれています。

室内は密閉状態で扉を二重にして、室外からの雑菌の侵入阻止に万全を期しています。なお、密閉状態の麹室には酸欠を防ぐため、酸素モニターが設置されています。麹室は保湿だけでなく、充分な換気も必要になるからです。そこでの作業は、「引き込み」「種付けと床もみ」「切り返し」「盛り」と呼ばれる床《とこ》作業と「仲仕事」「仕舞仕事」「出麹」と呼ばれる棚作業の二つに大別されます。床作業は主に麹菌を発芽、増殖させることが目的で、棚作業では麹菌の増殖とともに麹菌に各種酵素を生成させることが目的となります。

製麹全般で温度管理がとても重要で、特に棚作業時には細心の注意が払われます。しばしば作業は深夜になったりするので、つかの間の仮眠と眠気と闘いながらの体力勝負の闘いとなります。麹が出来上がるまでには、一般的に酒母（酛）に使用する酛麹では48～50時間。醪に使用する場合（掛麹）には43～45時間くらいを目安としています。

順を追って、床作業の引き込みから説明していきます。引き込みは34～36℃になった蒸米を麹室に引き込み（運び込み）、蒸米の温度を均一にするため床と呼ばれる広い台の上に布を掛けて、その上に蒸米をひとまとめにしておきます。引き込み後、蒸米を崩して床一面に広げます。そこに麹菌の胞子をまんべんなく振りかけます（種付け）。

種麹を酒造業界では、「もやし」と呼んでいます。私どもがつくっている「もやし」は、「コンノモヤシ」「アキタコンノモヤシ」などと業界では呼ばれています。麹菌の胞子の色は緑色で、直径が5ミクロンほどです。5ミクロンといってもピンとこないと思いますが、5ミクロンの胞子を一列に並べると、ちょうど100個で裁縫用針の穴の大きさと同じになります。

胞子の重さは1グラムで100億個にも及ぶので10グラム、50グラムでもその中にはとてつもない胞子が含まれています。もやしには、粒状と粉状のものがあります。粒状のものは原料である玄米に、麹菌の胞子が付着したものを穀粒ごと乾燥したものです。粉状のものは粒状のものを「ふるい」にかけて菌糸や穀粒を除き、胞子のみ回収した純胞子に増量剤を添加したものです。

蒸し上がり後に、原料の1%相当の木灰を添加する種麹造り

ここで種麹（もやし）の造り方を紹介しましょう。

種麹製造の工程は麹と似ていますが、目的は麹に求められる酵素の生産ではなく、胞子の生産です。培養時間が長くなるので、栄養分の豊富な玄米を用います。麹造りでは白米が用いられますが、その培養時間はせいぜい2日ほどです。

一方で種麹には、ほんの少し玄米表皮に傷をつけた程度の玄米が用いられます。表面に

近い糠《ぬか》の部分は、培養時間が5〜6日と長いため、長期培養中の栄養源として重要です。

種麹造りと麹造りのもう一つの大きな違いは、蒸し上がり後に原料の1%相当の木灰を添加する点です。木灰を添加することによって発育促進効果や、木灰のアルカリが持つ防腐効果、米粒同士の粘着を防ぎサバケをよくする米粒相互の隔離効果などが挙げられます。

木灰は椿のものを最良とし、それ以外の雑木灰は下級品とされています。その理由の一つに、木灰の水溶性の違いが挙げられます。椿灰は雑木灰と比べて5倍以上の水溶成分があり、この水溶性成分の違いが、椿灰を良しとする理由なのです。

木灰を蒸し米に塗したあと、30℃くらいに冷却した蒸し米に麹菌を接種します。接種用の原菌は、あらかじめフラスコで純粋培養したもので、その培地は種麹と同じように米に木灰（またはリン酸カリウム）を添加したものを用います。

接種の終わった蒸し米は1日目に床箱に入れて28〜30℃の室温で培養されます。2日目には麹の温度（品温）が38℃まで上昇し、麹菌の増殖が肉眼で見えるようになります。そこで麹蓋に盛り分けられます。盛る量は、胞子を蒸し米全体の表面に生成させるため、少量で広げたときに薄い層に納まるようにします。しかし薄層は乾燥が早く、この兼ね合いで一般には1升（1・8リットル）盛りの麹蓋に5合（0・9リットル）を盛り込みます。

2日目から6〜7日までの培養期間中は、前半が麹菌の増殖、後半が胞子着成に適した操作が行われます。すなわち品温（麹の温度）を3日目までは約35℃に保ち、それ以降は約

30℃に下げます。菌糸によって締まった蒸し米を小さな塊にまでほぐすための手入れや、温度調整のための操作を行います。湿度は菌糸の増殖・胞子の形成ともに98％くらいが最適です。

胞子が充分に着生した種麹は水分が28％近くあり、その胞子は約36％の水分を含みます。胞子の生存率を高く長期間を保つためには乾燥させ、種麹の水分を15％以下に保つ必要があります。

乾燥は胞子の死滅を防ぐため、40度以下の無菌通風下で行われます。乾燥された種麹は粒状種麹としてそのまま使われる場合もあれば、それを「ふるい」に掛けて菌糸や米粒を除き、胞子のみを回収する場合もあります。

ふるい分けの方法としては80メッシュ（網目の大きさを表す単位）と150メッシュくらいの振盪《しんとう》ふるいにより分離されます。

乾燥後の種麹はロットごとに胞子数、発芽率、細菌数の品質検査が行われ、合格した製品のみ出荷されます。

床もみ、切り返しなどの作業が続く

さて、再び酒造りの麹造りに話を戻しましょう。

杜氏が広げた蒸米の上に、細かい穴の開いた缶に入った粒状の種麹を振りかける様子を映像でよく見かけるかと思いますが、あれです。

種付けでは、100キログラムの米に対して100グラムの玄米上に増殖し、多数の胞子を着生させた粒状種麹を接種します。そこには3グラム前後の胞子が含まれています。

粒状の種麹には玄米上に増殖した麹菌の胞子が着生しているので、杜氏が缶を振ることにより缶の上部に開いた細かい穴を通して胞子が玄米から離れ、空中に漂いながら蒸米に付着します。この作業が種付けなのです。胞子の直径は5ミクロンほどで、とても目には見えませんが、米粒1粒の表面積を、野球場のホームベースからライト・レフトの定位置をつないだ三角形をイメージしてください。胞子の大きさはちょうど野球のボールくらいになります。規定量（100キログラムの原料米に対して100グラム）の粒状種麹を振った場合、その野球場の三角形（蒸米一粒の表面積）に、ボールが2000個散らばった様子をイメージしてもらえれば分かりやすいかと思います。100キログラムの原料米に対して種麹の散布量が100グラムは非常に少ないと感じられるかもしれませんが、それでも米一粒には充分な量の胞子が着生しているのです。

蒸米に種付けされた麹菌の胞子が蒸米全体に均一になるように、混ぜ合わせます。この作業を、「床もみ」といいます。床もみでは高温多湿の麹室の中で1～2時間作業することもあり、作業後は皆、汗びっしょりで着替えが欠かせません。床もみ終了後の蒸米には麹菌の繁殖による発熱はなく、その蒸米を積み上げて布を掛け、乾燥や温度の低下を防ぎな

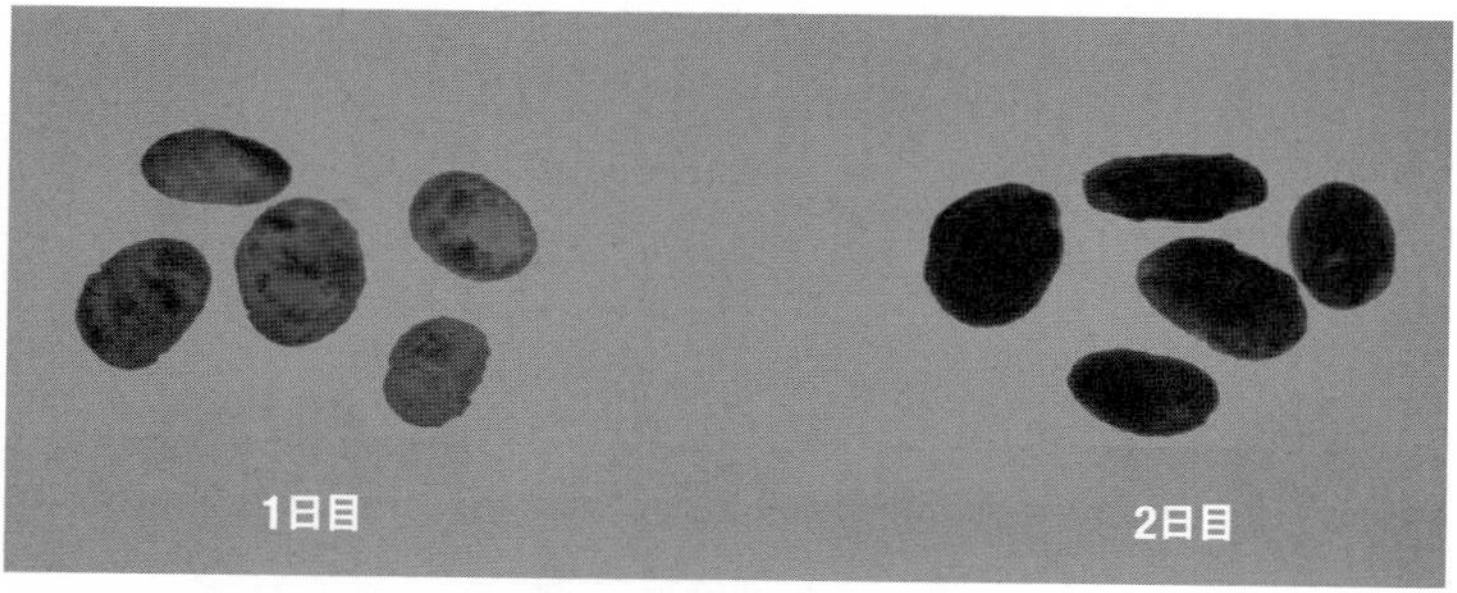

写真5　麹造り1日目と2日目の外観の変化
1日目は麹菌の増殖はまばらですが、2日目になると蒸米全体に麹菌が増殖しています。

がら寝かせます。床もみ終了時の蒸米温度を「もみ上げ温度」と呼び、その後の麹菌の増殖速度を決める重要な要素となります。

床もみ後、数時間から半日すると蒸米の表面が乾き出し、米粒同士が付着して硬い塊となります。そこでこの塊をほぐし、温度と水分を均一にする作業を行います。この作業を「切り返し」と呼んでいます。切り返しの段階では堆積した蒸米の温度上昇はほとんどなく、まだ麹菌の菌糸も確認できません。この作業はしばしば夜中の作業になるので、この作業を廃止しているところもあります。「切り返し」後、数時間から半日すると、蒸米に麹菌が繁殖した証である白い斑点がうっすらと目立つようになります（**写真5**）。

その白い斑点こそ麹菌の菌糸で、無事に麹菌が育っている証です。ひとたびこうなると麹菌の繁殖によって温度が急上昇するので、それを防ぐために蒸米を揉みほぐしたあとに、一定量ずつ大きな底の浅い木箱や

図10　盛り後の積み方

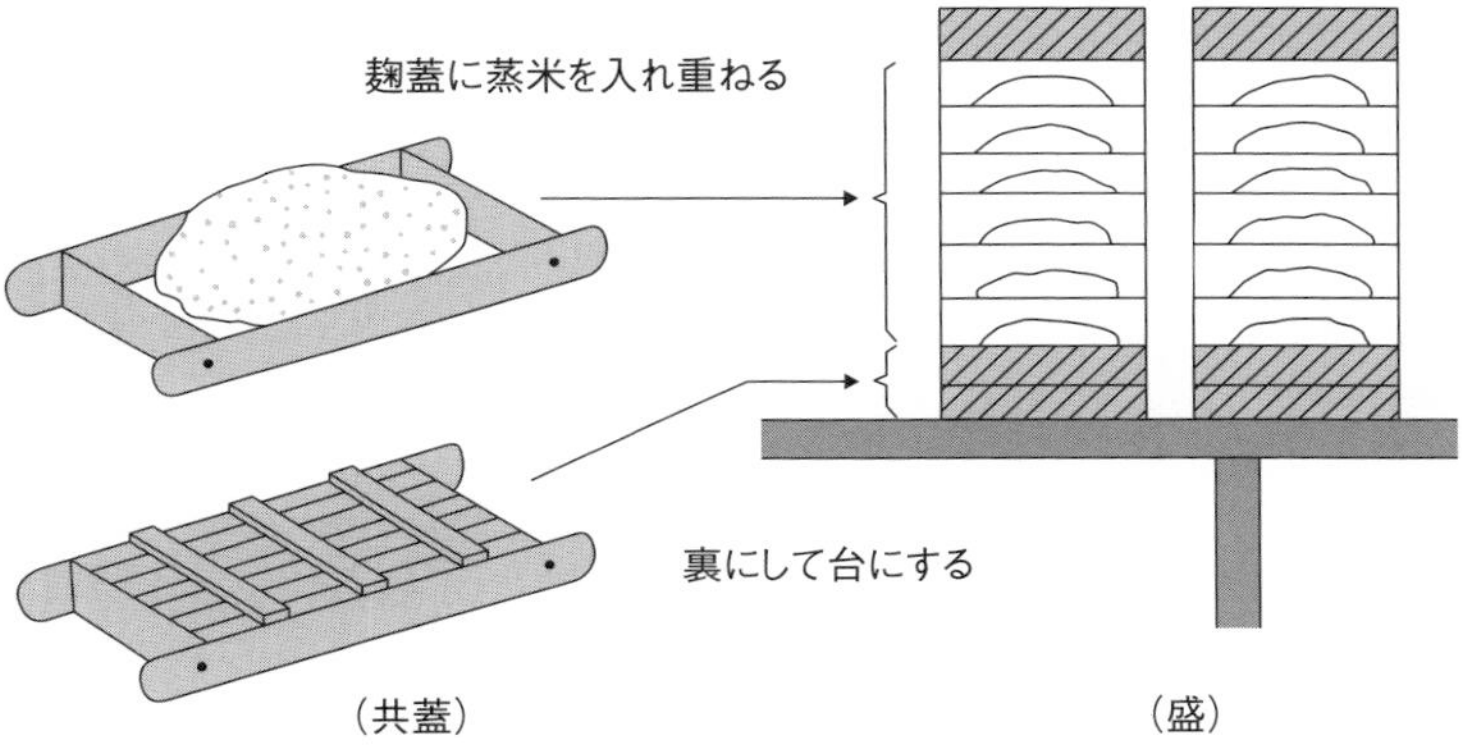

図11　仲仕事後の積み方

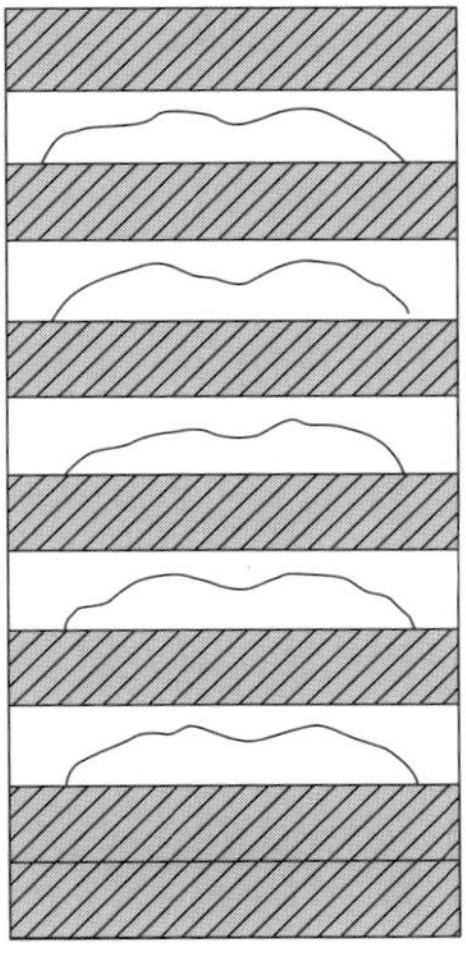

図12　仕舞仕事

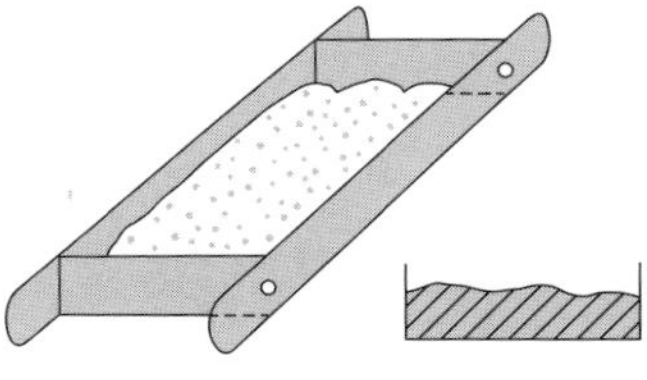

出典：図10・11・12ともに
最新酒造講本・日本酒造協会

麹蓋《こうじぶた》と呼ばれる木箱などに入れて温度調節をしやすくします。この作業を「盛り」と言います（**図10**）。前述のように盛り後の作業は深夜、早朝になることが多く眠気との闘いが始まります。麹造りはまさに体力勝負です。

「仕舞仕事」で、大量に生産される麹の酵素

「盛り」以降が、麹造りの棚作業工程と呼ばれるものです。「盛り」後、麹蓋に盛り込まれた蒸米は、数時間すると蒸米の温度が34～36℃程度まで上昇します。このままにしておくと温度が急上昇してしまい、充分な酵素を生産することができなくなりますので、急激な温度の上昇を防ぐために麹全体の温度を均一にするよう攪拌《かくはん》します。この作業を「仲仕事《なかしごと》」と呼んでいます。

麹蓋の中で蒸米は6～7センチくらいの厚さにして広げ、その際に1～1・5℃程度温度を下げます。その後急激な温度の上昇を防ぐために、空《から》の麹蓋と麹の入った麹蓋を交互に重ねることによって麹の発熱を分散させます。これを「重ね蓋」と呼んでいます（**図11**）。

仲仕事後、数時間すると「仕舞仕事《しまいしごと》」と呼ばれる作業を行います。仲仕事後、数時間すると蒸米の温度は37～39℃程度まで上昇します。このまま放置すると45℃以上になって麹に異臭が発生し、麹の酵素生産が充分に行われなくなってしまいます。そこでこの急激な熱上昇を防ぎ麹全体の温度を均一にするため、さらに余分な水分を蒸発させるために、蒸

米を薄く広げ麹米の中に指で溝をつくって表面積を広くします（図12）。この作業を仕舞《しまい》仕事と呼んでいます。仕舞仕事後には麹菌の菌糸が表面や内部に伸びていき、原料の米にはなかった微量成分がつくり出されて全く別物になり、焼き栗のような香りがしてきます。

いくら氏（種麹）がよくても、育ち（麹造り）で手を抜けば、立派な麹にはなりません。吟醸麹造りに代表される究極の麹造りは、氏と育ちが一致した結果なのです。当たり前ですが、麹菌は話すことはできないものの、生物としてちゃんと自己主張を行います。その自己主張が香りだったり、手触りだったりするのです。熟練杜氏は話のできない目に見えない微生物、麹菌と対話する特殊な能力を持った人たちなのです。麹造りは目に見えない生物との対話であり、麹菌にとっての最適条件を見定め、ベストの状態で目的とする必要な酵素をつくり出して不要なものを除く（つくらない）という職人の技が支えています。

酒母《しゅぼ》（酛《もと》）麹では仕舞仕事後約12時間、掛麹（醪用）では約8時間程度経過すると、これ以上麹菌が繁殖しないよう麹室から出して麹自体の温度を下げます。この作業を「出麹《でこうじ》」と呼びます。これで約2日間に及ぶ麹造りが終了です。

出麹後、麹は「枯らし」といって一昼夜冷やし、同時にほどよく乾燥させます。酒母や醪の仕込みに使う麹は、手で握った時にパラパラと崩れるくらい乾燥しています。湿気が多いと麹の力（酵素力）が弱く、雑味の多い酒になってしまいます。

香りの変化が麹造りを左右する

酒造りの杜氏たちは、異常なまでに麹を造る時の香りの変化に気をつかいます。どうしてでしょうか？　良い香りのする麹を使えば清酒の香りも良くなるのは確かですが、主な理由は、麹の刻々と変化する香りを指標として麹の製造管理を行っているからなのです。

麹の香りの用語として知られているものとしてオハグロ臭（後述）、栗香、キノコ香がありますが、名杜氏は言います。「栗香が出ると麹を室から出せ。キノコ香がすると出す時期を過ぎている」と。このキノコ香ですが、「1－オクテン－3－オール」が主体成分です。麹菌の増殖が最も盛んな時期にはアルコールやケトン、アルデヒドのような青臭く感じられる成分が主体ですが、それ以降はこれらの成分は減少してきて香りが質的に変化し、栗香が感じられ始めます。

この時期からは1－オクテン－3－オールが増加し続け、麹を出す時期になるとキノコ香が感じられるようになってくるのです。麹培養の後半に出現するから、麹菌の老化と関係しているのかもしれません。この物質を感度よく捉えれば、出麹の時期の判定に用いられることを、名杜氏は知っているのです。

1－オクテン－3－オールは別名マツタケオールと呼ばれるもので、日本人には好ましい香りですが、外国では異臭（革靴にこもった臭気）に分類されます。「腐敗」と「発酵」の定義においても同様のことがいえますが、「好ましい香り」と「異臭」もまた、人間の価値基準（主観）により便宜的に決まるようです。

麹の香りの特徴、オハグロ臭とは？

麹の香りを表す用語であるオハグロ臭とは、一体どんな臭いでしょうか。オハグロは明治時代以前の日本や中国南東部、東南アジアの風習で、主に既婚女性の歯を黒く染める化粧法の一つです。オハグロは酢に鉄を溶かした悪臭のする溶液に、柿渋のタンニンを含む粉を混ぜることによって黒くさせ、それを使っていたようです。主成分は酢酸第一鉄です。

名杜氏は言います。「香りを嗅ぎながら麹をつくれ！」「仲仕事前にはオハグロ臭がし、仲仕事後には消える」と。

仲仕事とは蒸米に種麹を散布してから32時間前後行う作業で、麹の温度は37〜39℃くらいになります。この時、麹菌の増殖が最も盛んになるため、厚く盛られた麹の中は酸素濃度が不足しています。酸素が不足すると青臭いアルデヒドといわれる香気成分（アセトアルデヒド、イソブチルアルデヒド、イソバレルアルデヒド）が顕著に増殖します。この時期に杜氏がこの香りを感じ取り、麹に手を入れて酸素を供給してやるわけです。

擬人的な表現をすれば、オハグロ臭は麹の悲鳴です。「息苦しいから杜氏さん助けて！」「空気を、酸素をください！」と叫んでいるのかもしれません。杜氏は、この時に手を入れてやらなければ麹は窒息してしまい、決して優良な麹が出来ないことを経験的に知っているのです。よく麹造りは、口のきけない赤ちゃんにたとえられます。寒かったら布団をかけてやり、暑かったら布団を剝がしてやる。息苦しかったら新鮮な空気を…という具合です。口がきけない麹菌と無言の対話ができるのが、杜氏たる所以《ゆえん》です。

10 総破精麹と突き破精麹によって、出来る酒が変わる

吟醸酒は、麹菌の増殖量が少ないのが特徴

出来上がった麹は主に麹菌の繁殖度合いにより、「総破精麹《そうはぜこうじ》」と「突き破精麹《つはぜこうじ》」に大別されます。麹菌糸の繁殖度合いを「破精込み」あるいは「破精る」と表現します。

総破精麹は麹菌糸や蒸米の表面全体を覆うとともに、内部にまで破精込んで（増殖して）いる状態の麹を呼びます。総破精麹は糖化力（グルコアミラーゼ）と液化力（アルファーアミラーゼ）がともに強く、濃醇な酒質を目指す酒や強い糖化力が求められる酒母（酛）麹に使用されます。

突き破精麹は蒸米表面の麹菌糸の繁殖がまばらで、内部に強く破精込んでいる状態の麹のことです。総破精麹より糖化力（グルコアミラーゼ）が強く、液化力（アルファーアミラー

ゼ）がそれほど強くない特徴があり、軽快な酒質を目指す際に使用されます。特に吟醸酒を造る際には突き破精麹が求められます。

吟醸造りは低温で長時間じっくりと発酵させますから、酵母はその間ずっとグルコース（ブドウ糖）を必要とします。そのグルコースを供給するのが麹の第一の役目なので、それに対応できる強い糖化力（グルコアミラーゼ）と液化力（アルファーアミラーゼ）が必要になります。アルファーアミラーゼは澱粉を糊《のり》状に分解する酵素、グルコアミラーゼは糊状となった澱粉を、グルコース（ブドウ糖）に分解する酵素です。麹菌によって蒸米の澱粉は酵母が食べやすい糖（グルコース）になっていますから、酵母はグルコースを食べてそれを細胞内に散り込み、アルコールや有機酸や吟醸香のような香気成分をつくります。麹がグルコースを供給してくれないと、アルコールも何も出来ないことになってしまいます。

それなら、強いグルコアミラーゼとアルファーアミラーゼを持つ総破精麹を使ったほうがいいかといえば、そういうわけにもいかないのです。強いアルファーアミラーゼは別名液化酵素と呼ばれます。つまり米澱粉を糊状にして液化するので、必要以上にアルファーアミラーゼが強いと醪が溶けすぎて、酒質が重くなる傾向にあります。しかし、アルファーアミラーゼがある程度なければ、米澱粉の分解は進みません。そこでグルコアミラーゼとアルファーアミラーゼの絶妙なバランス（黄金比）を保った麹が求められるのです。麹菌の増殖量（菌体量）とアルファーアミラーゼの活性は比例するので、麹菌のアルファーアミ

図13　精米による成分の変化

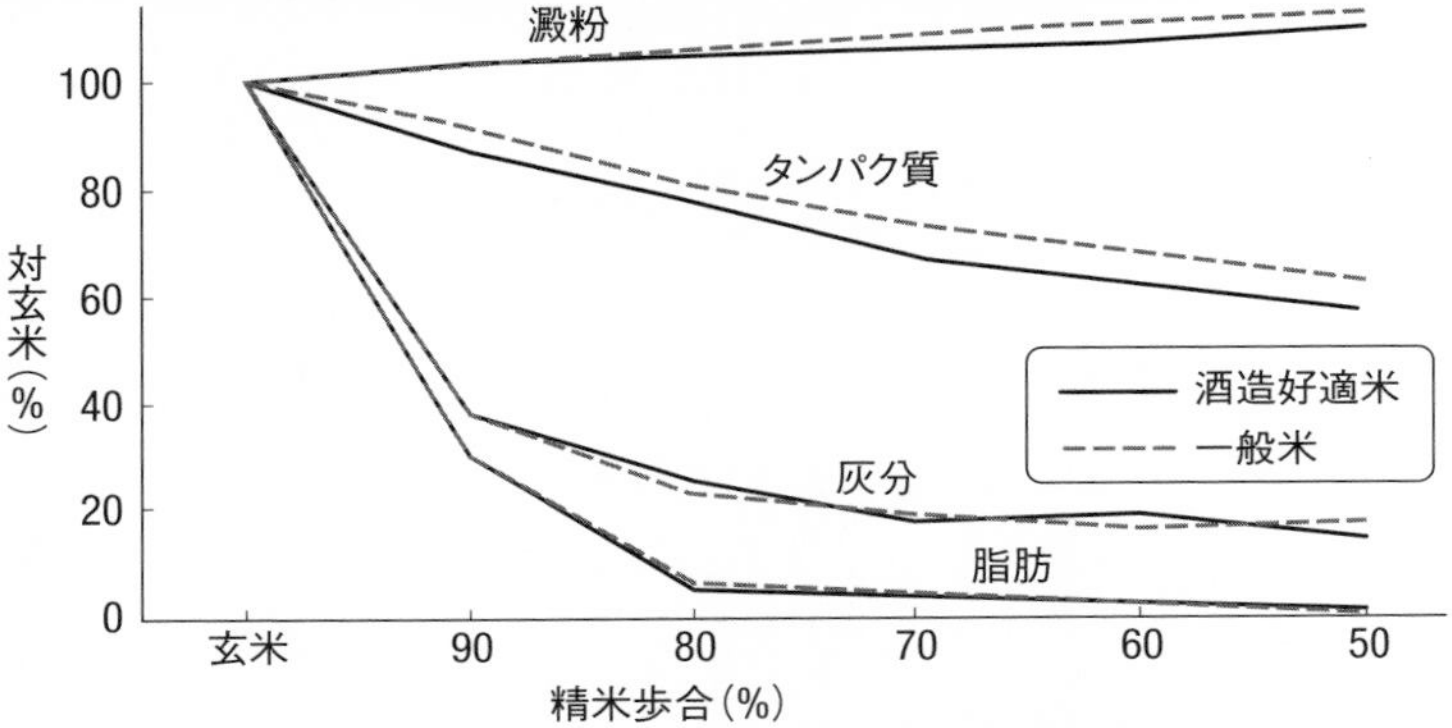

出典：「清酒製造技術」日本醸造協会（改変）

ラーゼが強いと麹菌の増殖量も多くなります。逆に麹菌の増殖量が少ないと、アルファーアミラーゼ活性が低くなるのです。

吟醸酒のような軽快な酒質では、普通酒と異なって麹菌の増殖量（アルファーアミラーゼ活性に比例する）が低いわりに、グルコアミラーゼが高いという麹の酵素バランスが求められるのです。香りをあまり問題としない普通酒の醸造では、総破精麹でもいいわけです。

それではなぜ、麹菌の増殖が多いと軽快な酒質になりにくいのでしょうか。麹菌は増殖に伴って麹菌細胞内に脂肪を合成し蓄積していきます。この脂肪がクセ者で、酵母がつくる香りの生産を邪魔するのです。前記しましたが、吟醸酒造りではわざわざ米の表層を削って、米の表層に多いタンパク質や脂肪を減らした高精白米を使います（**図6**、**図13**）。

削る理由の一つは、タンパク質や脂肪を極端に減らし、爽快な酒質にするためです。せっかく精米機で磨きに磨いた米を使っているのに、安易に麹菌を蒸米上に繁殖させれば菌体量が多くなり、それだけ脂肪を増やすことにつながってしまいます。

一方、脂肪分の少ない高精白米を使いながら、麹造りで菌体量を増してしまえば元も子もありません。そこで名杜氏は麹菌の増殖を少なくし、グルコアミラーゼを高くする「突き破精麹」を造るのです。いくら原料米がよくても、原料米の処理方法、種麹の選択や製麹の方法を誤れば立派な麹にはなりません。製麹時には、麹菌の生育環境を整え、麹菌の増殖量を抑え、かつグルコアミラーゼ活性の高い製麹方法が吟醸酒を造る上では重要なポイントになるわけです。

突き破精麹造りでは、仕舞仕事から出麹までの時間帯が長い

吟醸麹では、グルコアミラーゼ活性が重要です。この酵素は40℃くらいの高い温度で生産されますが、麹菌の生育は35℃付近が最も適温で、40℃になると増殖が抑えられます。したがって40℃の高温状態に長く置くと麹菌の増殖は少なく、グルコアミラーゼ活性の高い麹ができることになります。

もっとも、最初から40℃にしては駄目です。麹菌が段階的に徐々に生育してからでないと、酵素をまともに生産することはできません。そのためには35℃付近の温度帯をあまり

ダラダラと長く引っ張らず、温度が40℃に達してからの時間を充分に取るほうが得策です。同様のことはタンパク質分解酵素である酸性プロテアーゼや、酸性カルボキシペプチターゼについても言えます。

このように、酵素を低くしたい時は35℃付近の温度帯にあまり長く留まらないようにします。ただし、タンパク質分解酵素がある程度ないとアミノ酸も出来ません。酒の旨味成分であるアミノ酸は、ある程度必要になります。タンパク質分解酵素のつくるアミノ酸は酵母にとって大切な栄養源でもあり、ないと酒母（酛）や醪での酵母の増殖度合いは悪くなってしまいます。その他、間接的ですが酸性プロテアーゼは、アルファーアミラーゼの作用を助けてくれます。ですからタンパク質分解酵素のうち、特に酸性カルボキシペプチターゼは、多すぎれば雑味をつくり出してしまうので問題ですが、適量は必要なのです。

突き破精麹のポイントは仕舞仕事から出麹までの時間帯を長く引っ張ることによって、求めるグルコアミラーゼを生産させることができます。また、35℃〜40℃の仲仕事から仕舞仕事までは麹菌増殖伸長期で菌体量が爆発的に増える時期であり、タンパク質分解酵素（プロテアーゼ）の生産時期と重なるので、仲仕事から仕舞仕事までの時間はなるべく短く6〜8時間に設定します。40℃経過後から出麹までを10時間ないしそれ以上引っ張ることによって、吟醸麹が仕上がるのです。酒母（酛）麹では、15時間まで引っ張ることもあります（**図14**）。

図14　製麹中のアミラーゼとプロテアーゼの生産

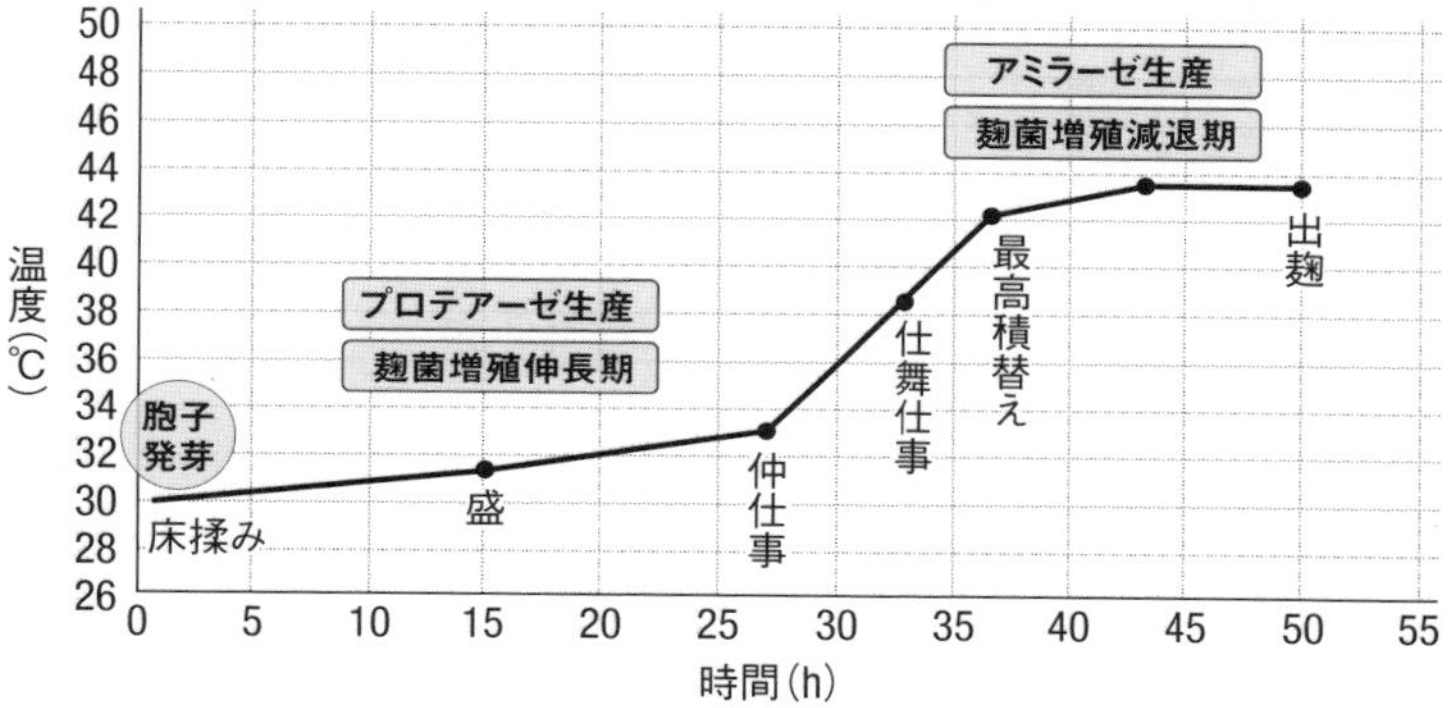

プロテアーゼは麹菌の増殖伸長期によく生産され、アミラーゼは高温で増殖減退期によく生産される。

掛麹（醪用）の場合は添麹・仲麹・留麹とその在室時間を順に短くしていくわけです。当然出麹までの在室時間がそれぞれ異なるので、それぞれの麹の破精廻りは異なって当然です。留麹の場合は5～6分程度で充分でしょうが、酒に味のふくらみを求めるのなら、もう少し破精を廻してもいいでしょう。特に破精廻りは種麹の散布量や蒸米の水分によっても異なってくるので、その条件を的確に設定することが大切です。

たとえば酒母（酛）麹の種麹の散布量は吟醸麹の場合、原料米100キログラムに対し粒状種麹であれば50～70グラム、掛麹で添40グラム、仲30グラム、留10グラムなど、使用する米や種麹の種類によって決めていきます。

11 麹造りの大切なポイントは蒸米の水分

水分が多すぎると、「弱い麹」になる

突き破精麹を造るポイントは、蒸米の水分にもあります。水分が多すぎると、どうしても麹菌が米粒の表面だけに繁殖して、グルコアミラーゼ活性の弱い麹になってしまいます。一方、ある程度蒸米の表面が乾いていれば、麹菌の菌糸は水分を求めて内部に破精込んでいくのです。ただ水分が少なければいいからといって、最初から硬い蒸米にしてしまうのも問題があります。

ところでなぜ、米を「炊《た》く」のではなく、「蒸《む》す」のでしょうか。たとえば最も素朴な米の酒であるドブロクは、炊いた米を使います。しかし、清酒造りでは炊いた米だと麹が造りにくいのです。日本のジャポニカ米は、タイ米などのインディカ米と比べて粘りが強く餅状になるため、麹造りの際に麹菌が繁殖できる表面積が狭くなります。それに対し、蒸米なら硬めに仕上がり、米粒があまりくっつかないので表面積が広くなります。

もう一つの理由としては、炊いた米は溶解しやすく消化しやすいため、糖化と発酵バランスが崩れ、並行複発酵がうまくいかなくなることもあります。前記しましたが、炊いた米の水分は約65％で、蒸した米は約35％です。麹菌の繁殖に最も適した水分量は35～40％

なので、米は蒸したほうが米粒の澱粉組織が壊れて麹菌が繁殖しやすくなり、麹の酵素が澱粉を分解しやすくなります。炊いた米よりも蒸米のほうが麹菌の繁殖にも酵素をつくるにも、ちょうど良い水分量になっているのです。

蒸すという工程は加熱により米の澱粉の結晶を崩し、酵素の作用が受けやすい状態（アルファー化）にすることが目的です。醸造現場では、麹の出来が最終製品の品質を大きく左右します。良い麹を造るには、良い蒸米が必須です。昔から蒸米は「外硬内軟《がいこうないなん》」が良いとされてきました。これは澱粉が完全にアルファー化され適度な硬さを保ち、表面がべたつかない状態です。蒸米の硬軟は、麹造りや醪での蒸米の溶解に大きな影響を与えるので、非常に重要なポイントです。米粒同士がくっつきにくければ、麹菌が蒸米に均一に付着し、蒸米の内部が軟らかければ蒸米の奥までしっかり入り込むため良い麹になります。「外硬内軟」の蒸し具合になっているかどうかは、昔ながらの「ひねり餅」という方法で確かめます。ひとつかみ、板にとって引き延ばし、弾力性があるか芯が残っていないかを見るようにします。

私の大好きな寿司飯は、炊きたての熱いご飯に合わせて酢を振りまき、団扇《うちわ》で仰いで表面を冷まします。これは醸造における「外硬内軟」の米粒にすることに通じているようにも思えます。熱い飯粒の表面を冷ますと表面だけ少し硬くなって、食べたときに弾力のある食感が得られるようになるからです。

図15　乾湿球温度計

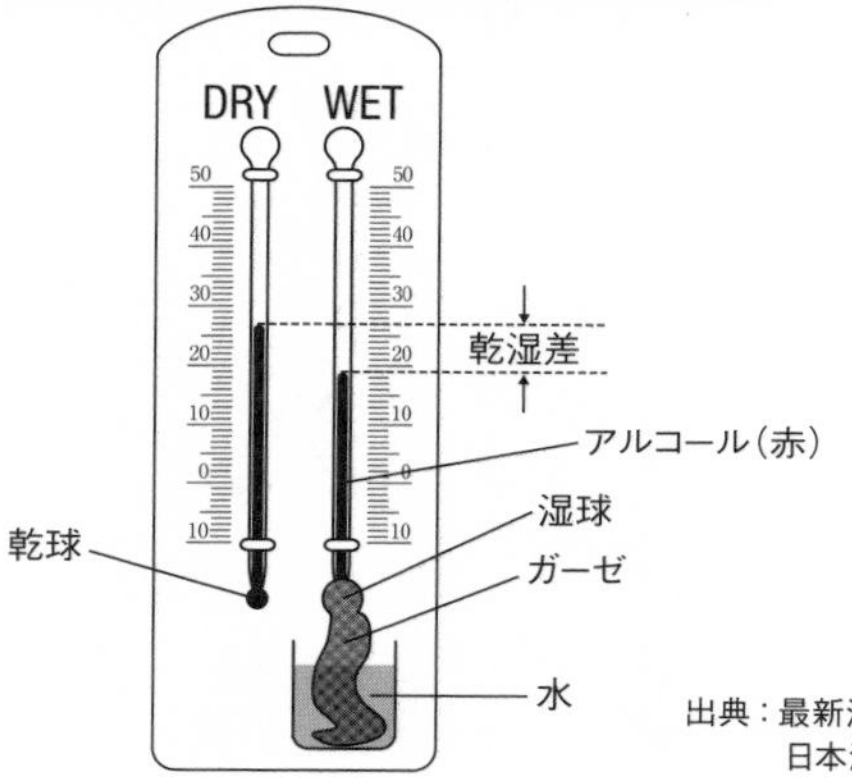

出典：最新酒造講本・
日本酒造協会

麹室を乾燥させなければいけない理由

蒸上がり直後の蒸米の水分は40～42％くらいありますが、麹室に蒸米を引き込んでから種麹を撒くまでの間に水分は蒸発します。床もみを終えた蒸米の水分は30％くらいになっています。さらに長い製麹工程を経て、出麹時には18～19％ほどになります。床もみから出麹まで12～13％の水分が麹室の中で蒸発することになりますから、麹室内では麹米を乾かすように持っていかなければなりません。

水分が蒸発すれば必ず気化熱が奪われて麹の温度は下がりますから、仲仕事以降は麹室を乾かしていく必要があります。仲仕事から仕舞仕事の頃になると麹菌の増殖が盛んなので増殖に伴う発熱も高くなって、乾かしても温度が下がらなくなるし、乾かさないとむしろ温度が上がり過ぎることになってしまいます。そこで麹室を乾燥環境に持っていくのです。そのため麹室の中には、必ず乾湿球温度計というものがぶら下がっています（**図15**）。

乾球と湿級の示度の差（乾湿差）によって、湿気の程度を知ることができます。乾湿差が大きくなればなるほど、空気が乾いていることになります。通常麹室の乾湿差は3〜5℃くらいです。

製麹工程中で乾湿差を大きくするには、一般的には麹室の温度を上げて相対湿度を下げるわけですが、その場合でも仲仕事以降にすべきでしょう。麹室の温度は高くしても、乾けば麹の温度は上がりません。

麹造りを支えた天然スギ

繊細な味と香りを求められる吟醸酒や大吟醸の品質を大きく左右するのが麹です。この「麹造り」は、高度な技術を持つ杜氏でさえ、安定的に造ることが難しいものです。名杜氏は必ずといっていいほど、麹造りに麹蓋《こうじぶた》と呼ばれる道具を使います。

麹蓋は縦45×横30×深さ5センチほどの木製の麹を育てる器で、スギの正目《まさめ》でつくられています。ここにだいたい1升（約1・5キログラム）の米麹が入ります。ヒノキやヒバだと抗菌作用が強く麹菌が育ちにくいため、麹蓋には昔からスギ材が使われてきました（**図16**＝120ページ）。

図16　麹蓋

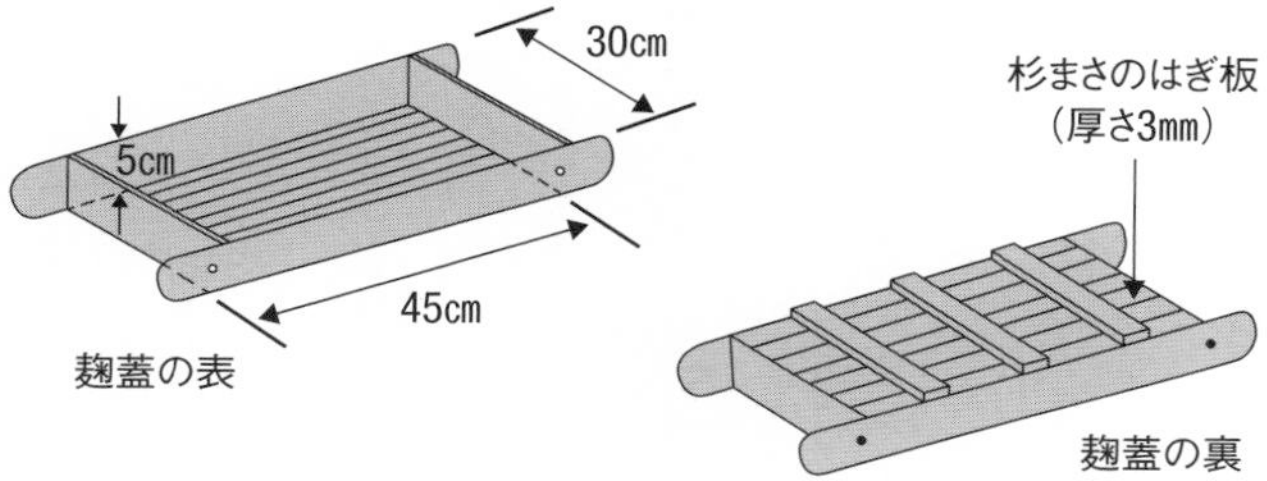

図17　積み替え

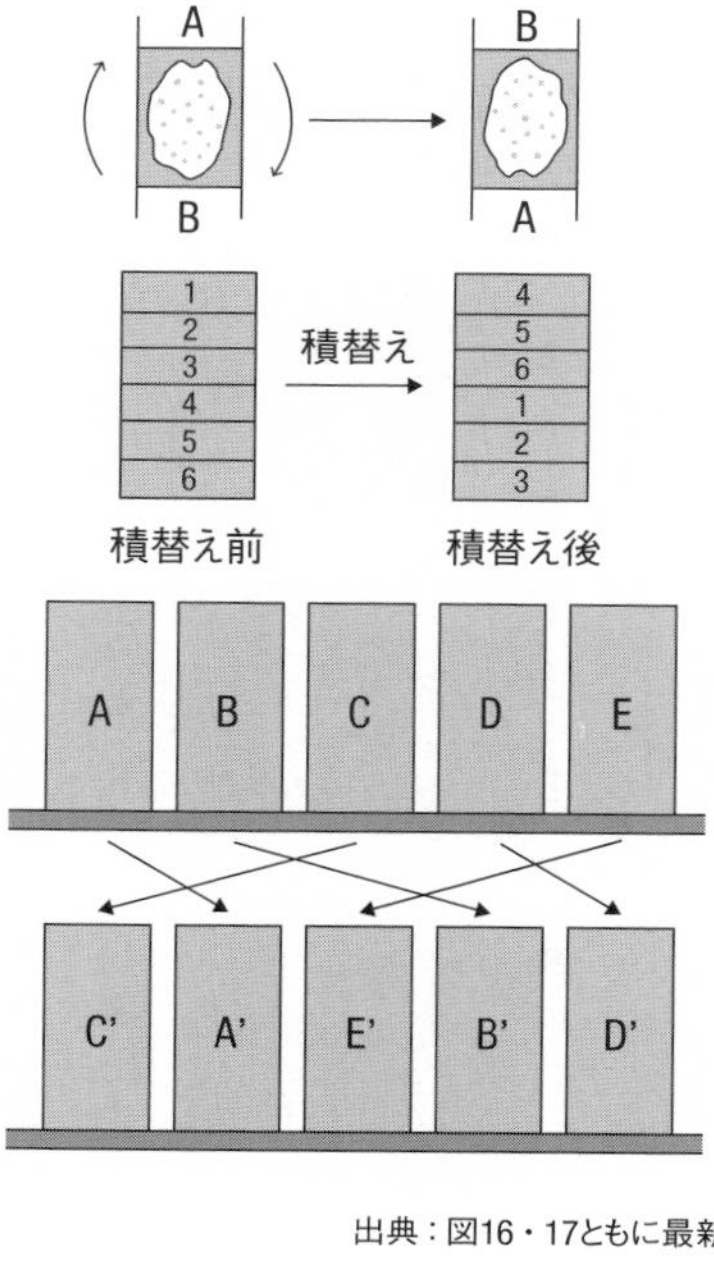

出典：図16・17ともに最新酒造講本・日本酒造協会

麹造りは、麹室という高温多湿な専用の部屋の中で48〜56時間かけて行われますが、「部屋」という性質上、どうしても中央と隅、手前と奥、天井に近いところと床に近いところとでは、その温度差や湿度が若干異なります。そこで、この麹蓋に蒸米を小分けにして盛り、細かく場所を移動させることで、温度と湿度の面ですべての蒸米の条件が同じになるよう調整します。部屋の隅に積み上げられた麹蓋を中央に、奥の麹蓋を手前に、上段に積み上げられた麹蓋を下段にと、約3時間おきに移動や積み替えをくり返し、すべての蒸米粒の中で均一に麹菌を繁殖させていくのです（図17）。もちろん同様の大きさであれば、容器は何でもいいというわけではありません。

この麹蓋には、昔から脈々と受け継がれてきた日本の伝統の技が隠されています。特筆すべきは、特に底板の部分です。しなるほど薄い麹蓋の底板には木を「切る」のではなく、「割る」ことで1枚の板にするはぎ板（割り板）が使われています。のこぎりやカンナを使わず、手で割って均一の厚さの底板をつくり上げるのは至難の業《わざ》です。職人の長年の経験と豊富な知識が一瞬の技に注がれ、それにより生まれた独特の木肌から送り込まれる適度の空気が、蒸米を理想的な麹へと導いていくのです。

麹蓋の産地としては、秋田スギを使ったものと吉野スギ（奈良県）を使ったものが有名です。特に天然秋田スギの木目は極寒の中で少しずつ生長していくので、年輪が1ミリと細かく揃っているのが特徴です。赤みを帯びた木肌はやわらかく加工しやすいため、割木職人に好まれる素材なのです。

割られた、厚さ3ミリほどの底板は縞々《しましま》で、ザラザラしています。麹蓋は天然スギを割ってつくるので自然のデコボコがあり、目と目の間に微小な溝が形成されます。このデコボコのおかげで通気性がよくなり、麹菌が活発に活動し、米に麹の花を咲かせることができるのです。麹は漢字で「糀」とも書きます。これはまさに、この状態を文字にしたものです。プラスチックや金属性の容器では、そのような物理的なデコボコ構造がつくれないため優良な麹が出来ません。

スギは伐採されても、死んでしまうわけではありません。木は呼吸し、外気と麹蓋内部との水分の調整もしてくれますから、麹蓋自体もある意味、生きているといえます。

秋田県は麹を多用する発酵の国です。それを支えた麹蓋こそ、発酵文化の陰の立役者といえます。麹蓋は天然秋田スギの特性を知り尽くした割木職人によってつくり出された、天下の逸品なのです。

しかし、林野庁東北森林管理局の決定により、２０１２（平成24）年末で天然秋田スギの供給が終了しました。２０１３年からは、人工林スギの供給です。銘醸家がこぞって求めたあの赤みを帯びた微妙な風合いの麹蓋が消えることで、発酵の国・秋田の技の消失につながるのではないかと心配しています。

12 酒の美味しさを、「測る」ことはできるのか

「味盲物質」とは何?

そもそも酒の美味《おい》しさは測ることができるのでしょうか? この命題に、的確に答えられる人はまずいないでしょう。美味しさのような知覚を測定する際には味や香りが複雑に関わり、個人差が大きいからです。

酒の良し悪しを評価する際の大きな指標になる味覚と嗅覚《きゅうかく》について、ここでは考えてみましょう。

「蓼《たで》食う虫も好き好き」という諺《ことわざ》の通り、蓼の苦い葉を食う虫もあるように人の好みはさまざまで嗜好《しこう》には個人差があります。では、この虫は蓼を食べるか食べないかを調べるにはどうしたらいいのでしょうか。

その命題に対する一つの答えとして、「味盲《みもう》」の発見があります。1932年、米国のアーサー・フォックス(化学メーカーデュポン社の化学者)が「パラ・エトキシ・チオ・カルバミド」という化合物を合成しました。この化合物は砂糖の数百倍も甘いズルチンと構造がよく似ていて、ズルチンに付いている酵素原子が硫黄に置き換わったものです。ズルチンは砂糖の200倍の甘みを持つサッカリンと並ぶ代表的な合成甘味料として、第二次世界

大戦後の日本で広く使用されていました。その後、毒性が問題になり使用禁止になった経緯があります。

ある日のことです。フォックスがこの化合物を瓶の中に入れようとしたところ、風が吹いてその一部が部屋中に飛び散りました。すると研究室にいた同僚から、「苦みのあるほこりだ」といわれました。フォックス自身はそれを全く感じなかったので、とてもびっくりしました。そこでおもむろにその化合物を舐《な》めてみると、全く味がしなかったのです。一つの物質がある人には無味に、ある人には苦味として感じられたのです。その後、他の同僚にも舐めてもらうと、一つの物質が二つの味を示す二重呈味反応が判明しました。

これが味盲《みもう》の発見のきっかけでした。この場合は苦味に対して盲なのです。この味盲物質は年齢や人種、男女の性別、この物質に対する味覚能力との間には何ら関係のないことが分かりました。フォックスによって偶然に発見された二重呈味反応物質は早速、遺伝学者の大きな興味を呼びました。その後熱心な研究が行われ、パラ・エトキシ・チオ・カルバミドよりも少し構造の簡単な「フェニール・チオ・カルバミド（PTC）」に対しても、苦味を感じる有味者がいることが分かりました。

PTCで味覚テストを行ったところ、米国の白人の25～35％、ドイツ人の38％、アフリカ系米国人の9％が味盲であったといいます。日本人では8％、韓国人で3％、中国人で6～11％、オーストラリアの先住民が49％、シリア・アラビア人の37％がこの物質に対して味盲であったそうです。

ある特定の物質だけに無反応になる

味盲だからといって、味を全く感じないわけではありません。味に対する盲は特殊な味盲物質に対してだけ成立するのであって、味盲であっても砂糖は甘いし、塩は塩辛く、酢を酸っぱく感じることは常人と変わりはありません。しかし、この数字から見ると欧米人と黒人、東洋人の間で大きな差が見られるので、ある特定の味に対して味覚の共有ができない可能性があります。PTCに対する味覚能力の個体差は動物でも見られるようで、チンパンジーやネズミでも確認されています。

余談ですが、PTCを味盲のテストに使用する場合は、飽和濃度である0・18%を濾紙《ろし》に浸して乾かしたものを舐める試験紙が市販されています。味覚テストに使用するくらいの微量では人体に全く無害ですが、何でもそうであるように大量に摂取すると毒になります。PTCを相当量混ぜた餌をネズミに与えると、無味者のネズミはそれを食べて中毒を起こし、しばしば不妊になったり死亡したりする場合もあります。

その後、殺鼠《さっそ》剤として合成されたANTU（アルファー・ナフトール・チオ・カルバミド）はPTCと共通の化学構造を持つ化合物ですが、野生のネズミの中で味盲のネズミはこれを食べて死んでいくのに、有味ネズミのものは食べようとせず、どんどん繁殖していくのです。殺鼠剤として宣伝されたＡＮＴＵが、最近になってあまり効果を表さなくなりました。味盲ネズミはこの殺鼠剤を食べて死んでも、有味ネズミは生物が本能的に毒とする苦味を感じ取り、それを食べようとはしません。そのため野生のネズミの中で自然淘汰が進行し、味盲ネズミは駆除できても、有味ネズミは相変わらず増え続けるという現象が起きているのです。抗生物質に対する細菌の耐性や、殺虫剤に対する昆虫の抵抗性でもこれと同じ現象によって起こっているのです。

レストランには、2枚のメニューが必要かもしれない

フォックスは味盲物質に関して、次のような面白い見解を発表しています。ＰＴＣを使って人の味覚を分類すると、苦味と無味に分かれました。味盲物質は、この他にもいくつか知られています。身近な物質としては「ナトリウム・ベンゾエイド（安息香酸ナトリウム）」があります。これは食品の腐敗を防ぎ、カビや細菌の増殖を防ぐために保存材として多くの食品に使用されている添加物です。この物質は人によって苦味、塩から味、酸味、甘味、無味と五つの味を感じさせる多重呈味物質です。

ＰＴＣとナトリウム・ベンゾエイドという二つの味盲物質を組み合わせると、10組に分類されます。フォックスの調査によれば米国白人の75％は**図18**に示した四つの組に分類されるそうです。

図18　味盲による分類

グループ	P.T.C	ナトリウム・ベンゾエイド
BS	苦い	塩辛い
BB	苦い	苦い
TS	無味	塩辛い
BM	苦い	甘い

ＢＳグループの人は食べ物に対して好き嫌いがほとんどなく、食事を楽しむことができるといいます。ＢＢグループの人は食べ物に対しての好き嫌いが激しいか、または明確な食嗜好を持たず、味を楽しむことができないそうです。ＴＳおよびＢＭグループの人は、二つの典型的なグループの中間型です。そこでフォックスはレストランに、２枚のメニューを用意することを提案しています。１枚はＢＳグループに属する人向け、もう１枚はＢＢグループ属する人向けのものです。それぞれの味覚に合致したメニューを準備するという提案です。この提案は生理学的現象を重視し、人間の心理を無視するという欠点はありますが、なかなか面白いものです。しかし、同じことが、酒にもあてはまるかどうかについては、残念ながらデータがありません。

そこで私は以前、この二つの溶液を使って私の所属するロータリークラブの会合で50名ほどの仲間に試してみました。すると、約30名がＢＳグループ、ＢＢグループは10名ほどでした。残りはＴＳ、ＢＭグループに分かれました。仮に酒についても同じような現象があるとすれば、ＢＳグループの人たちはいろいろな酒の味を楽しむことができるでしょうが、必ずしも酒の味が分かる上戸《じょうご》というわけではありません。つまり酒の味が分かる人と分からない人、酒の飲めない人と大酒を飲む人というのは異質のものであり、「分かる」ことと「好きである」、「たくさん飲める」ことは別問題です。それだけ日本酒は、多角的な飲料といえるかもしれません。

ところであなたは、何型でしょうか。確かめたければ０・００１％のＰＴＣ溶液と０・５％のナトリウム・ベンゾエイド溶液で試してみてください。

特定の匂いを感知できないのが「嗅盲」

人間の嗅覚は野生の動物に比べると退化しているといわれていますが、味覚と比べると格段優れています。酒類を口に含んだとき、アルコールの濃度の差が０・１％の試料を区別できる人はほとんどいないでしょう。ゲームとして唎酒《ききざけ》をする時、アルコール濃度の差が１・０％の試料を区別するのはかなりの難問です。苦味についての感覚は個人差が大きいといわれますが、苦味物質の識別濃度はきわめて微量で、０・01％というケタ違いの単位になります。苦味は本来、毒のあることを示す味として認識されるため、甘味や塩味と比べて数千倍も感じやすくなっているのです。

人間にも大きな差があります。子どもは大人以上に苦味に敏感で、苦味の強いゴーヤやピーマンを口にしない傾向があります。その敏感さの理由として、子どもは毒のあるものを判別できないとはいえ、口に入れたとしてもすぐにその苦味を感じ取り、本能的に吐き出すことで、危険から身を守ろうとしていると考えられます。

人間の場合、味覚に比べると嗅覚は非常に鋭敏で、物質にもよりますが香り成分濃度は100万分の1（ppm）または10億分の1（ppt）レベルで議論されます。今日、科学の進歩につれて測定機器は著しく精度を高め、人の感覚よりもはるかに優れたものが製作されています。ただ嗅覚の世界は例外で、今日最も優れた香気成分を分析するガスクロマトグラフィーも極少数の例外を除き、人の嗅覚には及びません。

嗅覚は、五感の中でも個人差が大きい感覚だといわれます。俗にいう、「嗅覚の鋭い人」「鈍い人」が存在するだけではなく、嗅覚が鋭いという人であっても、それぞれの匂い物質に対する感受性が異なります。特定の匂いはよく感じても、ある匂いには感受性が低かったり、あるいは全くなかったりするような場合もしばしばあります。この特定の匂い物質を感知できない状態を、「嗅盲《きゅうもう》」と呼びます。

酒にとっては味と同様に、匂いは品質を左右するとても重要な要因です。味覚の場合と同様に、嗅覚の個人差には遺伝的レベルでの違いが関与しています。もちろん、これ以外にその人の体験や学習など後天的な要因も影響します。嗅盲の人の割合は、味盲の人の割合よりも多いのです。ビタミンB_1（チアミン）は何と10ppq（ppmの1000分の1が

ppb、ppbの1000分の1がppt、pptの1000分の1がppqです）と非常に微量でも、ビタミン臭を感じることができます。なぜ人は、ビタミンB_1の匂いに敏感なのでしょうか。ビタミンB_1はブドウ糖をエネルギーに変換する際に必要な栄養素で、人にとっては大切な栄養素です。ひょっとしたら、数多くの食物に極微量含まれているビタミンB_1を間接的に嗅《か》ぎ分けることで、その栄養素を摂り込もうとしているのかもしれません。

このビタミンB_1は、嗅盲物質としても知られています。極微量で感じるビタミンB_1を嗅ぎ分けられない人がいることはよく知られています。嗅盲について最初に発見されたのは、青酸の匂いでした。これを感じない男性が20〜25%、女性は5%いることが知られています。なぜ男性が女性より4〜5倍も多いのか、伴性劣性遺伝（X性染色体にある遺伝子の異常によって起こる）するのではないかという見解もあります。

病院に行くと感じる薬くさい匂いは、各種化学薬品の原料として使用されているフェノールによるものですが、その匂いを感じない人も相当数いるといわれています。このように人によって感じる人もいれば、全く感じない人もいるのです。ここに味盲と嗅盲という二つの現象を取り上げたのは、個人差の存在を生理学的な見地から裏付けようと思ったからです。このような個人差が、酒の美味しさを測る時の大きな困難の一つになっているのです。

酒の香りには、酵母の影響が大きい

酒の香りは複雑で、原料由来の香りと発酵による香り、その他に大別されます。清酒は基本的に米と水だけで造られ、普通の米はほとんど無臭に近いので原料そのものの香りはあまりありません。ご飯を炊いた時、普通米より香りの良い香り米と呼ばれる品種がありますが、香り米で清酒造りをすると良い結果は得られないので、ご飯として良い香りと酒の良い香り成分は異なっているようです。

清酒の香りのほとんどは麹と酵母に由来していて、特に酵母の影響が大きい一方で、麹由来の香りは醸造物に共通する重厚な香りと考えられていますが、詳しいことは分かっていません。しかし、ある特定の麹菌が生産する特定のアミノ酸が多いと、そのアミノ酸を前駆物質として酵母がそのアミノ酸を摂り込み、香気成分をつくることが知られています。たとえばフェニールアラニンが多いと、バラのような甘い香りといわれる「ベータフェネチルアルコール」が、ロイシンが多いと「イソアミルアルコール」や「酢酸イソアミル」が多くなります。酢酸イソアミルは、バナナのような香りといわれています。

吟醸酒の華やかな香りは、酵母がつくり出すものです。自然界から優良な酵母のスクリーニングは明治時代から行われており、これまでに選択された発酵力が強く香りの高い酒を醸造できる酵母が、広く清酒や焼酎醸造には用いられてきました。清酒の場合、お燗《かん》をして飲むような普通酒と、吟醸酒と呼ばれる酒は別の種類の酒かと思うほど香りがはっきりと違います。1960年代には、リンゴやバナナの香りにたとえられる吟醸酒の香りは〝神秘の香り〟とされ、その製造方法は秘伝とされていました。

吟醸香はよく磨いた米を用いて、特別な方法で麹を造り、10℃程度以下の低温で発酵させた清酒です。1960年代以降、揮発性物質の分析が可能なガスクロマトグラフィーが普及し、酒類の香気分析が詳細にできるようになりました。リンゴやバナナのような香りとして珍重されてきた吟醸香の成分も、解明されました。それによって良い香りをつくり出す酵母のスクリーニングも加速され、現在では高い吟醸香を造る酵母も実用化され、吟醸香の高い酒も比較的容易に製造できるようになりました。

13 酒の味は、「甘酸辛苦渋」の五味の調和が重要

どうして、「辛口の酒」が好まれるのか

酒を飲むのに理屈はいりませんが、酒を酌《く》み交《か》わしながらの尽きない話題の一つに、「良い酒とはどんな酒か」というものがあります。発酵・醸造に関する世界的な権威である坂口謹一郎博士（1897〜1994）は名著『日本の酒』の中で、「酒質の調和だけは、日本

酒に限らず世界中の酒を通じての大切な基本的性格である。これを分かりやすく表現すれば、『さわりなく水の如《ごと》くに飲める』ということである」（要約）と記述されていますが、まさに至言だと思います。『さわりなく水の如くに飲める』酒が良いというのは、「水のような酒」が良いという意味ではありません。「水のように飲める」を表す言葉として、「金魚酒」がありますが。金魚酒とは酒の中に金魚を入れても、金魚が生きているような薄い酒を指しています。『さわりなく水の如くに飲める』とは「障《さわ》りなく飲める酒」が良いという意味です。

唎酒をする場合、長所に加点、短所に減点していきますが、短所として指摘される点が「障り」と感じられる点、つまり酒質の調和を「邪魔」する点になります。

酒の味は「甘酸辛苦渋」の五味の調和が重要とされますが、清酒は甘口と辛口に分類されたりします。居酒屋で聞き耳を立てていると、お客さんが「辛口の酒をください」と注文する声をよく聞きます。しかし、そもそも辛口や甘口とは何を指すのでしょうか。

その分類に用いられるのが日本酒度です。居酒屋のメニューや酒瓶に、プラスとかマイナスといった数字表記を目にしたことはありませんか。それが日本酒度です。日本酒度は日本酒度計と呼ばれる浮秤《うきばかり》と、液体に浮かべて沈んだ体積から液体の密度濃度、比重を計ります。測定する時は、4℃の水と同じ比重の酒が±0になります。それよりも軽いものは（＋）、重いものは（－）。アルコール度が同じなら含まれるエキス分（酒を加熱した際に蒸発せず残留する成分で、そのほとんどが糖分）の量が多いほどマイナスに傾き、アルコール度

図19　日本酒度以外の甘辛要素

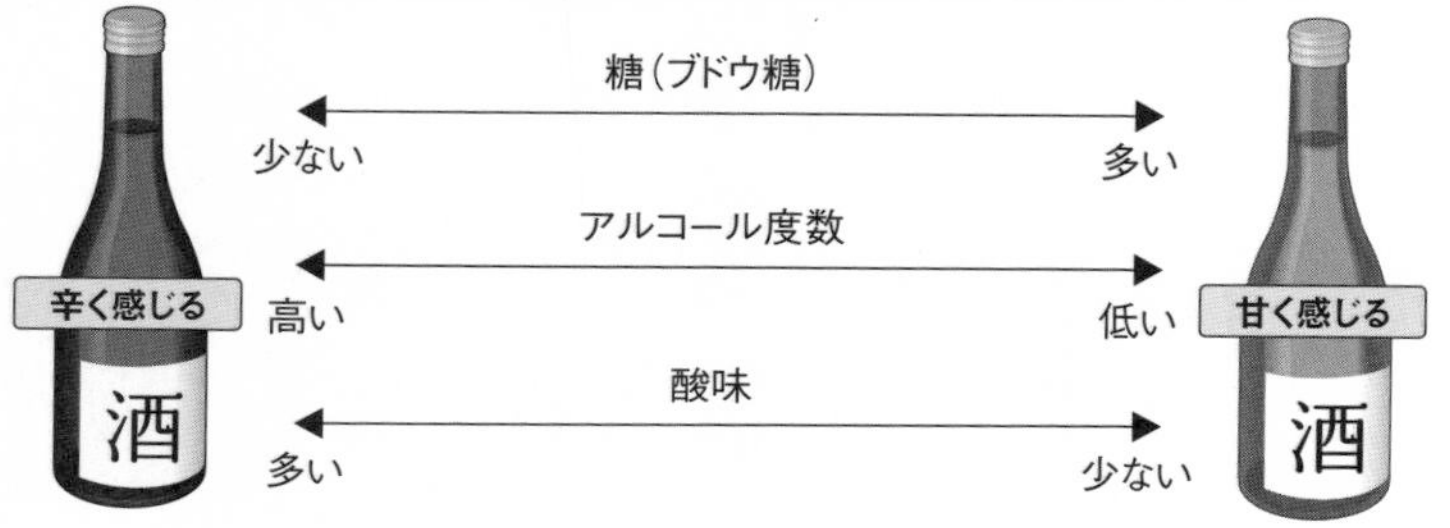

が高いほど酒の比重は小さく（辛口）になります。

日本酒度はおおむねプラス10からマイナス10の間で、実際には15℃の清酒に日本酒度計を浮かべて測定します。つまり、プラスの数値が高いほど辛口とされ、逆にマイナスだと甘口とされ甘辛度の目安とされています（**図19**）。

日本酒の「辛口」と「甘口」を判断するのは難しい

実際に特定の日本酒を何人かに飲んでもらうと、同じ酒質なのに「甘口」「辛口」の評価はバラバラで、まさに感じ方は十人十色です。日本酒だけではなく甘口、辛口の判断は難しいのです。その理由として考えられるのは、たとえば「香辛料の強い刺激のある食べ物」を辛いと表現し、「塩味の強い食べ物」も辛いと表現するなど、誰でも同じ判断ができますが、日本酒は辛かったり塩辛かったりする要素はありませんから、辛口の捉え方が食品と異なり、「より糖分の少ないもの」あるいは「よりアルコールの刺激が強いもの」といった曖昧《あいまい》な見解になってしまうのです。

甘い果実のような香りを持つ場合は、その香りの影響で糖含量が少なくても甘く感じられます。旨味の多い食べ物の場合も同様で、アルコールの刺激が強くても甘いと感じてしまうなど、「甘口」「辛口」を判断しづらい日本酒も多いのです。お燗にして再度飲んでみると甘→辛、辛→甘と味が変化することも多く、温度や食べる料理によっても味の印象は驚くほど変わります。「甘口」「辛口」を示す「日本酒度」という指標は単に糖含量を示す数値であり、「甘口」「辛口」の判定に影響する香りや旨味の要素が考慮されているため、消費者が求める指標とは言い難いのです。それもそのはず、そもそも日本酒度とは糖がアルコールに変わる過程に問題がないか、醪《もろみ》を搾《しぼ》るタイミングを見定めるために用いられる数値なのです。

日本酒に含まれる糖含有量を指標とすれば、味の指標にもなるだろうと思われがちですが、糖分が多くてもアルコール度が高ければ、日本酒度計では「甘くも辛くもない酒」という評価になってしまいます。また、「酸と糖分のバランス」によっても、他の味覚は変化します。酸には穏やかな乳酸や旨味を持つコハク酸、爽やかさを持つリンゴ酸やクエン酸など多くの種類がありますから、清酒に含まれる酸が何であるかによって味わいは変わってきます。

清酒にとって酸は非常に重要で、その量で酒のタイプが決まってしまうほどです。料理でも同じですが、甘味と酸味のバランスは重要で、酸が多い場合には糖分も多くないと酸っぱくて飲めません。

清酒は古来、酸味を少なくする方向で技術開発が進められてきました。清酒は酸味のない米と水が原料なので、「生酛《きもと》」で仕込んだ清酒の酸味は微生物がつくった酸の味です。現在の清酒は、酸味を可能な限り減少させる技術で造られてきました。明治以来続けられている清酒酵母のスクリーニングも、酸を多くつくらないことが重要条件の一つになっています。

清酒の仕込みで、酒母米の使用量が総米の7％に抑えられているのは、酸の多い酒母を少なくして出来上がる酸を少なくするためであり、腐造を避け安全に醸造する限界が7％ということなのです。

辛口を男酒、甘口を女酒と呼ぶこともある

実は日本酒度の数値は、人の舌では判別できないほどの微量で変動します。たとえば水100ミリリットルに0・5グラムの砂糖を入れても、ほとんど甘く感じませんが、日本酒度では3ほど目盛が移動するのです。このように日本酒には味覚のモノサシが多数あり、それが立体交差しており、人により感じ方が違うのは当然のことなのです。

しかし、そもそもどうして揃いも揃って居酒屋では「辛口の酒をください」と注文する人が多いのでしょうか。全国の清酒の消費量がピークを迎えたのは、1975（昭和50）年

のことですが、当時と比べれば、現在の消費量は3分の1ほどまでに落ち込みました。遠く江戸時代、日本酒は灘（兵庫県）と伏見（京都府）が二大産地で、現在でも日本の清酒の半分はこの2カ所で造られています。硬水を仕込みに使う灘の酒は発酵が進みやすく糖分が少なくなるため、辛口のキレの良い「男酒」となります。硬水とは水に含まれるカルシウムとマグネシウムの量（mg／ℓ）を表したもので、含有量の多い水を硬水、少ない水を軟水と言います。軟水でゆっくり発酵させる伏見の酒は、なめらかで芳醇な「女酒」と呼ばれます。

1980年代のバブル期に入ると地酒ブームが到来して新潟県の淡麗《たんれい》酒が注目され、大吟醸酒などの高級酒を冷やして飲むスタイルが流行しました。新潟県の酒の特徴である地元の酒造米「五百万石」を磨き込み、超軟水の仕込み水で低温長期発酵させたすっきりした酒が人気となりました。中でも端麗辛口を謳《うた》った酒がブームに乗って、生産量を伸ばしていったのです。

しかし近年に入ると、キレイですっきりした酒が主流であった時代の反動も加わり、甘く厚みのある味わいのある酒に人気がシフトしてきています。戦前までは、「失敗せず日本酒を造る」というレベルでしたが、現在は美味しい日本酒は当たり前で、個性を尊重し、個性で勝負する時代に入りました。そんな背景もあり、近年の吟醸酒はどんどん甘味になってきているのです。

アルコールを添加することで、酒質を軽くする

日本酒には原料に米と米麹を使用した純米酒と、それに醸造アルコールを添加した本醸造酒があります。本醸造酒は醸造アルコールを加えていることから、アルコールによる「水増し」と思われがちですが、これは大きな誤解です。以前は、より安い酒を製造するために醸造アルコールで酒の量を増加させ、製造コストの軽減を図る場合がありました。戦後、米が不足していた時代に生み出された「三倍増醸酒」、通称「三増酒」と呼ばれる醸造法で、酒の量を甘味料や酸味料、アミノ酸や醸造アルコールを添加して3倍に増やすようなことを行っていました。

現在は酒造法による厳格な管理の下で三増酒は認められておらず、米と米麹のみで造られたお酒と同じ量のアルコール添加が限度とされています。いうなれば二倍増醸酒です。

本醸造酒は現在、醸造アルコールは醪への添加のみが許可されていて、その添加量は白米重量の10%以下という厳しい基準が設けられています。ただ、このアルコール添加によるメリットがあります。その一つが、酒質を軽くすることです。たとえば吟醸酒の場合、ソフトな舌触りで、すっきりした喉《のど》ごしで飲み飽きしないのが特徴ですが、味を淡麗にするという点で、アルコール添加の効用は大きいものがあります。添加しない純米吟醸酒では酸やアミノ酸が多くなって、どうしても濃醇タイプになりがちなのです。

もう一つのメリットは、アルコール添加によって香り成分が酒に移行しやすくなることです。醪の芳香成分は、酒を搾《しぼ》った時に大部分が酒粕《さけかす》に残ってしまいます。アルコールは、それを酒に戻す効果があるのです。アルコール15％の醪では、バナナのような香り成分の酢酸イソアミルは、酒粕に40％も吸着するというデータもあります。リンゴのような香り成分のカプロン酸エチルに至っては、85％も酒粕に吸着されてしまいます。それが、「醪ではかなり香りがあったのに、搾ってみたらなくなっていた」という杜氏の嘆きにつながります。そこで、「粕と共に去りぬ」などと言われたりもするのです。酒粕に香気成分が逃げないようアルコール濃度が高いほうが溶出されやすくなるので、アルコール添加をするわけです。

大吟醸酒は、アルコールを添加することで成り立つ

水に対する酢酸イソアミルの溶解率は、0・25％と微弱です。カプロン酸エチルに至っては水に不溶ですが、アルコールに対する溶解率はいずれも無限なのです。アルコール添加によって、たとえば計算上、醪で3割薄まるとしても、酒になった時にカプロン酸エチルや酢酸イソアミルはそれだけ薄まることはありません。それに酢酸イソアミルやカプロン酸エチルのような吟醸香成分の組成比率を高めて、香りの比率をよくする効果も期待されるのです。

これ以外にも「醗酵を止める」「火落ち（腐造）しにくくする」など、アルコール添加に

よるメリットはありません。日本酒に用いられる醸造アルコールはすべて、酵母のアルコール発酵によるもので95％以上の純度の高さです。その原料は主にサトウキビなどで不純物などはほとんどなく、酒の風味を損なうことはありません。

醸造アルコールが添加された日本酒に対して、「粗悪で品質が悪い」「悪酔いする」などと評価するのは、全く根拠のないことです。アルコール添加は本来、どれくらいの量を使って、「吟醸香と淡麗のバランスを取るか」「狙い通りの酒質に仕上げるか」などを目的とした、非常に高度で奥の深い技術といえるのです。しかし一方で、最近の純米酒ブームのあおりで、かたくなに「純米酒以外は飲まない」という人がいますが、それは非常にもったいない話です。

日本酒の鑑評会に出品されるお酒にはアルコール添加による大吟醸酒が多く、人気です。もちろん、純米吟醸酒の中にもバランスの取れた素晴らしいものも多いのですが、実際に飲み比べると、純米酒より本醸造酒のほうの旨みが深く、香りが豊かに感じられたりします。日本酒は嗜好品ですから、好みは千差万別です。日本酒の世界を広げるために先入観を捨て、自分の舌で美味しいと感じるお酒を選んでみてください。

日本酒が悪酔いや二日酔い、太る原因になるというのは誤解

日本酒を飲まない、あるいは敬遠する人たちの中には、日本酒を飲むと太りやすい、二

図20 酒類のカロリー一覧

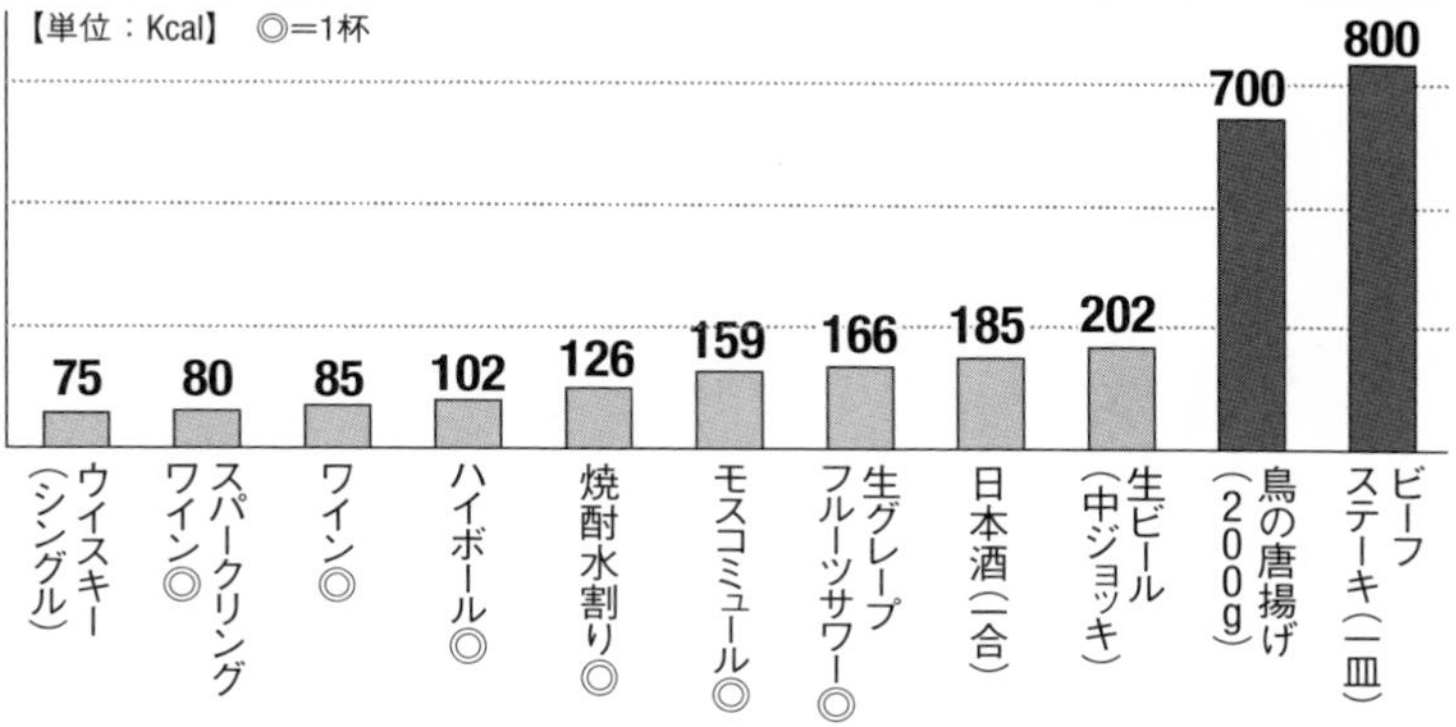

出典：知らないと危険!? 飲み会でよく飲むお酒のカロリー一覧（NEVERウェブサイト）

日酔いしやすいなどという人が少なからずいます。これらの理由として、他の醸造酒であるビールやワインと比べてアルコール度数が高いことが挙げられます。ビールやワインと同量飲めば、当然のことながら日本酒のアルコール度数が高いので酔うのが早く、それを悪酔いととらえているのでしょう。二日酔いは酒類を問わず自身の許容量を超えたアルコールを摂取し、かつアルコールを分解する時間が短いときに起きるので、日本酒だけが二日酔いしやすいというわけではありません。

日本酒はカロリーが高く、太りやすいと考えている人も少なくありません。しかし太る・太らないというのは、料理を含めた摂取総カロリー量で決まります。カロリーでいえば、酒類よりも料理のほうがはるかに高いのですが、太る理由を日本酒のせいにされることが多い傾向にあります。

唐揚げや焼き肉などでビールを飲めば、摂取総カロリー量は高くなるのは当然です（図20）。

日本酒には糖質が多く、飲むと糖尿病になりやすいというのも俗説です。日本酒は米由来の甘みを感じやすいので糖質が多いように思われていますが、糖質と関係する炭水化物の量は、一般的な清涼飲料水の4分の1程度です。数多く存在する飲料の中で、日本酒だけ糖質が多いというわけではありません。

糖質は、炭水化物から食物繊維を引いたものです。「糖類」は糖質の一部でブドウ糖、果糖、乳糖、麦芽等などが該当します（糖分という表現もありますが、これは定義のない曖昧な言葉です）。なお、「糖類ゼロ」表記の商品には砂糖は使用されていませんが、他の糖類が含まれている場合もあります。一方、「糖質ゼロ」表記の商品については、糖を何も含んでいないという意味ですが、含有量が0・5ミリグラム／100ミリリットル未満の場合はゼロ表記が可能になります。

14 熟成は大切だが、未知のことも多い

早く熟成させようとすれば、本来の味を損なう恐れ

酒にとって熟成は非常に重要ですが、未知のことも多く、10年の変化を調べようとする

と10年かかってしまいます。化学反応は一般に温度が10℃高くなると速度が2倍になるので、高い温度で短期間に貯蔵して、その変化を調べる方法が広く用いられていて、加速劣化試験などはその代表格です。製品を過酷な条件下に置き、意図的に劣化を進めて製品の寿命を検証するという試験です。

しかし反応速度は濃度にも比例するので、酒に含まれる濃度の異なる多くの成分が温度に比例し、皆同じ速度で変化する保証はありません。酒を早く熟成させようと高い温度で貯蔵すると、低い温度でじっくり熟成させた場合に比べ、香りや味が違ってくる可能性があります。貯蔵年数の異なる多くの酒を集めて、貯蔵中の成分変化を統計的に調べても同一物の変化ではありません。何より貯蔵前と貯蔵後の酒を比較しようとしても、対象酒を10年間変化しないような貯蔵はできないのです。たとえ凍結しても、凍結により成分の香味の変化がないとはいえないからです。

酒類の熟成は、「水分子とアルコール分子の関係の変化」で説明される場合があります。水の分子は不規則な四面体をして、それがいくつも重なり合って分子間にはたくさんのすき間があります。一定の体積の水のうち水分そのものが占める割合は38％で、残りの62％はすき間だといわれています。たとえば水10ミリリットルに水5ミリリットル入れると15ミリリットルになりますが、水10ミリリットルにエタノール5ミリリットル入れると、25℃では14・6ミリリットルになります。これはエタノールが水の分子の中に入り込んでいくからです。酒の熟成には、水が大きな役割を果たしています。水分子のすき間にアルコール分子が入り込んで、水に含まれた形になります。新酒では水分とアルコールがバラバラに存在するために、ツーンとした刺激臭が残ります。

酒造メーカーでは現在、NMR（核磁気共鳴装置）などを用いて、どれくらいのアルコール濃度で熟成すれば、理想的な熟成ができるかを調べています。結果、アルコール濃度が60％になるとアルコール分子が水の分子に入り込む率が最も高くなり、そのため溶液全体の3％の体積が減るので最も粘りが出るそうです。水とアルコールの結合状態は長期間にわたって変化し続け、水分子とアルコール分子の塊（クラスター）は貯蔵年数が長いほど小さくなるという説が有力ですが、いまだ結論は出ていません。

清酒の熟成期間は半年と短い

酒類には、アルコール以外にも有機物が含まれています。その量は蒸留酒より醸造酒に多く含まれています。したがって、熟成するスピードは醸造酒のほうが速く、変化も大きいのです。

清酒は秋に新米が収穫されたら仕込みが始まり、冬の寒い時期が造りの最盛期です。春になったら搾りたての新酒は加熱殺菌（火入れ）され、熟成が始まります。夏を越して秋風が吹き始める頃、飲み頃となり、これを「秋あがり」と呼んでいます。

10月1日が「日本酒の日」となっているのには、そのような背景があります。その頃になるとまた新米が収穫され、前年に造った大半の酒はその頃から出荷されるのです。清酒の熟成期間は約半年、それから1年程度が飲み頃とされています。

このように清酒は比較的熟成期間の短い酒といえますが、数年間、貯蔵熟成された古酒も発売されています。日本酒の古酒の普及、技術向上を目的に設立された「長期熟成酒研究会」によると、「満3年以上、酒蔵で熟成させた糖類添加酒を除く清酒」と定義されていますが、酒税法上の厳密な決まりはありません。

古酒は長期間貯蔵することにより、造り手も驚くような変化をとげるケースもあります。荒々しいお酒を熟成すると琥珀《こはく》色に色づき、香りは甘く濃厚になり、なめらかな口当たりになります。甘味、酸味、旨味など日本酒を構成するバランスの良さはそのままに、熟成によってより深い味わいに変化していくのです。

近年は搾って間もない新酒や、加熱殺菌（火入れ）をしていない生酒も発売されています。生酒は醪で活躍した麹や酵母由来の酵素類がまだ活性を保っているため、変化は早く、低温での貯蔵が必要です。なるべく早く飲み切るほうがいいでしょう。

【　第三章　】

どんどん広がっていく焼酎の世界

米、麦、芋、そば、黒糖などの原材料ごとに、いろいろな香味が楽しめるのが焼酎の魅力です。特に人気が高い芋焼酎の個性的な香りは、芋の種類、発酵や蒸留法などによって生み出されます。

01 原料の風味を楽しめるのが、本格焼酎の魅力

焼酎の造り方と仕込みは、清酒とは異なる

かつての日本の酒造法では焼酎を甲類、乙類の二つに区分していました。焼酎甲類は発酵した醪《もろみ》を連続的に蒸留し不純物を取り除いた無色、無臭、高濃度の原料アルコールを20度や25度に薄めたものです。

焼酎乙類は、蒸留機に醪を一釜ずつ入れ、醪の中のアルコール分がなくなるまで蒸留し、蒸留後に蒸留粕《かす》を捨て、また新しい醪を入れて蒸留を行う単式蒸留方法です。不純物が完全に除去されないので使用原料による独特の匂いと風味を有し、若干白く濁っていて、現在では甲類焼酎と区別するために、本格焼酎と呼ばれています。

醸造用アルコールの添加は清酒だけでなく、スコッチウイスキーでも行われています。麦芽のみを原料としたモルトウイスキーに、とうもろこしライ麦を原料にしたグレンウイスキーと称する蒸留アルコールを添加することで、淡麗かつマイルドな酒質となり、人気を博するようになりました。

ウイスキーが原酒（モルト）に、相当量の醸造用アルコールを添加したものであるのに対して、本格焼酎は醸造アルコール（甲類焼酎）を混和しません。そのうえ水で薄める以外、

添加物を一切含まないのが普通です。その意味では、本格焼酎こそ本格蒸留酒といえます。ところが甲類、乙類という名称のイメージから、どうも誤解されやすいようです。甲、乙は戦前の学校の通信簿（成績表）からの連想で、乙は甲より悪いと思われがちで、酒質も幼稚でまずく、それを飲むと悪酔いするのではないかとも思われてきました。

しかし、2006（平成18）年に酒造法が改正され、今では焼酎乙類は本格焼酎と呼ばれるようになりました。芋や麦、米、黒糖など原料は多岐にわたり、特に芋焼酎は一大ブームを巻き起こして、多くの焼酎ファンを生み出しました。一度飲んだら忘れられない独特の風味を持つ本格焼酎は単式蒸留焼酎とも呼ばれ、米、麦、芋、そばなどの澱粉《でんぷん》質が原料です。単式蒸留焼酎は蒸米（または蒸麦）に焼酎黒麹菌か焼酎白麹菌を生やし、約2日かけて　麹造りを行います。焼酎麹の酵素生産には麹を造る工程（製麹）、特に製麹温度の影響が大きく影響することは、古くから知られていました。

鹿児島県、宮崎県など南九州の温暖な地での醸造だと、清酒造りに用いる種麹（黄麹菌）が酸をほとんどつくらないので、酛《もと》や醪が雑菌に汚染されるリスクが高くなります。そこで、あらかじめ酸の多い酛や醪を造ります。その酸の存在下では雑菌が容易に繁殖しないので、種麹としてクエン酸を多くつくる焼酎白麹《こうじ》菌や焼酎黒麹菌が使われてきました。焼酎を造るには清酒造り同様に、澱粉質を糖に分解するアミラーゼなどの酵素も充分に生産されなければなりません。

焼酎白麹の各酵素生産に及ぼす製麹温度の影響を見ると、クエン酸の生産性は30℃から35℃では高いのですが、40℃では大きく低下します。

一方、酵素の生産性はアルファーアミラーゼとグルコアミラーゼ、トランスグルコシターゼなどの澱粉分解酵素は、製麹温度が高ければ各酵素も高くなりますが、酸性プロテアーゼ、酸性カルボキシペプチターゼなどのタンパク分離酵素については、製麹温度の影響は少なく、酵素生産に対する温度の影響は清酒用種麹の酵素生産に対する温度の影響とは大きく異なります。

南九州の本格焼酎製造場で行われている製麹は、製麹の前半を高温にして各種酵素の生産を促し、その後、低温経過に設定することによりクエン酸を生成させる温度経過が取られています。

焼酎麹にとって酵素生産とクエン酸の生成を充分に行わせる条件は、製麹の前半を40℃として24時間程度取り、その後35℃に温度を落として15時間程度製麹する温度経過が適当です。酵素活性を高めるには、前半の40℃の製麹時間を延ばします。そして後半の35℃での製麹時間を延ばすことで、クエン酸の生産を高めるようにコントロールします。同じ製麹であっても、清酒造りに使われる黄麹菌の温度経過と、焼酎造りに使われる焼酎白麹菌の温度経過とは大きく異なるのです。この操作によって、甘く酸っぱい焼酎麹が出来上がるのです。

酸っぱい麹は、温暖の地でも雑菌に汚染されにくい

焼酎黒麹菌や焼酎白麹菌は南九州地方の本格焼酎に使われていますが、両麹菌はクエン酸を清酒造りに使う黄麹菌に比べて数十倍も多くつくるうえ、耐酸性のアルファーアミラーゼや生澱粉分解酵素力も強く、酸っぱい麹で仕込んだ焼酎醪は、温暖地の醸造でも雑菌に汚染されず、香りもよくなるという利点があります。

焼酎の仕込みは2回に分けて行われます。1回目の仕込み（一次醪）は主に酵母を増やすためのものです。比較的小型の発酵タンクに麹1に対して、水をほぼ同量の1加えて、そこに少量の酵母を加えます。そうすると、麹に含まれる酵素が麹の澱粉を糖分に分解します。酵母はこの糖分を食べて、どんどん数を増やしていくのです。

充分に酵母が増えたところで大きな発酵タンクに移し、さらに蒸した米や麦や芋、そばなどの原料を約2、それに対し水を3〜4加えます。これが2回目の仕込み（二次醪）です。原料の澱粉は酵素の作用で糖分に分解され、それを酵母がアルコールへと発酵していきます。二次仕込みでは米、麦、芋、そばなどの原料を入れますが、本格焼酎の種類はこのとき入れる原料によって決まります。米を入れれば米焼酎、麦を入れれば麦焼酎、芋を入れれば芋焼酎になります。発酵はいずれも2週間ほどで終わり、発酵液のアルコール分は約14〜20％になります。これを単式蒸留機で蒸留し、アルコール分45％以下の単式蒸留焼酎

図21　本格焼酎の製造工程

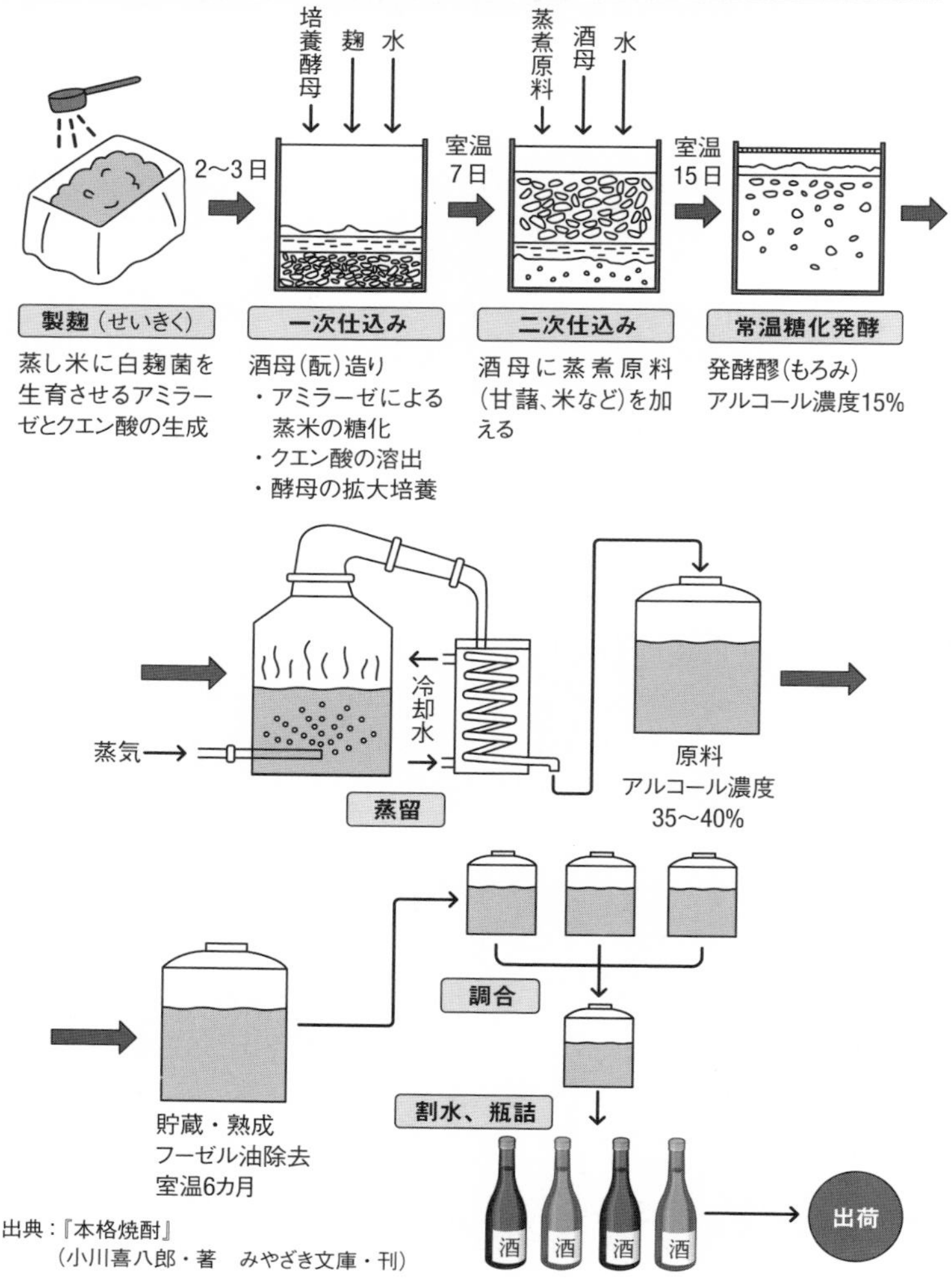

出典：『本格焼酎』
（小川喜八郎・著　みやざき文庫・刊）

（本格焼酎）を製造するのです。

単式蒸留機では、アルコールや水だけでなくその他の成分もよく留出するため、原料などの風味が豊かな酒質になります。本格焼酎はその後、貯蔵、熟成されてから出荷されます（図21）。

02 蒸留という技術には、人類の知恵が詰まっている

江戸時代に伝わった、「蘭引き」という蒸留法

焼酎やウイスキーなどの蒸留酒から化学工業に至るまで、蒸留は必須の技術です。化学のルーツは錬金術です。化学を意味するアルケミー、蒸留を意味するアランビックはともにアラビア語ですが、これは9世紀頃にペルシャからヨーロッパに技術が伝わったことに由来しています。

日本には江戸時代、ポルトガルからアランビックを語源として「蘭引《らんび》き」として伝わりました。この欄引きは三層構造になっています。上層部は冷却部、中層部は蒸留部、下層部は沸騰部です。醪を沸騰部に仕込んで加熱すると、濃度の濃いエタノールが中層部を上昇して冷却部に接し、凝縮した液が焼酎として得られます。（図22、23＝154ページ）

図22　蘭引きの単式蒸留

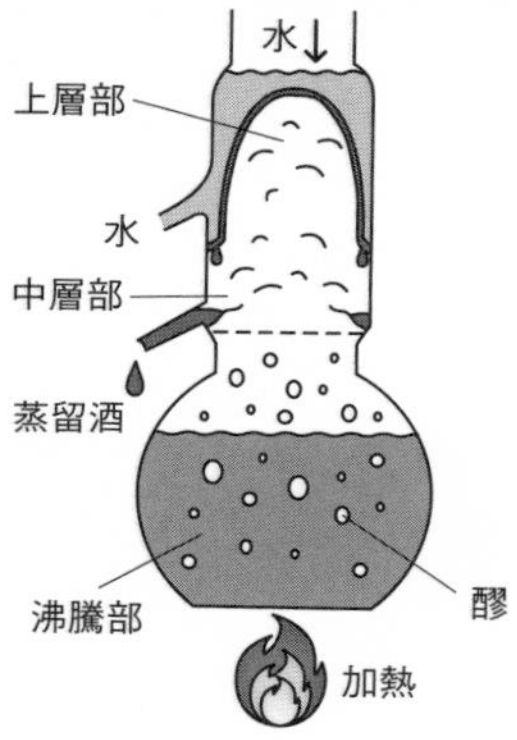

図23　蘭引きの内部構造

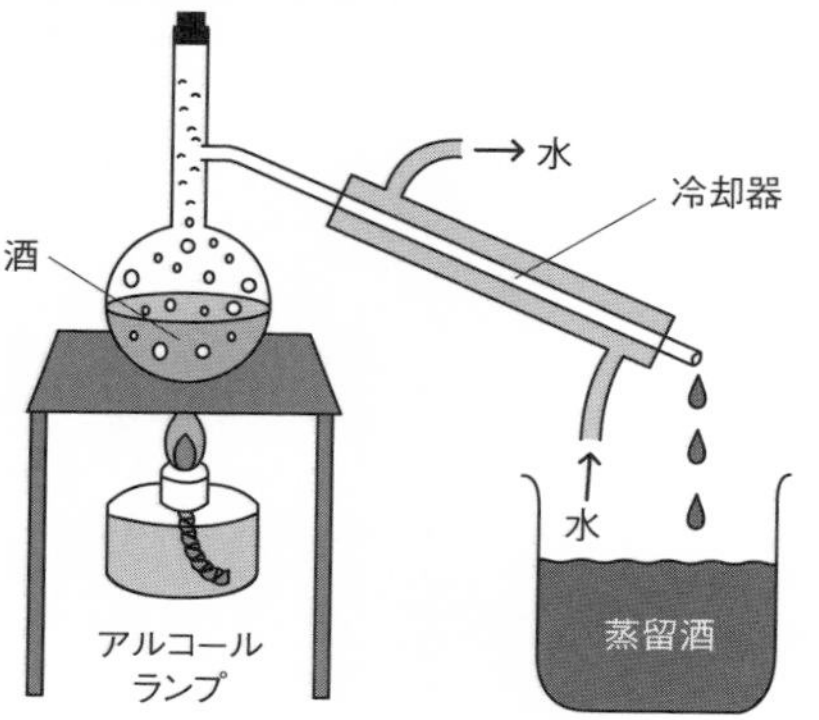

出典：図17・18ともに『蒸留の本』（大江修造・著　日刊工業新聞社・刊）

蘭引きの原理は、単蒸留といわれています。枝付フラスコに酒を仕込んで加熱すると、酒の主成分であるエタノールに富んだ蒸気が発生します。その蒸気を冷却機に導き、凝縮してビーカー内に集められます。すなわち、低濃度のエタノールを蒸発して凝縮することで、高濃度のエタノールを得られるのです。これは酒の成分であるエタノールのほうが、水よりも揮発性に富むという性質を応用したものです。

焼酎の分類は、意外と厄介です。使用原料だけでなく、蒸留方法による分類もあるからです。酒造法で焼酎製造用蒸留機は、連続式蒸留機と単式蒸留機に分けられます。澱粉質原料あるいは糖を含む原料を、麹と酵母を用いて発酵させたものなどを「単式蒸留機」で蒸留したアルコール分が45℃以下のものを、

「単式蒸留焼酎」と呼んでいます。

さらに単式蒸留焼酎は、以下のように五つに分けることができます。

1. 穀類またはイモ類とこれらの麹を使用した焼酎（米焼酎、麦焼酎、芋焼酎など）
2. 穀類の麹のみによる焼酎（泡盛など）
3. 清酒粕を使用した粕取り焼酎
4. 黒糖と米麹を使用した黒糖焼酎
5. その他の原料の焼酎

単式蒸留焼酎のうち、この1～4に該当するものを「本格焼酎」と呼んでいます。連続式蒸留焼酎は連続蒸留機を用いて製造され、そのまま飲まれる他に酎ハイ、各種サワー、梅酒などにも使われます。

メタノールは飲めないアルコール、エタノールは飲めるアルコールです。清酒や焼酎のアルコール分はエタノールで、胃や小腸で吸収されて血液中に入り、肝臓に運ばれ、アルコール脱水酵素によってアセトアルデヒドに転換されます。悪酔いの原因物質は、このアセトアルデヒドです。アセトアルデヒドは、アルデヒド脱水酵素により酢酸（酢）に分解され、最終的には二酸化炭素と水に分解されていきます。

一方、メタノールは飲用できませんが、酸化される過程はエタノールと全く同じです。しかし出来上がるのはアセトアルデヒドではなく、ホルムアルデヒドになります。ホルムアルデヒドは、シックハウス症候群（住宅の合板や家具の接着剤などに含まれる化学物質によって体調不良を引き起こす）の原因物質でもあり、きわめて有害です。さらに次の酸化体であるギ酸もエタノールの酸化体である酢酸（酢）と違って毒性を持つので、結局メタノールは飲用不適ということになります。

アルコールが、水より蒸発しやすい性質を利用して蒸留

なぜ、蒸留でアルコールを分離できるのでしょうか。メタノールを例にして説明しましょう。メタノールの沸点は約64℃、水は100℃です。つまりメタノールは、水よりも蒸発しやすい性質を持っています。50％のメタノールの入った液をフラスコで蒸留すると、約80％のメタノールが蒸発します。この80％のメタノールを取り出して再度蒸留させると、約90％のメタノールが得られます。さらに90％のメタノールを取り出して蒸留すると、96％程度のメタノールが得られます。以上3回の蒸発（単蒸留）のくり返しによって、メタノール濃度が50％から96％まで上がります。さらに4回、5回とくり返すと、100に近いメタノールが得られます。

このくり返しの様子を**図24**、**図25**に示しました。図24は単蒸留です。図25では、単蒸留

図24　単蒸留

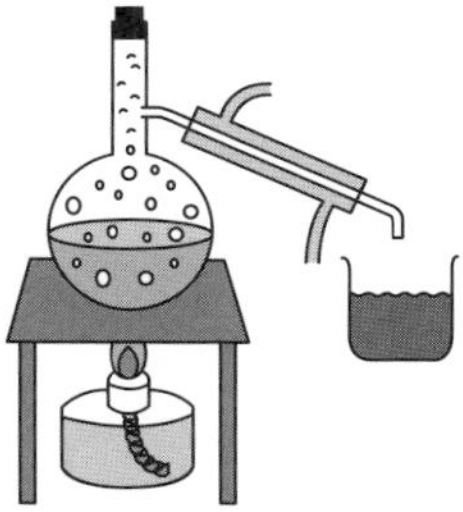

図25　精留の原理（単蒸留をくり返して純度を上げる）

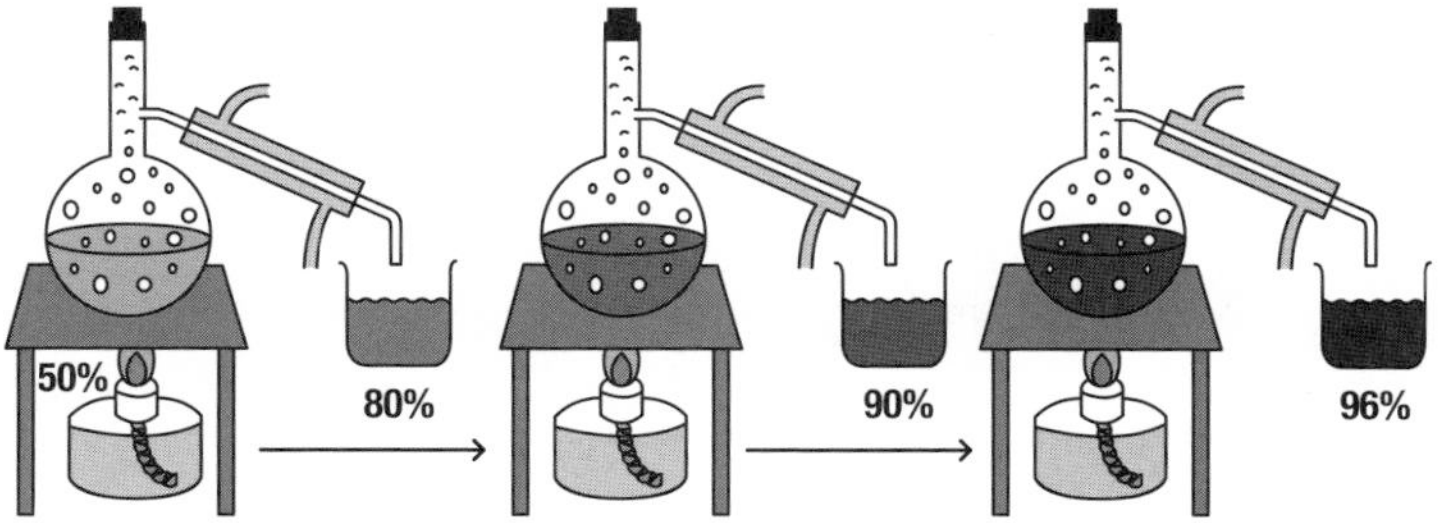

図26　精留の原理（無駄な加熱と凝縮を防ぐ）

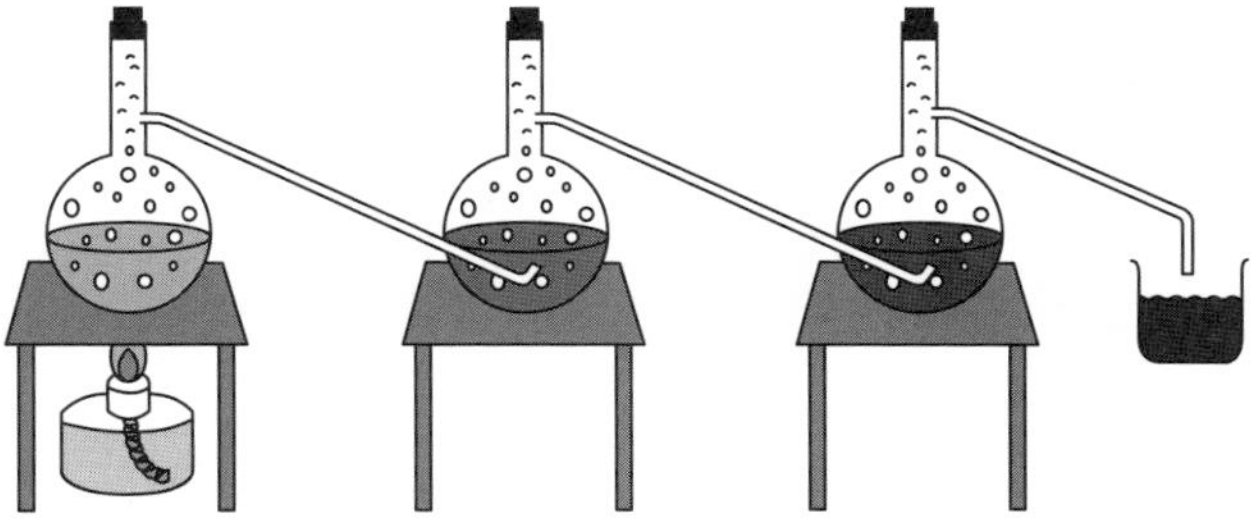

出典：図24・25・26ともに『蒸留の本』（大江修造・著　日刊工業新聞社・刊）

で取れたビーカーの液を矢印で示す次のフラスコに移しています。加熱して発生した蒸気を凝縮したうえで再度過熱し、発生した蒸気を再度加熱しています。この無駄を省くために、**図26**のように蒸気を吹き込んで液を沸騰、蒸発させています。

実際の現場では、フラスコではなく構造が強固な鋼鉄製の蒸留塔を使っています。蒸留塔の内部で重要な役割を果たすのが、「棚段（トレイ）」と呼ばれる部分です。この棚段は、フラスコ一個に相当するようにつくられています。実用化されている「連続式蒸留機」は、多数の蒸留塔やその他の装置を組み合わせた複雑なプラントになっています。

連続式蒸留で造られた焼酎は、甘い香りがする

原油をガソリン、灯油、軽油、重油などに分離するのも蒸留塔です。高度に発達した連続式蒸留機はアルコール製造にも応用され、ほとんど不純物を含まないアルコールが製造できるようになり、現在の連続式蒸留焼酎（甲類焼酎）へとつながっています。

このように蒸留機はアルコールの蒸留に始まり、より濃度が高く、より不純物の少ない蒸留液製造を目指し発達してきました。しかし不思議なのは、精留塔《せいりゅうとう》のような精留機能の高い蒸留機は、連続式蒸留焼酎（甲類焼酎）など一部の蒸留酒の製造にしか使用されていないことです。

連続式蒸留焼酎の原料は糖質物（糖蜜）やとうもろこし、麦などが使われています。糖

質物の場合は、次のようにして製造しています。

まず糖質物にお湯を加えて原料液とし、殺菌します。そして、除菌したクリーンな空気を通しながら酵母を増やします。酵母が充分に増えたら大型の発酵タンクに移し、残りの原料液を入れて、アルコール発酵を開始します。発酵は3〜4日で終了し、アルコール分10%ほどの発酵液が得られます。この発酵液を連続式蒸留機でアルコール分70%の蒸留限界近くまで精製し、水を加えてアルコール分を36%未満に下げて連続式蒸留焼酎を製造します。アルコールと水以外の成分は蒸留によってほぼ完全に取り除かれ、連続式蒸留焼酎は、アルコールのほんのりとした甘い香りと味を有する酒質になるのです。

最近はブラジルや東南アジアなどで、あらかじめ発酵と簡単な蒸留を行い、その後日本で精製された連続式蒸留焼酎（甲類焼酎）が製造されています。

一方で単式蒸留焼酎（本格焼酎）やブランディー、モルトウイスキーなどは、現在でもポットスチルと呼ばれる伝統的な形の単式蒸留機で製造されています。精留塔内には多数の棚段を備えており、塔内で蒸留と凝縮を何回もくり返しますが、単式蒸留機では蒸留は1回のみです。現在、蒸留酒製造に用いられている単式蒸留機の構造は、基本的には古代の蒸留機と大きな相違はありません。

本格焼酎の製造においても、精留機能の高い蒸留機を用いれば蒸留酒のアルコール濃度は高くなり、酸やフーゼル油のような不純物が少なくなると考えられます。そこで鹿児島大学や鹿児島県工業技術センターで、回分式精留機による芋焼酎製造の研究がされましたが、従来のポットスチル型よりも美味しい焼酎が出来たという報告はされていません。

減圧蒸留と常圧蒸留には、それぞれ長所がある

醪を蒸留する時、蒸留末期になると焦げたような臭いが出てきます。この臭いは「焦げ臭」と呼ばれていますが、別に蒸留機の中で物が焦げているわけではありません。焦げ臭の原因はフルフラールと呼ばれる物質で、蒸留するために醪を加熱すると醪に含まれている糖類から化学反応により生成して、留出することが明らかにされています。したがってフルフラールは、温度が高いほど多く生成されます。常圧（1気圧）で醪は蒸留すると水が100℃で沸騰するように、蒸留の終わり頃に醪の温度は約100℃になって焦げ臭が発生しますが、これは防ぎようがありません。そこで、蒸留するときの温度を低くするといいのではと考えられるようになりました。

液体の沸騰する温度は気圧によって変わり、気圧が低いほど低くなります。水は1気圧の時に100℃、0・2気圧であれば60℃で沸騰します。蒸留機内の圧力を下げれば60℃以下、あるいは50℃以下で蒸留することも可能になります。このように蒸留機内の圧力を下げて蒸留する方法を、「減圧蒸留」と呼んでいます。減圧蒸留法によって蒸留された焼酎は蒸留時の温度が比較的低いので、醪に含まれる成分の変化が少なく、製造された焼酎は

爽やかな香り、軽快な味になります。

一方、昔から行われている常圧蒸留（1気圧での蒸留）では醪の温度が約100℃まで上がるので蒸留中に醪の成分が変化し、芳ばしい豊かな香りとなります。蒸留を長く続けるほど香りは豊かになりますが、前記のように焦げ臭も強くなり、蒸留を停止する時期の判断は難しく、通常、留出液のアルコール分が8～15％弱程度になったときに蒸留を終了します。

焦げ臭成分が少ないほどいいわけでもなく、香味のバランス上わずかながら必要であり、焼酎の味の幅や、厚味などと表現される味の濃さを増加させる効果もあります。焦げ臭の原因物質であるフルフラールの沸点は、重要な香気成分である「酢酸イソアミル」と「カプロン酸エチル」の中間にあって、フルフラールを除去しようとすると主な香気成分も除去されてしまうことにもなります。

ウイスキーをはじめ、世界の蒸留機は圧倒的に銅製のものが多く、その理由として硫黄臭が取れることが挙げられます。どれだけ蒸留機の中で醪を停滞させるかがポイントで、そのため醪が入っているポット部分をまわりから温める、間接蒸留が主流です。一方、日本の焼酎の蒸留機はステンレス製で板金屋が製造を手がけるローカルなものでした。焦げやすい原材料の醪をいかに焦がさずに熱を入れていくかという知恵から、直接蒸気を吹き込む直接蒸留が主流になりました。

減圧蒸留機の場合はネックが太いのが特徴で、ステンレスはその太さがなくても圧に耐えられる強さがあることも大きなメリットです。

刺身のような少し生臭さがある魚料理に合う蒸留酒は少ないですが、味が芳ばしく幅のある常圧蒸留酒は驚くほど合います。これこそ、芋焼酎が爆発的にヒットした理由の一つです。

03 原材料ごとに、いろいろと楽しめる焼酎の香り

麹菌、熟成、蒸留によって変わる香味

本格焼酎の楽しみの一つは、原料の特性が鮮明に感じられるところにあります。芋焼酎であれば芋の、黒糖焼酎であれば黒糖の独特の甘いまろやかな香りが楽しめます。また、香りの中には発酵や蒸留、熟成の過程で原料に含まれる成分が変化するものもあります。

発酵によって醸し出される香りは、発酵条件によってかなり変わってきます。その中で使用される麹菌と酵母の種類の影響は大きく、それぞれ個性ある種麹が種麹メーカーから販売されています。焼酎に使用される種麹は焼酎黒麹菌と、焼酎黒麹菌の突然変異種である焼酎白麹菌が使用されています。

それぞれ多くの種類があるため、一概にはいえませんが、焼酎黒麹菌より焼酎白麹菌を

使用したほうが軽快な香味になる傾向にあります。

使用する酵母についても、焼酎メーカーが自社開発した酵母の他に、弊社のような民間企業で開発した酵母、各県の研究機関や日本醸造協会で開発した個性ある菌株が販売されています。使用可能な麹菌と酵母の組み合わせはかなりの数になり、各焼酎メーカーはそれぞれ最適と考えられる組み合わせで醪を発酵させています。

熟成によっても、醸し出される香りは変わってきます。蒸留酒は一般に貯蔵期間が長いほど味は丸く、香りは高くなる傾向にあります。

蒸留によっても香りは変わります。特に減圧蒸留すると、蒸留時の温度が比較的低いので醪に含まれる成分の変化は少なく、製造された焼酎は爽やかな香り、軽快な味になります。減圧蒸留は芋焼酎では少ないですが、米、麦、そば、黒糖などを原料とした焼酎の製造に多く利用されています。

芋焼酎の果実のような香味は、どうして生まれるのか？

芋焼酎は鹿児島・宮崎両県でそのほとんどが造られていますが、芋を原料にする蒸留酒は世界的にも大変珍しいものです。かつて芋焼酎は、「臭い」と敬遠されたものですが、現在は品質が大幅に向上し、米や麦にない芋に由来する特徴のある香りが若い女性にも人気があります。

芋焼酎の製造は、他の穀類を使った焼酎に比べてハンデがあります。一つは芋がとても傷みやすく長期間貯蔵できないため、収穫期以降の初秋から初冬にかけて製造が集中する点です。もう一つのハンデは、芋の原料処理です。芋は洗ったあと、他の焼酎原料と異なりそのまま蒸すことはしません。選別し傷《いた》んだところや芋の端っこの尻尾の部分を切り落として、蒸しやすいよう2～3個に切り分ける作業が必要です。芋は土の中で生育して水分も多いため大変傷つきやすく、傷ついたところから雑菌が繁殖してしまいます。傷んだところや尻尾の部分があると、焼酎の香りが損なわれ、苦味が生じます。そのため、たくさんの女性が並んで包丁を片手に芋の端を切り取る作業を行います。ずらりと並んだ女性たちの壮観な光景は、季節の風物詩としてテレビで放映されるほどです。

人気の芋焼酎ですが、現在では芋焼酎にバラの花の香りや柑橘《かんきつ》系の果物の香り成分が含まれており、それが芋焼酎の特徴的な香りになっていることが明らかになりました。芋自体にこれらの香気成分は含まれていないのですが、芋に含まれている香りの源となる成分（前駆物質）が麹の酵素によって変化したり、発酵や蒸留工程で変化して芳香成分となり、原料や発酵による香りと複合されて芋焼酎特有の香りが醸《かも》し出されるのです。

同様のことは、沖縄の泡盛古酒（クース）にも見られます。クースに含まれる芳香成分の一つは、アイスクリームやクッキーの香りとして人気のあるバニラの香りと同じ成分で、それは原料の米に含まれているある成分（フェルラ酸）から発酵、蒸留、熟成の工程を経て生成されることが明らかになっています。物質は違いますが、芋焼酎の芳香成分の生成メカニズムとよく似ています。

芋焼酎には、きわめて微量の香気成分しか含まれていない

芋焼酎の中の香り成分ですが、実はわずか0・2%ほどしかありません。芋焼酎の成分はアルコールが25%で、その他は水で約75%を占めます。たった0・2%の香気成分の内訳を見ると、90%が高級アルコールと呼ばれる「イソアミルアルコール」や「n－プロピルアルコール」で、芋焼酎の中心的な香り成分です。しかし、これが多いと辛味を感じさせることになります。その他にエチルエステルと呼ばれる酢酸エチルや酢酸イソアミル、脂肪酸エチルなどが含まれ、いずれも芳香や果実香などを感じやすい成分です。これらの成分は芋焼酎以外にも含まれています。

香気成分の残り10%が芋や麹、蒸留などを由来とする香りです。中でもモノテルペンアルコール、βイオノン・βダマセノンなどを、芋焼酎の特徴香といいます。モノテルペンアルコールにはリナロールやα－テルピネオール、シトロネロール、ネロール、ゲラニオールの5成分を含みますが、これらの成分は微量香気成分10%の中の約10%にすぎません。つまり芋焼酎の特徴香は、全体のわずか約0・002%に過ぎないのです。

芋焼酎は醪を蒸留して造るので、ワインや清酒のように味に関与する成分はほとんど含

まれません。それでも芋焼酎を飲んで柑橘系の香りを感じたり酸っぱく感じたりするのは、人が無意識にそれらの味をイメージするからです。私たちはそのわずかな特徴香で、芋焼酎を楽しんでいるわけです。

もちろん、使用する原料の芋の品種によっても香りは異なります。芋焼酎の約90％は白芋と呼ばれるコガネセンガンで造られています。コガネセンガンが生まれたのは今から50年以上も前のことで、もともとは澱粉の原料用として開発されました。それ以前は農林2号と呼ばれている品種が主流でしたが、コガネセンガンのほうが収穫も多く、澱粉の歩留まりもよかったので主流になりました。しかし近年は、コガネセンガンの生産量が減少しています。原因はサツマイモ基腐《もとくさ》れ病です。原因となる病原菌はカビで、このカビに感染すると芋は茎を枯らし腐敗してしまうのです。厄介なのは一度発生してしまうと土壌にカビが残り、発生が毎年続くということです。そのため生産量が激減していて、芋焼酎の製造にも大きな影響を与えて死活問題になっています。

芋の種類によって香りは変わってくる

同じ白芋の仲間に、ジョイホワイトという品種があります。ジョイホワイトには焼酎に感じられる「柑橘」「花」「果実」といった特徴香であるモノテルペンアルコールの一つ「リナロール」が関与しています。同じ白芋のコガネセンガンと比べて、ジョイホワイトの焼酎には5倍以上のリナロールが含まれます。

その他の品種として紅芋《べにいも》があります。紅芋の中にはベニハルカやベニアズマ、高系《こうけい》14号などがあります。これらの紅芋は果肉が白から黄色で、皮が赤いのが特徴です。国内の薩摩芋の生産量の40%以上を占めて、加熱すると甘味が強くなるため、食用や製菓用としておなじみです。紅芋由来の甘酸っぱい香りについては未解明ですが、人気の芋です。

さらに、オレンジ芋と呼ばれるハマコマチやタマアカネがあります。果肉のオレンジ色はβカロテンに由来します。焼酎の香りの表現としては、「紅茶」「バラ」「スミレ」「トロピカルフルーツ」「柑橘」などが挙げられます。この香気の起源はオレンジ芋に特徴的なβイオノンという香気成分によるものです。

紫芋と呼ばれるアヤムラサキ、ムラサキマサリなどもあります。これらの芋は色素原料として育種、開発されたので、ブルーベリーなどで知られるアントシアニンという色素を含み、果肉が紫色をしています。この芋で焼酎を造るとジアセチルと呼ばれる成分が多くなり、「ヨーグルト」や「赤ワイン」の香りに例えられます。このように芋焼酎の原料になる芋によって焼酎の香りの変化を楽しめるので、使用原料にこだわって芋焼酎を選んでみてもいいでしょう。

黒麹菌を使った芋焼酎は、より個性的

麹菌の選択によっても、香りの特徴は変化します。焼酎黒麹菌と焼酎白麹菌は、芋焼酎の香りの形成に欠かせない「βグルコシターゼ」という酵素を生産します。この酵素は、芋焼酎の特徴香であるモノテルペンアルコールの生成に関与します。焼酎黒麹菌は焼酎白麹菌に比べて約3倍のβグルコシターゼ活性を持っているので、焼酎黒麹菌を使った芋焼酎のほうが個性的な香りになるのです。芋焼酎の銘柄に「黒」と付くのは、焼酎黒麹菌を使った焼酎であることを指しています。最近は焼酎黒麹菌や焼酎白麹菌だけでなく、清酒醸造に使われる黄麹菌を使った芋焼酎も人気です。

酵母も、香りづくりに大きな役割を果たしています。焼酎には、鹿児島酵母や宮崎酵母と呼ばれる定番酵母に加え、ワイン酵母などを使った新たな取り組みも見られます。これらの酵母は酸や熱に強く醪を健全に発酵させ、アルコールを安定的に生成させる菌株が選ばれています。

本格焼酎では酸の濃度が高くなり、酸の濃度が高くなると香りが悪くなり、味にまろやかさが減り、辛みは増してきます。焼酎に含まれる酸の濃度を減らすためには、揮発性の酸（酢酸）を多くつくらない酵母を用いて発酵させることや、発酵中の醪が雑菌に汚染されないよう注意を怠ることができません。

蒸留方法が香りに及ぼす影響については前述しましたが、常圧蒸留と減圧蒸留という蒸留の方法と蒸留機の個性で、香りの質が重いとか微妙に軽いとか微妙に変わってきます。

熟成が香りに及ぼす影響は、容器が甕《かめ》か樽《たる》かホーローかステンレスか、蒸留後の原酒を熟成させる容器などで香りの変化や速度が変わってきます。基本的には容器にかかわらず、原酒は貯蔵するとまろやかになり、甘い香りも増してきます。特に甕は、その変化が速い傾向にあります。甕は容器そのものに微細な穴が開いていて、そこから空気が出入りするので、香りの変化がより早く進むといわれています。

油成分をどう残すかで、酒質の重さと軽さが決まる

コロナ禍前の2000年に米国、英国、イタリアなどから多くのバーテンダーが来日し、焼酎蔵の視察と焼酎蔵の発掘をしたと聞きました。本格焼酎の持つ他の蒸留酒にはない豊かで美しいフレーバーに、世界が注目し始めている証ともいえましょう。

図21に本格焼酎の製造工程を示しましたが、蒸留すればそれで焼酎が出来上がるというわけではありません。実際には焼酎は蒸留後少なくとも3カ月程度の「熟成」という期間があります。熟成といっても酒蔵はこの熟成期間に、何もせずじっとしているわけではありません。蒸留した新酒から浮き出してくる油を取り除く作業、いわゆる「油取り」を行います。

蒸留することで気体に含まれたアルコールを抽出するわけですが、このときにアルコールだけでなく、さまざまな原料由来の成分も合わせて抽出されてきます。

油成分といっても焼酎における代表的なものは、白濁した新酒にみられるリノール酸エチルやパルミチンエチルなどの成分で旨味につながる「高級脂肪酸エチルエステル」と呼ばれるものです。フーゼル油と呼ばれるものもあります。フーゼル油は実際には油成分ではなくアルコール成分のひとつです。いずれも、味わいに厚みをもたらす成分です。では油成分が多ければいいのかというと、そんなこともありません。油成分が残りすぎると酸化して風味が悪くなってしまい、焼酎自体に嫌な匂いがついてしまいます。そこで浮いた油成分を網ですくったり、ペーパーで濾過《ろか》したりして取り除いているのです。ただし取り過ぎればきれいな焼酎になりますが、旨味も軽減してしまいます。

蒸留した焼酎の油成分をいつ取るか、どう残すかが焼酎の味わいを決めるとても大事な作業になるのです。焼酎でいう「無濾過」とは、濾過していないという意味で、油取りを行っていない焼酎のことを指します。油取りは冬の時期に行われます。冬になって冷え込んでくると気温が下がり、焼酎と油が分離し、焼酎の表面に油が浮いて油取りがしやすくなるからです。油を取った翌日にはまた油が発生してくるので、毎日この作業を繰り返し行っているのです。

焼酎の定義において蒸留回数の規定はありません。本格焼酎では1回の蒸留がほとんどです。アルコール度数は45度以下とされているので、2回蒸留すると今度はアルコール度数が高くなりすぎて、一般的な本格焼酎の25度にするためには加水量も手間も増えます。

一方で世界の蒸留酒をみると、2回、3回と蒸留を繰り返しているものが多く、当然、油成分も少なくなるので本格焼酎と比べて酸化の可能性は低くなるわけです。

しかし、本格焼酎は1回蒸留だからこそ油成分が残り、風味が残るともいえます。その結果、焼酎は香気成分が多く原料特性がよく出る蒸留酒になったのです。その結果、世界中でもめずらしい食中に飲める蒸留酒となり、お湯割でより香りが活きるようになったのです。これは、ある程度の油分があったからこそで、蒸留を1回で抑える製造方法が生み出した技といえるのです。

「天使の分け前」が味を向上させる

ウイスキーやブランディーは一般的に、樽で貯蔵熟成した琥珀《こはく》色の製品が多く出回っています。蒸留したての原酒が歳月を経て、無色透明から琥珀色に変化していく工程を「熟成」と呼びます。ウイスキーやブランディーの特徴の多くは、この熟成という工程に由来しています。

ウイスキーやブランディーは蒸留後、すぐにオーク樽に入れて熟成させます。熟成庫内の温度や湿度が複雑に作用し、樽材を通じて空気と接触することによって成分が変化します。樽の中では、樽材からタンニンや芳香性化合物のような木材成分が溶出し、樽材の種類によってタンニンが溶出しやすいものと、そうでないものがあります。ウイスキーでよく利用されるシェリー樽はスパニッシュオーク樽材であり、よく色が出ることで知られています。

この樽材を使うと、シェリー酒に色が付くという人がいますが、実はスパニッシュオーク由来の着色なのです。樽からは貯蔵熟成中に毎年2~4%のウイスキー、ブランディーが揮散して消失します。これが、「天使の分け前」と呼ばれるものです。もったいないようですが、天使に献上することで、ウイスキー、ブランディーはますます美味しくなっていきます。さらに樽熟成中には、樽材を通して空気中の酸素と原酒との接触による酸化が進行し、琥珀色の液体に香りの変化が生まれてきます。また、原酒に含まれている各種アルコールや脂肪酸などがエステル化して、甘く華やかな香りに変化していくのです。

これはウイスキーやブランディーのような琥珀色の蒸留酒での話で、焼酎には適用されません。焼酎の色は、ウイスキーやブランディーの5分の1~10分の1程度にしなければならないという酒税法上の決まりがあるからです。これを超えると焼酎の分類外になり、焼酎として出荷できないのです。5分の1~10分の1程度を数値化すると、「光電高度計を用いて430nmおよび480nmの吸光度をそれぞれ測定して、その着色度がいずれも0・08以下」と決められており、ウイスキーと比べて焼酎の色は薄くなります。

この規制は1960年代、税率の違う焼酎とウイスキーやブランディーを誤認しないように設けられました。当時はウイスキーやブランディーは高級酒で、大衆酒である焼酎と間違えるという混乱が起きないように、色で見分けられるようにしたのです。

熟成容器には木樽の他にも前述したように、焼酎では甕やホーロータンク、ステンレスタンクなどがありますが、どの容器を使ってもアルコールはまろやかになります。木樽を使うメリットは木の香りがアルコールに移ることによって、熟成による変化が急速に進むことです。木樽は他の容器に比べて温度変化による膨張、収縮が大きく、そのため木の成分が溶出しやすく、はっきりとした熟成効果が得られるからです。

日本酒もそうですが、焼酎の個性もさまざまです。これは言ってみれば、造り主とそれを飲む消費者のキャッチボールみたいなもので、個性あるボール（焼酎）を投げ込まれた消費者が、それをしっかり受け止めることができるかどうかです。その関係が充実すれば、焼酎の世界も今後、ますます広がりを見せていくことでしょう。

変わりゆく日本人の飲酒行動

第二章と第三章では、日本酒と焼酎の製造法や材料、麹菌や酵母の役割を含めてそれぞれの特徴を紹介してきました。

ところで酒の魅力とは何でしょうか。好きな人は酒の旨さ（美味）を強調します。加えて飲酒は適度の酔い、すなわち酩酊《めいてい》に伴う気分の高揚が得られます。もちろん酩酊には、さまざまな危険も伴います。だからこそ人間の社会と文化は、酒に対して「百薬の長」と評価するとともに、度が過ぎればまわり迷惑をかけるだけでなく、心身を蝕《むしば》む「毒薬」であるとの警告も忘れませんでした。

後者の極端な例が、イスラム圏の「禁酒規範」でしょう。それ以外に酒そのものが存在しなかった社会もあります。北極圏のイヌイット、オーストラリアのアボリジニ、南太平洋に浮かぶ島々の多くには、伝統的に酒という文化が存在しませんでした。

人々の地域移動が盛んになった20世紀以降、これらの地域に酒が持ち込まれましたが、そのマイナス面もクローズアップされてきました。酒に対する「免疫」のない社会だけに、アルコール依存者の急増、過度の酩酊による暴力事件の多発などが社会問題化したのです。パプアニューギニアでは、飲酒の場をフェンスで囲んでいるそうです。

飲酒そのものを禁止した社会も少なくありません。イスラム教やキリスト教原理主義には、飲酒をタブーとする戒律があります。米国では悪名高い禁酒法が１９１９年に成立し、１９３３年に撤廃されました。

それに対し日本では、素晴らしい「飲酒文化」があります。近代以前の村社会では、おおむね次のような規範が守られていました。

①あらかじめ日時と場所を定めた「ハレの行事」に

②共同体のメンバーが集い
③信仰を共有している「神」を祀《まつ》り
④酒とご馳走を準備して神に奉納し
⑤そのお下がりをともに飲食し
⑥神に奉納する歌や踊りを楽しみながら
⑦徹底して酔い、互いに「一つの心」につながる
これらの目的で、酒を飲んだのです。

その規範は、形を少しずつ変えながら継承され、現代にも部分的に受け継がれています。特に戦後、村社会に代わる企業社会の中で、酒は同じ会社に勤める社員たちを「一つの心」で結びつけことにより、昭和時代の日本経済の高度成長を下支えする役割を果たしたのです。当時の企業では新入社員の歓迎会、年末年始の忘年会や新年会は大切な恒例行事でした。愚痴をこぼしながらもお互いの本心を知り、結束を図る絶好の機会でした。

これらの場は男性が中心でしたが、1980年代以降、その席に女性も「進出」するようになりました。居酒屋のカウンターで一人酒を飲む女性の姿も、今や珍しくはありません。日本酒を楽しむ女性も増えてきました。このように飲酒文化も、時代とともに変遷《へんせん》をとげているのです。

そして近年は、国内の日本酒消費量が減少する一方、和食の世界的流行とともに日本酒

の輸出量が急増して、「サケブーム」が到来しています。日本酒の輸出額は13年連続で増加し、コロナ禍の2022年でも475億円に達しました。日本酒に合う和食が世界的に広まり、香りの良い吟醸酒や純米酒が各国で歓迎されるようになりました。「獺祭《だっさい》」で知られる山口県の旭酒造は2023年9月、米国・ニューヨークに酒蔵をオープンさせ、見学ツアーや試飲会を始めています。米国の著名な料理学校から、酒造りを学びたいと要請されたのが、きっかけだそうです。

南部アーカンソー州では緯度がほぼ同じ兵庫県産の代表的な酒米である山田錦が栽培され、現地での日本酒生産も行われています。

江戸時代末期、ペリーの黒船来航の際に遭遇して170年、日本産ウイスキーは世界に冠たる存在となり、輸出額でも日本酒を上回ります。そんな歴史を考えれば、いずれ高品質の「純米大吟醸」を逆輸入する時代がくるかもしれません。

【　第四章　】

薬や化粧品の素となる菌の活躍

カビから生まれたペニシリンに代表されるように、微生物は多種多様な薬の誕生に貢献してきました。特に味噌や醤油などの発酵産業が盛んな日本は、応用微生物産業で世界をリードしています。

01

微生物がつくる、さまざまな薬

ずぼらな性格に感謝!? ペニシリンを見つけたフレミング

地球上には多種多様の微生物が生息しており、菌類は現在9万7000種ほどが知られています。しかしこれは、地球上に生息する菌類の6・4%に過ぎないとか。つまり、未知の菌類が150万種近くいて、それがアマゾンの奥地だけでなく、私たちのすぐ近くに潜《ひそ》んでいるかもしれないのです。菌類の中にはカビや酵母、キノコなどが含まれています。しかし、乳酸菌や納豆菌などいわゆる細菌（バクテリア）は含まれていません。菌類の約36%はカビです。つまり、カビの仲間は少なく見積もっても3万種は上回ると考えられています。

このカビから生まれた薬の代表格が、「ペニシリン」です。ペニシリンは第二次世界大戦中、戦場で負傷した兵士を一本（発）の注射でよみがえらせたため〝魔法の弾丸〟と呼ばれ、英国では戦意高揚のポスターにまでなりました。ペニシリンが出来るまでは、かすり傷程度の負傷をした兵士が、傷口から入った細菌が原因で死んでいくケースが数多くありましたが、ペニシリンによって回復し、戦線に復帰できるようになったのです。

この〝世紀の発見〟には、面白いエピソードがあります。今から90年ほど前、英国・ロンドンの病院に勤務していた細菌学者アレクサンダー・フレミング（1881〜1955）

は化膿菌《かのうきん》をシャーレで培養したあと、それを片づけずにさっさと休暇を取ったのですが、このずぼらな性格が幸いしました。休暇明けに散乱したシャーレを見ると、偶然飛び込んできた青カビがまわりの化膿菌を溶かして透明にしているのを発見し、青カビが化膿菌の生育阻害物質をつくっているのではないかと考えつきました。偶然による科学上の大発見です。この物質を、青カビの学名にちなんでペニシリンと名付けました。ペニシリンは抗生物質発見以前に比べ、約10年、人の寿命を延ばしたといわれています。カビは人間にとって、まさに命の恩人という一面も持っているのです。

私は以前、阿仁《あに》（秋田県北部）の古老から、マタギが怪我《けが》をしたとき、傷口にご飯に生《は》えたカビをこねて塗りつけると化膿しないと教えられた……という話を聞いたことがあります。古くからの民間療法なのでしょう。秋田の山里に住む古老は抗生物質が何たるかも知らずに、しかしフレミングよりもずっと前に、伝承薬としてこの化膿止めを使いこなしていたのです。

チャンスは、いつもどこにでもあります。ただ、それをチャンスと理解できるかどうかが大きな分かれ道になるような気がします。チャンスは、用意できている心の持ち主にだけ舞い降りるのでしょう。フレミングはまさに、その人だったのかもしれません。

ペニシリンに代表されるように、その後微生物の代謝産物から多くの薬がつくられてきました。ここでは、私たちの寿命を延ばしてくれる薬と微生物について紹介します。

人間と病原微生物の異なる性質を狙って、作用する抗生物質

感染症になると、薬で治療します。薬の中には、病原体を直接やっつけるのではなく熱や痛みを和《やわ》らげる対症療法と、病原体そのものを直接働きかける原因療法があります。インフルエンザを例に取ると、高熱を「バファリン」などの解熱鎮痛剤で下げるのは対症療法、「タミフル」でウイルスの体内拡散を防ぐのが原因療法です。

薬剤の作用メカニズムはさまざまですが、ほとんどのものは人間と病原微生物とで異なる性質を狙って作用します。病原微生物も人間の細胞も、基本的な構造や材料はとても似ています。よく考えると、〝敵〟は味方のすぐ近くにいるんですね。下手に強力な武器で攻撃すれば、味方まで死傷させてしまいかねません。

では、薬剤はどうやって敵だけを攻撃しているのでしょうか。病原微生物だけを攻撃し、人間にはあまり影響を及ぼさなければ治療効果が上がります。このように病原微生物に対しては強く毒性を発揮する一方、人間への影響の少ないことを「選択毒性が強い」といいます。

多くの薬は、病原体だけでなく人間に対しても作用することが多々あります。これが副作用です。薬効作用と副作用のどちらが強いかによって、薬と呼ばれたり毒と呼ばれたりするわけです。副作用より薬効のほうが強い場合、その薬は「選択毒性が強く、良い薬」

といえます。たとえば、細菌のような原核生物だけに作用して人には作用しない薬は、高い選択毒性を持つといえます。

細菌は原核生物、人間は真核生物で、細胞の構造が根本的に違います。人間の細胞に細胞壁はありませんが、細菌には細胞壁があります。抗生物質のペニシリンは、細菌がこの細胞壁をつくることを妨害するのです。細菌の細胞壁の中にある細胞膜は薄い風船のようなもので、外側の圧力に耐えて全体の形を保っています。この細胞壁をつくれないようにしてやると、細胞膜は内からの圧力に耐え切れず、風船のように膨らんでパァンと破裂してしまいます。人間の細胞は細胞壁を持たないため、これらの薬には攻撃されないというわけです。実に、うまくできた仕掛けですね。

この戦法は人間の細胞を傷つけず、細菌だけを殺す優れた武器ですが、このような抗菌メカニズムの副作用に、アレルギー反応があります。このタイプの薬剤に、強いアレルギー反応を起こしてしまう人もいます。病院へ行くと初診のとき、これまで薬によるアレルギー反応を起こしたことがあるかどうか聞かれるのは、そのためです。

抗生物質には細菌と戦う武器が、まだまだあります。その一つが、マクロライド系抗生物質です。

マクロライド系抗生物質は、細菌がタンパク質をつくるのを妨害します。たとえば、細菌をパン工場としましょう。そこでつくられるパンが、細菌のつくるタンパク質です。このパン工場ではまず、DNAというレシピをコピーし、そのコピーに基づいてパン職人がパンをつくって、ベルトコンベアでどんどん運び出します。ベルトコンベアに相当するのが、リボソームRNAです。マクロライド抗生物質は、リボソームRNAの機能を妨害するるのです。いってみれば、パン工場のベルトコンベアを使えなくするようなものです。細菌は生きるパン工場なので、マクロライド抗生物質はパンをつくり続けられないよう、つまり生きていくことができないようにしよう、という戦法を取るのです。

テトラサイクリン系の抗生物質は、いわばパンの種がレシピ通りに並ぶのを邪魔するような働きを果たします。この薬は、タンパク質の材料であるアミノ酸が、DNAの情報通りに結合するのを妨害するのです。その他、レシピとは違う種をくっつけてまともなパンをつくれなくしてしまう、アミノグルコシド系の抗生物質もあります。これらの薬は、DNAの情報とは違うアミノ酸を結合させます。その結果、細菌はDNAの指示通りのタンパク質をつくることができず生命活動が阻まれ、増殖もできなくなってしまうのです。

発酵産業が盛んな日本は、応用微生物産業で世界をリード

「抗生物質」という言葉は、抗生物質ストレプトマイシンを発見した米国の微生物学者セルマン・アブラハム・ワクスマン（1888〜1973）が初めて使いました。抗生物質は本来、「ある微生物がつくり出す他の微生物の増殖を阻害する物質」のことを指します。ペ

ニシリンという抗生物質が世に出る前は、サルファ剤やキノロン系の薬剤が細菌感染に処方されました。これらの薬剤は完全に化学的に合成されたもので、微生物がつくったものではありません。このような化合物は、本来なら抗生物質ではなく、合成抗菌剤というほうが正しいでしょう。細菌を殺すのではなく、いわば細菌の増殖を阻む静菌作用を促すものだからです。

細胞は分裂して増えるとき、DNAの複製やタンパク質の合成に関わる酵素が必要になります。細菌と人間とでは、この酵素は似てはいるものの異なります。その違いに目を付けたのが、合成抗菌剤戦略です。DNAやRNAのアミノ酸の合成に必要な物質をつくれないようにするのがサルファ剤、DNAの二重らせんがほどけるのを防ぐのがキノロン系の薬剤です。

ペニシリンは青カビの一種ペニシリウム属がつくる、細菌の増殖を阻止する物質です。昔は抗生物質のほとんどが抗細菌剤でしたが、最近では抗真菌剤（カビや酵母を標的にする）や抗ウイルス剤、抗腫瘍作用を持つものも開発されています。

日本では古くから味噌や醤油などの発酵産業が盛んであり、応用微生物産業の裾野が広いため、違和感なく微生物を使った物質生産技術や新しい抗生物質を発見する研究が進められ、今でも世界の先端を走っています。これまでたくさんの抗生物質が土壌中の細菌、特に放線菌と呼ばれる種類から見つかっています。もちろん、放線菌以外のカビや細菌も多くの抗生物質をつくり出しています。

ある特定の種類の菌が、たくさんの抗生物質をつくる場合もあります。たとえば、放線菌のストレプトマイセス属はバンコマイシン、オキシテトラサイクリン、カナマイシン、クラリスロマイシンなどよく知られた抗生物質をつくるのです。青カビのペニシリウム属も、多様な抗生物質をつくります。

私たちが用いる抗生物質の多くは、微生物がつくった化合物そのものでない場合も多くあります。発見された新型抗生物質は効き目や毒性が調べられ、さらに選択毒性の強いものを人工的に改変して使われるのです。

天然の抗生物質を、人工的に合成する場合もあります。人工的な改変が難しい場合は、微生物がつくったものを直接使うこともあります。

02 微生物がなぜ、抗生物質をつくるのか

〝餌〟と〝領土〟を巡る、微生物たちの戦いから生まれた薬剤耐性菌

なぜ微生物は、抗生物質をつくるのでしょうか。抗生物質をつくる微生物の多くは、土の中にいる放線菌やカビです。これらの微生物は、土壌中で菌糸状に伸びながら生活領域

を広げる性質を持っています。広げていった領域にいる他の生物や微生物を殺したり、その生育を抑えたりするために、抗生物質を生産しているのです。言い換えれば、自分の暮らす場所や餌を他の微生物に取られたくないからです。まさに、餌と領域の奪い合いの結果、抗生物質を産み出すというわけです。

しかし、やられる側の微生物も、いつまでもやられっ放しではありません。お互い、生きるために必死だからです。抗生物質という兵器に対抗する秘密兵器を持って、戦う戦法をあみ出すのです。それが「薬剤耐性菌」、あるいは「多剤耐性菌」と呼ばれるもので、抗生物質や合成抗菌剤が効かない微生物のことです。彼らは生き延びる戦略として、抗生物質という兵器に対抗できる体を自らつくり出したといえます。

特に、複数の抗生物質に対して耐性を持つものを多剤耐性菌といい、化学療法をする時に大変困ります。ほとんどの抗生物質が効かなくなってしまうからです。

細菌は一生のライフサイクルが短いため、一度薬の効かない菌が出来ると他の菌が死んでいなくなったのを幸いに、爆発的に増殖します。さらにたちの悪いことに、これらの薬に強い耐性を持つ菌の耐性遺伝子が周囲の菌に取り込まれて、周囲の菌まで薬に対する耐性を持つこともあるのです。

細菌を倒す抗生物質は20世紀に発明され、多くの人の命を救いました。しかし、〝敵〟もだんだん打たれ強く賢くなってきています。１９６０年代にはペニシリンの効かない菌が、大きな問題になりました。そこで、改良した抗生物質メチシリンが開発されたのです。ところが80年代には、そのメチシリンが効かない耐性菌が出現しました。この耐性菌はMRSA（メチシリン耐性黄色ブドウ球菌）と呼ばれ、メチシリンが標的にする細菌のタンパク質の構造を変えて薬を結合しにくくします。特に免疫力の低下した病人が感染すると重病となり、死に至ることもあります。

現在はMRSAに対抗するバンコマイシンという最強の抗生物質が開発されましたが、それに対しても、新たな耐性菌が生まれてきています。まるでイタチごっこのようです。

薬剤耐性菌は、抗生物質の不適切な使用によって現れる

それぞれの生物には、一つひとつの細胞のDNAの中に遺伝子という遺伝情報を持っています。細胞が増えるたびに同じDNAを1組つくって、新しい細胞にもその遺伝子情報を伝えます。しかしDNAを複製する際、時々ミスコピーが発生し、そのミスコピーのまま細胞が出来てしまうことがあるのです。このようなミスコピーを、「突然変異」と呼んでいます。

実は薬剤耐性菌は抗生物質の不適切、あるいは不必要な使用によって出現します。必要のないときに抗生物質を使うことは、避けなければなりません。感染症の治療に抗生物質を使う際は、病原菌を確実に殺すために必要な量を体内に与え続ける必要があります。抗

生物質は必要な場合に限って、指示通りにきちんと飲み続けることが大切なのです。もし薬を飲み忘れて、体の中の抗生物質が病原菌を殺す量を下回ってしまうと、病原菌は増殖を始めてしまいます。増殖の際、偶然その抗生物質に対する耐性になるような突然変異が起こることがあるのです。

必要のない抗生物質を使ったときにも、同じことが起こります。この耐性菌は、のちに再び抗生物質を飲み始めても効かないどころか、抗生物質によって他の有用菌まで死なせることを利用して、私たちの体の中で我が物顔で増え続けることになるのです。

抗生物質による攻撃は、やるときは徹底的にやり抜き、病原菌を皆殺しにしてしまわないとその効果を期待できません。使い方を誤ると、耐性菌を生み出すきっかけになってしまうからです。この耐性菌による感染症によって２０５０年までに世界で１千万人の死者が出ると想定され、ひそかに感染症が広がるサイレントパンデミックとして世界中で対策が急がれています。

抗生物質が効く相手は細菌！　カビやウイルスには効かない

抗生物質がターゲットとする微生物は、細菌です。カビとは全く異なる微生物です。カビをターゲットにした薬剤は抗生物質と区別して、抗真菌剤と呼びます。ウイルスも同様で、ウイルスをターゲットにした薬剤は抗ウイルス剤と呼び、これらは明確に区別されます。しかし、インフルエンザにかかったときも、抗生物質が処方されることがあります。インフルエンザはウイルスが原因なので抗生物質は効かないのですが、ウイルスによって傷めつけられた喉《のど》などの粘膜に細菌が二次感染してしまうことを防ぐために、処方されるのです。

まずは、抗真菌剤について紹介しましょう。真菌とはカビ、酵母、キノコの仲間の総称です。これらの真菌たちが引き起こす代表的な病気に、皮膚や爪に入り込む白癬《はくせん》病、いわゆる水虫があります。皮膚や粘膜に炎症を起こすガンジダ症、肺や中枢神経を侵すクリプトコッカス症なども真菌が原因です。

真菌は人間と同じ真核生物の仲間です。その細胞のつくりは人間とよく似ていて、細胞の中には核があり細胞は細胞膜に包まれています。真菌の体のつくりは人間と似ているので、原核生物である細菌をターゲットにした抗生物質は効きません。そのため、真菌には真菌に効く抗真菌剤を使用します。

主な抗真菌剤にはポリエン系、アゾール系などがあります。ポリエン系抗真菌剤は、真菌の細胞膜に穴を開けて殺す作用があります。アゾール系抗真菌剤は真菌の細胞膜形成を妨害し、細胞膜をつくれなくします。フルシトシンは真菌のDNA合成をできなくするばかりかRNA合成も阻害するため、最終的に真菌はタンパク質がつくれなくなります。グリセオフルビンは、真菌の細胞分裂が正常に行われないようにすると考えられています。真菌は人間の体の細胞と基本的に同じ造りのため、人間の細胞にも作用しやすく抗真菌剤は副作用が強いのです。

ウイルスには抗生物質は効きません。ウイルスは他の微生物と違って、自分で増えることができず、そこで人間に感染し、細胞内で人間のタンパク質合成装置を乗っ取って増殖します。ですから、ウイルスを攻撃しようとすると、人間に毒性が出てしまうわけです。抗ウイルス剤が一般化してきたのは最近のことで、それまでウイルスに効く薬はありませんでした。新型コロナウイルス感染症で私たちが経験したように、ウイルス病にはワクチン療法が唯一の予防法であり治療法なのです。しかし、ワクチンといえども、すべてのウイルスに対してつくれるわけではなく、むしろワクチンが出来るウイルスのほうが少ないのが現実です。現在ではアシクロビルを筆頭に、多くの効果的な抗ウイルス剤が出来ています。アシクロビルは、ウイルスのＤＮＡ合成を阻害する「核酸アナログ」といわれるグループの薬です。特に、ヘルペスウイルスなどはウイルス独特のＤＮＡ合成酵素を持っており、そこが選択毒性の標的になるのです。

インフルエンザの薬としてよく聞くタミフルは、インフルエンザウイルスが人間の細胞内で増殖するまでは作用しませんが、細胞からウイルスが飛び出すことを防ぎます。体内に、大量のウイルスが広がるのを阻止するのです。インフルエンザウイルスは遺伝子がＲＮＡでできており、ＤＮＡは持っていません。したがって、抗ヘルペスウイルス剤のようなＤＮＡ合成阻害剤は、インフルエンザウイルスには全く効かないのです。

くじけずに歩んだコロナワクチンの開発

2023年のノーベル生理学医学賞を受賞したのはカタリン・カリコ（米国）とドリュー・ワイスマン（同）で、新型コロナウイルスのワクチン開発によるものでした。ワクチンはすべてのウイルスに対してつくれるわけではなく、むしろワクチンが出来るウイルスのほうが少ないのが現実でした。ハンガリー出身であるカリコの決してあきらめない不屈の精神については多くのメディアで紹介されていて、ご存じの方も多いでしょう。

米国・ペンシルベニア大学でエイズのワクチンづくりを目指して、メッセンジャー（m）RNAが役に立つのではと考えていたワイスマンと、一貫してmRNAを治療に役立てることを考えていたカリコは意気投合しました。

mRNAが発見されたのは1961年。78年には細胞にmRNAを入れることで、その遺伝情報をもとにタンパク質がつくられることが示されました。84年には試験管の中で人工的にmRNAが合成され、この頃からmRNAが治療薬として使えるのでは……というアイデアが生まれたのです。しかし、事はそう簡単には運びませんでした。まず、mRNAは不安定ですぐに分解されてしまいます。人工的につくられたmRNAでつくられるタンパク質の量が少ないことに加え、人工的につくられたmRNAは生態に有害な炎症反応を起こすことが判明したのです。その結果に、世界中の研究者はmRNAでの創薬研究を断念せざるを得ませんでした。

ところが、カリコとワイスマンはあきらめなかったのです。なぜ人工的につくられたmRNAが炎症反応を引き起こすかを徹底的に調べ上げ、ついにその原因を特定しました。それは人工的につくられたmRNAを構成する核酸のアデニン（A）、グアニン（G）、シトシン（C）、ウラシル（U）のうち、ウラシルとリボースという糖が結合したウリジンのちょっとした構造の違いが免疫細胞によって異物とみなされ、炎症を引き起こすことを明らかにしたのです。まさにブレイクスルーです。結果的にこれが、新型コロナのmRNAワクチンの実用化につながりました。

当初はmRNAの重要性を認識してもらえなかったカリコが語った、「報酬や受賞などより、問題解決こそが化学の醍醐味《だいごみ》」という言葉には、多くの科学者が勇気づけられたことでしょう。

03 ペニシリンにまつわるエピソード

日本のペニシリン開発には、発酵技術が貢献した

米国でペニシリンの大量生産が始まった1943年12月、やっと日本にペニシリン情報

がもたらされました。陸軍少佐の稲垣克彦医師が、ドイツの潜水艦Uボートで運ばれてきた医学誌からその論文を見つけ、碧素《へきそ》（ペニシリンの日本名）研究が始まりました。

碧素の碧は青色のことで、青カビにちなんでいます。わずか6カ月でペニシリンを完成させよという軍の命令があり、当時で15万円、現在の金額で3億円相当の予算がつきましたが、臨床試験に成功するのは戦後の1945（昭和20）年10月のことで、国産ペニシリンの生産が開始されました。

1946年に設立されたペニシリン学術協議会の登録会社は、3年後に80社にのぼりました。当時は、抗菌活性が低くても、生産すれば売れる時代だったようです。

戦後、日本に進駐してきたGHQ（連合国最高司令官総司令部）はペニシリン研究の権威J・W・フォスター博士を米国から招き、日本人の指導にあたらせました。彼は、米国が6年の歳月と当時のお金で2000万ドルという莫大な研究費を投じて得たペニシリン開発の秘訣を、講演などで惜し気もなくすべて公開したのです。これにより彼は、「日本のペニシリンの恩人」といわれています。

ペニシリンをつくるための菌株、青カビQ－176株も米国から与えられました。このQ－176株は、かつて米国が優秀な菌株を必死に探していたとき、米国農務省北部地域研究所があるイリノイ州ピオリアの主婦が届けてくれたメロンの青カビから分離したものです。この菌株は改良されながら、現在も使われています。

1949年、ペニシリン学術協議会創立3周年記念祭典で、GHQのクロフォード・F・サムス大佐が次のように述べています。「現在、世界でペニシリンの自給ができる国は三つしかありません。米国、英国、日本です」と。

敗戦直前1年半の極限状態の中でペニシリンの研究を進め、戦後急速な発展をとげたのは、米国や英国のペニシリン研究に負けまいとする多くの学者の努力の賜物《たまもの》でした。さらに日本には古くから、麹菌を巧みに操る醸造という技術がありました。カビの種類が違うにせよ、青カビを使ったペニシリン開発には日本の発酵というお家芸が活かされていたのです。

「ちょっとした傷は、ツバをつけておけば治る」は、正しかった

ペニシリン発見のきっかけは、フレミングのずぼらな性格だったことは紹介しましたが、実はこのフレミング、ペニシリン発見の前にもう一つ、ずぼらが招いた大発見をしているのです。

風邪を引いた彼は、こともあろうに培養していた化膿菌の上にポトリと鼻水を落としてしまいました。そして、そのまま放ったらかしていたのです。すると、すごいことが起きました。落ちた鼻水のまわりの化膿菌が死滅していくではありませんか！　驚いた彼は鼻水だけでなくツバや涙でも試し、同じ物質が含まれていることを発見しました。これは、リゾチームと呼ばれる溶菌酵素によるものです。鼻水やツバ、涙に含まれる酵素が細菌の

細胞を溶かしたのです。

リゾチームは今でも風邪薬の中に、「塩化リゾチーム」として配合されています。フレミングのリゾチームの発見は1921（大正10）年、ペニシリンの発見はその7年後です。

子どもの頃、転んで傷から血が出た時、「泣くな！　ツバをつけておけばすぐ治る！」と言われたことがありませんか？　これには、実は科学的な裏付けがあったのです。フレミングの世紀の大発見よりずっと前から、ツバの効用を民間療法として伝承していたことは驚きに値します。まさに、温故知新《おんこちしん》です。案外、世紀の大発見は足元にあって、ただそれに人は気づかないだけなのかもしれませんね。

ペニシリン研究で、なぜフレミングだけが有名になったのか

英国の細菌学者であるフレミングがペニシリンに出あったのは、1928年9月のことでした。しかし、ペニシリンの正体は分からず、その謎が明らかになったのは10年以上も過ぎてからのことです。ペニシリンの発見者としてフレミングの名前があまりにも有名で、彼は45年にノーベル生理学・医学賞を受賞していますが、同時に2人の研究者もノーベル賞を受けています。英国で研究を続けたオーストラリア人のハワード・フローリーと、ドイツから英国に亡命したエルンスト・ボリス・チェインです。

フローリーとチェインを含む英国のオックスフォード・グループがペニシリンの研究を

開発したのは38年、フレミングの論文発表から10年後のことです。この頃、日本は中国やアジア諸国に侵攻し、ドイツはオーストラリアを併合、まさに第二次世界大戦前夜の様相を呈していた時期でした。

数年後、ペニシリンは戦場で多くの傷病兵を救い、連合軍の勝利に貢献するのですが、この時点では誰もまだペニシリンの研究に関心を寄せてはいませんでした。もちろん、戦時下なので研究開発資金も不足していたのです。そこでフローリーは米国のロックフェラー財団に助成金を申請し、財団は5年間の援助を約束。こうしてペニシリンの研究が本格的にスタートしました。

この研究でチェインは、フレミングが発見した10年前の青カビを丹念に培養し続け、ついにペニシリンの結晶化に成功し、褐色粉末を得たのです。翌年、このペニシリンはある43歳の男性に注射されました。彼はバラのトゲで指を傷つけたことで細菌に感染し、化膿が全身に及んで瀕死《ひんし》の重症でした。ところがペニシリンを注射すると症状はみるみる改善の兆しを見せ、5日後には熱が下がって腫《は》れも引き、食欲まで湧いてきたのです。この結果は驚くべきものでしたが、ペニシリンの量は限られていたためすぐに底をついてしまいました。チェインとフローリーは必死になってこの特効薬を男性の尿から抽出し、血管の中へ再注入しました。すると彼の容体はさらに良くなり、治療を続けることができたのです。この成功により、重症感染患者にペニシリンの投与が開始されるようになりました。

問題は、英国が当時、ほぼ全土がドイツ軍の爆撃にさらされていて、大規模な研究や生産ができなかったので、フローリーは米国に渡りＮＲＲＬ（米国農務省北部研究所）から生産協力の約束を取り付けたのです。ある主婦がＮＲＲＬへ持ち込んだ腐ったメロンから強力なペニシリンを生産する菌株を発見し、たちまちペニシリンの生産量を10倍以上も増やすことに成功しました。その後、フレミング、フローリー、チェインの３人は抗生物質ペニシリンの発明という功績でノーベル生理学・医学賞を受賞することになるわけです。

世界中の人たちは、人類を伝染病から救った英雄としてフレミングの名前を記憶しましたが、フローリー、チェインの名前はほとんど知られてはいません。なぜフレミングだけ有名になったのでしょうか。一説には、フレミングのペニシリン発見のエピソードがあまりにもドラマチックでマスコミ受けしたためといわれています。逆に、フローリーのマスコミ嫌いが記者たちの反感を買ったため、勝手にフレミング神話がつくり上げられたためだと伝えられています。ペニシリンの存在を確信し、その名を付けたのは確かにフレミングでしたが、彼はその正体を突き止めることはできず、実用化もかないませんでした。フレミングが半ばあきらめて10年も放置していたペニシリンに光を当てたのは、フローリーとチェインです。

わずか1年でペニシリンの結晶化にたどり着き、大量生産まで可能にした２人の功績も実に偉大であると言わざるを得ません。

04 カビからつくる、さまざまな薬

カビは免疫力を高めることも、逆に抑えることもできる

日本人の死亡原因の第1位はがんです。がん治療の有効な手段は外科的治療、放射線治療、抗がん剤治療が主流ですが、近年、免疫治療も注目を浴びるようになってきました。

免疫力を高める物質として特に注目を集めているのが、カビの仲間のキノコに含まれるβ－D－グルカンです。β－D－グルカンは生体の免疫力の中でもとりわけT細胞の免疫力を高める作用があり、抗腫瘍効果を持つといわれています。世界に1万4000～1万5000種存在するキノコのうち、約7000種類のキノコに薬理作用があることが知られていますが、実際には約1800種類にのぼると見積もられています。

キノコからつくられた抗がん剤が従来の抗がん剤と異なるのは、がん細胞を直接叩くのではなく、人間が本来持っている免疫力を高めることによって、間接的にがん細胞に効果を発揮するという点です。

すでに実用化され臨床の場で使われている抗がん剤に、クレスチンという薬があります。これはサルノコシカケの一種です。シイタケからはレンチナンという薬がつくられていますが、これらの薬は日本で研究開発されたものです。

近年、チャーガという和名カバノアナタケと呼ばれるキノコが注目されています。白樺の幹に生え、その菌核部分が特異な形状をしていて大変貴重なため、「森のダイヤモンド」と呼ばれています。チャーガは北欧やシベリアなど酷寒の地にしか生《は》えず、10年から15年かけてようやく成長します。しかも深山にしか生息していないので、「幻のキノコ」とも呼ばれます。このキノコが注目されているのは、強力な抗がん作用があるからです。

ロシア・レニングラード第一医科大学では、10年の歳月をかけてチャーガを研究し、「チャーガには強力な抗がん効果がある」ことを発表しました。ロシア赤十字社ではチャーガを主成分とした抗がん剤をつくり、病院で広く使用されています。その有効成分として挙げられているのが、β－Dグルカンです。

ウイルスや発がん物質が侵入してもすぐに発病しないのは、体内のSOD（活性酸素除去能）や好中球などの顆粒球（白血球の一種）とT細胞、B細胞、NK細胞などのリンパ球、がん細胞を捕食するマクロファージなどのおかげです。好中球はいわばパトロール役。体内の敵を見つけると血液中の好中球が増加して集合攻撃します。敵が強い場合には、がん細胞を破壊する「キラーT細胞」や「NK細胞」、抗体をつくって攻撃する「B細胞」、さらにキラーT細胞とB細胞を支援する「ヘルパーT細胞」など、いわゆる免役細胞という勇猛な〝諸戦士〟が絶えず発がん物質と戦っているのです。この免疫細胞を強力に活性化させるのがβ－Dグルカンなのです。チャーガにはβ－Dグルカンが多量に含まれているため、注目されているわけです。

チャーガの持つSOD活性は他のキノコと比較すると、驚異的です。アガリクス（ブラジル原産のキノコ）の23倍、霊芝の55倍という高い抗酸化能が認められているのです。その他、特筆されるのはチャーガ特有の成分であるベツリン酸があることです。ベツリン酸の前駆物質ベツリンは白樺の樹皮に多く含まれており、チャーガがベツリンをベツリン酸に変換します。ベツリン酸は、がん細胞にアポトーシス（細胞の自死）を誘導します。正常細胞はがん細胞と比べてベツリン酸に対してアポトーシスが起こりにくいので、がん治療薬として期待されているのです。抗がん剤に対して、抵抗性になったがん細胞の抗がん剤感受性を高める効果も報告されています。

白樺に寄生するチャーガは、ノーベル文学賞作家アレクサンドル・ソルジェニーツィン（1918～2008年）が著書『がん病棟』の中でがんの民間薬として書いていることから、がんの代替《だいたい》治療として有名になりました。白樺に寄生するため、白樺の樹皮に含まれるベツリン酸などの抗がん成分を多く含むことが、抗がん作用と強く関連しているのかもしれません。

秋田今野商店では、このチャーガの強固な細胞壁を細胞壁溶解酵素で可溶化・濃縮粉末化した、酵素処理チャーガを製造しています。

多くのキノコにはさまざまな薬効が知られており、漢方薬として古くから使われてきました。古来、キノコの薬効に気づいていた日本人だからこそつくることができた薬といえるでしょう。

一方、カビで免疫力を抑える薬もつくられています。臓器移植をする際、移植された臓器は体内でいわば異物として認識されるため、拒絶反応を示します。異物を排除しようと免疫力が働くからです。移植を成功させるにはこの免疫力をコントロールし、拒絶反応を抑えなくてはなりません。そのため、患者に免疫抑制剤が投与されます。

その中に、カビからつくられるシクロスポリンという薬があります。この薬は、ノルウエー・ハルダンゲル高原の土壌から分離された、「トリポクラジウム・インフラーツム」というカビからつくられます。シクロスポリンが誕生したおかげで、臓器移植の成績は格段に向上しました。このようにカビは、免疫力を高めることを抑えることもできるミラクルパワーを持っているのです。

カビが引き起こす水虫が、なかなか治らない驚きの理由

しぶとい水虫に悩まされている人も多いことでしょう。水虫患者は世界に5億人、10人に1人いると推定されています。かつて、水虫は〝オヤジ〟だけのもののようにいわれていましたが、実は若い女性にも水虫に悩んでいる人が増えているそうです。

水虫を引き起こす犯人は、「トリコフィトン」というカビです。このカビは人間の皮膚の

角質が大好きなのです。ほとんどのカビは悪食で何でも食らいつきますが、このトリコフィトンは角質ひと筋です。ヒトの皮膚は表皮、真皮、皮下組織の3層で構成されますが、一番上の層である表皮はさらに四つの層に分かれており、最外層にあるのがいわゆる角質層です。トリコフィトンは酵素を出しながら角質を溶かし、菌糸を伸ばしていきます。

もともと角質の細胞は死んだ細胞、つまり垢《あか》ですので、異物の侵入に対する免疫反応が起きません。つまり、痛くも痒《かゆ》くもないから厄介《やっかい》なのです。しかし、感染が進むとやがて角質層下部の層の生きた細胞を刺激し、痒くなって炎症反応が起きます。

水虫の薬は、トリコフィトンを殺す抗真菌剤の塗り薬が主力です。カビは真菌とも呼ばれますが、真菌には真菌に効く抗真菌剤を使用します。細菌を殺す抗生物質は効きません。しかしこのカビ、抗真菌剤が来ると死んだふりをするのが得意なのです！ クマに出会ったら死んだふりをしろ……のアレです。

抗真菌剤が塗られて危険を察知すると、自らの菌糸を太くしてその中に短い仕切りをつくって休眠してしまいます。仕切られた一つひとつの節はやがて肥大し、球状の耐久細胞をつくります。耐久というくらいですから、多少の過酷な環境下であってもじっと我慢して生き延びます。何とか生き延び、環境が良くなると再び発芽して菌糸を伸ばし、角質を食べ続けるのです。このような〝賢さ〟ゆえに、水虫は治りにくいというわけです。

もはや国民病！　カビがスギの花粉症に悩む人たちを救う？

春はスギ花粉症の人にとって、いやな季節です。スギは今から２００万年前に出現し、古くから優良な木材資源として盛んに植林が進められてきました。しかし、近年では花粉症の発生源として恐れられています。今や国民病ともいわれる花粉症の対策として無花粉スギの植林が進められていますが、生長には長い年月がかかります。どうにかして花粉の発生を抑えることができないか、さまざまな研究が進められている中、注目されているのがカビを使った抑制法です。

古くから生き続けているスギの大木も、人間同様に多くの病気に悩まされています。スギの病原菌の大部分はカビです。黒点枝枯病《こくてんえだがれびょう》は、その名が示すように枝枯れを起こします。この病気の元になるカビは、スギに感染すると病患部に小さな黒点を多数形成します。早春、地表で越冬した落下スギ枝葉上に、カビの子宮に当たる「子のう盤」が形成されます。その中には子のう胞子と呼ばれる10ミクロンくらいの胞子が、カビの赤ちゃんとして入っています。胞子は3月上旬から空気中に放出され、花粉飛散中にスギ雄花《おばな》に付着して感染します。スギ花粉症に悩まされている人には信じられないかもしれませんが、この病原菌はスギ花粉が大好物なのです。

スギはわずか数ミクロンの病原胞子によって激しい枝枯れを起こし、ひどい時は山全体が真っ赤になり、まるで山火事にでもなったような状態になります。この胞子をスギ花粉撃退に利用してシューッと一噴きスプレーしたいところですが、スギにとっては恐ろしい病原菌だけに生態系や安全性への配慮が必要になりますから、実用化は難しいでしょう。

同じくスギ雄花を変化させるシドウイアというカビが2006年、福島県のスギから見つかりました。スギの木を枯らすことなく、雄花だけを変異させるカビです。このカビをスギに感染させて、翌年の花粉の発生を抑えるという新技術が森林総合研究所で開発され、07年には大規模な実施効果試験が始まりました。動力噴霧器や無人ヘリコプターで防除剤として10〜12月に散布すると、80％以上の雄花を枯死させることが分かりました。

雄花の中に入ったシドウイアは花粉を栄養にし、菌に感染した花粉は菌糸に巻かれて飛ぶことができなくなります。スギ花粉の飛散防止に即効性があり、環境負荷が少ない世界初の技術としてその実用化が期待され、14年には特許も登録されました。カビを使って花粉を退治するこの方法は、スギ花粉症に苦しむ人にとって大いに期待が持てる朗報ですね。

その後の研究で、実用化への課題も見えてきました。その一つが散布方法です。このカビの胞子を地上からスプレーで散布するわけにはいきません。シドウイアの胞子液は、ポタポタと滴《したた》るほど散布しなければ高い効果が期待できないからです。広域なスギ林に散布する際には、大量の胞子液を無人ヘリコプターやドローンなどで散布する必要があります。

散布されたカビが隣接する別のスギに感染を広げるかを調べたところ、自然界ではさほど広範囲には広がらなかったようです。スギも生きていますから、このカビに対抗する術《すべ》を持っているのかもしれません。

現在のところシドウイアは農薬登録されていないので、すぐに使えるようにはなりませんが、今後課題を解決したうえで、安全性を検討しながら実用化を目指すようです。近いうちに花粉症対策に即効性のある新たな武器を、手に入れることができるようになるかもしれません。

05 コレステロールを下げる微生物由来の薬

第一三共製薬の発酵研究所が見つけた、コレステロール低下薬

WHO（世界保健機関）の資料によると、世界主要国の3大死因は1位がん、2位心筋梗《こう》塞《そく》、3位脳梗塞《こうそく》です。血液中を流れているコレステロールが徐々に血管、特に心臓に付着すると血管は硬くなり、詰まってしまいます。血液が流れなくなると、心筋は壊《え》死《し》します。血中コレステロール値が高いと心筋梗塞が起きやすいことは、かなり古くから知られていました。

現代社会でコレステロールは、人間の健康にとって悪者のようにいわれますが、血中コ

レステロールにも善玉と悪玉があり、私たち人間を含め動物が生きていくために必須の物質です。コレステロールは私たちの細胞を形づくる細胞膜の構成成分であり、ステロイドホルモンの原料でもあるのです。コレステロールは脂肪やビタミンA、D、Eなどの脂溶性（油に溶ける）栄養成分を吸収する際に、必要な胆汁酸の原料にもなります。あくまでも、過剰なコレステロールが悪さをするわけです。

先に紹介したペニシリンの発見以来、微生物の中から多くの抗生物質が発見されてきたので、微生物がつくる物質が人のコレステロールの代謝を阻害できないか、多くの創薬研究者たちは考えました。ヒントになる物質として、すでに微生物起源の酵素阻害物質が知られていました。人間のコレステロールの80％は、肝臓や小腸などで二十数段階の反応を経て合成されます。その合成に大きな役割を果たすのがある種の酵素（HMG－Co還元酵素）で、その働きを阻害する物質が見つかれば新薬の開発につながる可能性があったのです。この酵素を阻害する薬剤を総称して、スタチンと呼んでいます。

製薬メーカーの三共（現第一三共）では1971年に発酵研究所を設立し、2年間の期限で6000株余りの菌種から前述の酵素の阻害物質の探索を始めました。期限が迫る73年、京都産の米に付着していた青カビ（ペニシリウム シトリウム）から、コレステロール合成阻害物質であるスタチンの一種コンパクチンを世界で初めて発見し、74年には世界の主要国に対して特許出願しました。

そのチームのリーダーこそ、私と同郷の遠藤章先生です。先生は秋田県の山村農家の次男として生まれ、苦学してこの偉業を成しとげました。先生には94年、弊社の定期刊行誌『温故知新』に寄稿いただいたり、NHKの「クローズアップ東北」という番組でご一緒したりしたことがあります。

スタチンの開発に関わるエピソードは、たくさんあります。スタチン発見の2年後、英国の製薬会社ビーチャム社（現グラクソ・スミスクライン）から報告された抗真菌物質は、コンパクチンと同一化合物でした。しかし、ビーチャム社はこの化合物の血中コレステロール低下作用について気づいておらず、特許出願をしていませんでした。

その後79年に、遠藤先生らはコンパクチンと似た構造を持つ物質（類縁体）モナコリンKを、紅麹《べにこうじ》菌（モナスカスルブラ）から単離することに成功しました。

紅麹菌は毒性のない鮮やかな赤色系色素を産生することで、古くから中国、台湾、マレーシアなどで紅酒（アンチョウ）、老酒（ラオチュウ）、紅乳腐、肉類漬け込みなどの食品や、血行を良くする漢方薬として知られていました。日本でも紅麹の色素は天然紅色色素として使用されたり、コレステロールを下げ、血糖値の上昇を抑える健康食品素材として使われています。

スタチン類の開発はのちに各国で行われ、80年にはメビノリン（モナコリンと同一化合物）が麹カビ（アスペルギルス テレウス）からも見つかりました。菌類から見つかったスタチン類は長年の研究開発を経て、87年に米国メルク社からロバスタチンが、89年には三共からプラバスタチン（メバチロン）が高脂血症薬として発売されました。

新薬の開発は断たれたも同然になったが、研究を継続

遠藤先生らが発見したコンパクチンが製品化されるまでの道のりは、波乱に満ちたものでした。手始めに、ラットにコンパクチンを投与したところ、血中コレステロールは全く低下しませんでした。当時の常識では、ラットに効果がないものが人間の血中コレステロールを下げることはあり得ないとされていたので、コンパクチンの開発は絶たれたも同然だったといいます。しかし、遠藤先生は世界の常識と、それに同調した開発中止という結論に強い疑問を感じたそうです。コレステロール低下薬は、コレステロール値の高い患者のコレステロールを正常値まで下げるもので、コレステロール値が正常なラットのコレステロール値を正常以下に下げるためのものではないからです。

思うような効果が上がらないまま、ラットに効かない理由の解明という〝足踏み〟が2年間続いたあと、ラットに効かないのは肝臓の酵素（ＨＭＧ－Ｃｏ還元酵素）が誘導されてコンパクチンの阻害作用を帳消しにしていたことが原因だと分かりました。とはいえ、効かない原因が分かっただけでは薬にはなりません。そこで遠藤先生は、「ラットではなく、血中コレステロール値の高い動物モデルなら効く可能性がある」と考え、ニワトリ（産卵

鶏）で動物実験を始めました。すると、劇的にコレステロール値が下がったのです。犬でも同様の効果が認められ、開発プロジェクトを再開させることができました。

犬を使って代謝を調べていたグループから、尿中に面白い代謝物があるという朗報がもたらされ、のちにそれがコンパクチンより強力な物質であることが判明、ブラバスタチンと命名されました。

次の困難は、この物質があまりにも微量なため、どうやって工業生産するかということでした。この難題を解決したのが放線菌です。放線菌はオーストラリアの栄養源の乏しい砂漠地帯の土壌から分離された菌で、比較的効率良くコンパクチンをブラバスタチンに変換してくれることが判明したのです。その中から最良のものとして選抜された菌は、ごく普通に見られる放線菌ストレプトミセス属の菌でしたが、さらに詳しく調べたところ新種であることが分かり、ストレプトミセス・カルボフィラスと命名されました。

ブラバスタチンは、犬の体内で青カビのつくるコンパクチンが代謝されて生成する微量成分でしたが、微生物学の研究者らの努力により、犬の体内で放線菌の力を借りた、世界でも珍しい二段発酵という方法で、ブラバスタチン（メバチロン）が生産されることになったのです。この物質は副作用が少なく、安全性の高いものでした。コレステロール合成の中心となる、肝臓と小腸だけに作用するという臓器選択性があったからでしょう。

こうして出来たブラバスタチン（メバチロン）は京都生まれの青カビを父に、オーストラリアの砂漠生まれの放線菌を母にして、現在は福島県いわき市にある第一三共の160トンタンクで培養生産されています。福島生まれのこの薬は日本のみならず、全世界の市場に送り出されているのです。

新薬「スタチン」の開発は、単なる〝ルーンショット〟ではなかった

ルーンショットとは造語で、「馬鹿げて見えるすごいアイデア」のことです。ルーン（loon）とは馬鹿げたという意味で、月に宇宙船を飛ばすくらい（moonshot）野心的で重大なアイデアを指しています。人命を救う薬や産業構造を変えてしまうようなテクノロジーの多くは、孤独な発明家のアイデアから生まれます。けれども、多数の人間が関係していく中でそれらが〝潰される〟ことも多いため、ルーンショットは壊れやすく世に出せずに終わってしまうことをいいます。

先日、米国の物理学者サフィ・バーコールの『ルーンショット』（日経BPマーケリング2020）を読みました。その中に、なぜ日本企業は「スタチン」の売り上げ累計3000億ドル（30兆円）以上を得られなかったのか、というエピソードを紹介しています。スタチンについてバーコールは、新薬の開発とは「少なくとも3回の失敗」を経ないと成功しないことを、いくつかのエピソードをもとに紹介しています。バーコールが言うまでもなく、新薬の開発期間は十数年、開発費が1000億円で成功率が3万分の1とされています。新

薬の開発は長丁場のうえ、予想もしない〝事件〟に一度となく襲われるのが常なのです。

私も1993年から2000年までの7年間、製薬企業とともにカビのつくる新規生理活性物質の探索と生産技術の開発に携わった経験があるので、そのあたりの事情を多少は知っているつもりです。

バーコールに言わせると、スタチンは最初の発見者が日本の製薬会社の三共（当時）に勤めていた研究者・遠藤章先生だったにもかかわらず、スタチンが生み出した累計3000億ドルにものぼる売り上げは、日本にほとんど利益をもたらさなかったと述べています。

その売り上げは米製薬企業のメルク社が生み出し、また、スタチンを同時期に研究していた米のマイケル・ブラウンとジョーゼフ・ゴールドスタイン両氏は、ノーベル賞を受賞しているのです。このようなことになった原因についてバーコール氏は、失敗を乗り越えられなかった日本、特に〝偽の失敗〟によるものだと指摘しています。大変面白い見方だと思いましたので、以下に紹介します。

遠藤先生はスタチンの中にコンパクチンと呼ばれる物質を菌類（青カビ）から発見しますが、当時、米国の心臓研究でコレステロール値を薬剤で下げるという考え方は、他の臨床試験の結果が悪かったこともあり、学界でも冷笑を浴びる結果となりました（これが1回目の失敗）。遠藤先生はそれでもコンパクチンによるマウスを使った動物実験を実施しましたが、検証できませんでした（2回目の失敗）。ここでコンパクチンの開発は断たれたも同然でした。しかし、別の部署の同僚から、彼らの使ったニワトリをコンパクチンの実験に使わせてもらえることになりました。その結果、コンパクチンの効果が示され、犬でも同様の良い結果が得られて臨床試験が再開されることになったのです。

ところが、安全試験の一つで犬にがんが発生することが認められ、臨床試験が中止になってしまいます。遠藤先生はこの時、三共製薬を退いて東京農工大学で研究、指導職に就いており、彼はその結果を疑いつつも開発中止を眺めるしかありませんでした（3回目の失敗）。

同時期、コレステロール値低下の研究をしていた米の研究者・ブラウンとゴールドスタインは遠藤先生の研究について、自分たちが目指しているものと同じだと認識し、コンパクチンのサンプルを遠藤先生に送ってもらい、その結果を確認していました。また、米製薬会社メルク社も三共製薬と遠藤先生に協業を推案し、数々のデータを提供してもらっただけでなく、独自にコンパクチンによく似た化合物を発見していました。しかしメルク社は三共製薬での犬の安全性試験が失敗したという噂を知り、スタチンの臨床試験を中止するように指示していたのです。

これに異を唱えたのが、ブラウンとゴールドスタインでした。彼らは独自の実験により、犬のがんが〝偽の失敗〟であることを示したのです。そこでメルク社は臨床試験を再開、最終的にスタチンはＦＤＡ（アメリカ食品医薬局）に承認され、ロバスタチン（商品名「メバコール」）としてメルク社から発売されました。スタチンは心臓発作や脳卒中を減らす効果があり、〝20世紀最大の医学的発見〟と呼ばれるほどのものになったのです。メルク社はスタチン関連の医薬品で毎年900億ドル、累計3000億ドル以上もの売り上げを手にしたといわれています。

日本の三共製薬や遠藤先生には、その一部すら還元されることはありませんでした。のちにブラウンとゴールドスタインは遠藤先生の貢献を評価し、2008年に「ラスカー・ドゥベキー臨床医学研究賞」を贈賞しました。

現在でも世界で一番売れている薬に、メルク社のロバスタチン（商品名「メバコール」）と第一三共のプラバスタチン（商品名「メバロチン」）、ファイザー社のアトルバスタチン（商品名「リピトール」）――いずれもスタチンがランクインしています。

あらゆる意見に好奇心を持って耳を傾けることが、成功の鍵

このようなストーリーをあとから知ると、「なぜ三共は偽の3回の失敗に気づかず、みすみす3000億ドルを逃したのか」と言いたくもなりますが、バーコールはこのような新しい製品を生み出すチャンス（イノベーション）の見逃しは、歴史的には珍しくないとも述べています。だからこそ彼は、ルーンショットのような一見馬鹿げているけれど新しいアイデアを検証するには、〝偽の失敗〟に対する気づきが必要だというのです。特にビジネスにおいて、偽の失敗に陥らないよう気をつけるべきこととして、バーコールは二つの提言

をしています。

その一つが、「アイデアの発明者と擁護者を分け、擁護者を見つけること」です。なるほど、いいアイデアを発明しても、それが擁護されなければ育てることは難しいですよね。偽の失敗を見極めるにしても、その擁護者がいなければ見直されません。遠藤先生が三共を去って大学に移ったあと、スタチンを擁護する人が誰もいなかったことが原因の一つに考えられると、バーコールは述べています。

擁護者は、その新しいアイデアをどのように他者に知ってもらうか、その提示の仕方、疑い深いリーダーへの説得の仕方、乗り気でないリーダーへの組織内での支援の築き方などのスキルが必要になります。このように支援する力は、発明者が持っているとは限りません。発明者は、「自分たちのアイデアが分からない人のほうがバカで、おおっぴらにアピールするなんて真っ平ごめんだ」という態度を取ることが結構多いと指摘しています。一方、営業する側には、「モノをつくっても、売ることを知らない人間は必要ない」と感じる人が多いとも指摘しています。耳の痛い話ですね。

二つ目は、「反対者の発信に好奇心を持って耳を傾ける」ことです。失敗がなぜ起きたかはその失敗自体を吟味《ぎんみ》し、上手くいかなかった原因、理由を明確化することです。

スタチンを発見した遠藤先生は、最初の動物実験が上手くいかなかった際、あきらめずにその理由を考え、何度も何度も実験を繰り返して、それがニワトリでの実験につながりました。

自分の持っているアイデアを批判されたとき、その批判を素直に受け入れ、自分のアイデアを進化させるのはそう簡単なことではありません。バーコールは、偽の失敗か本当の失敗かを判断する分け目として「好奇心を持って耳を傾けられるかどうか」を挙げています。つまり、自分のアイデアに固執して頑固であるだけでは、偽の失敗を見極められないという意味です。

このような態度は、多くの人が関わるプロジェクトでは学ぶべき点が多いと思います。私どもの会社でも素晴らしい結果をもたらす可能性の高いルーンショットを、偽の失敗で見過ごさないように努めるようにしています。

06 微生物由来の基礎化粧品

老杜氏の透き通るように美しい手が、大人気の化粧品を生んだ

いつかは使ってみたい憧れの基礎化粧品の一つに、SK－IIの「フェイシャルトリートメントエッセンス」が挙げられています。多くの化粧品のベストコスメアワードで入賞し、誕生から約40年を経た今でも多くの女性に愛され続けています。

SK－Ⅱの研究がスタートしたのは、まだ肌の詳しい仕組みや成分の分析、測定法も確立していない頃のことです。研究者が注目したのは、酒造りの老杜氏《とうじ》の手がなめらかで透き通るように美しいことでした。老杜氏の使う原料は水と米、麹菌と酵母です。中でも酵母に着目した研究者は、ガラクトマイセスという酵母に目を向けました。現在知られている酵母は約500種類ですが、酒造に使われる酵母はサッカロマイセス・セルビジェイと呼ばれる酵母で、その中のたった1種類の酵母に限定されています。

ガラクトマイセス属の酵母は現在、ゲオトリカムやエンドマイセス酵母と呼ばれます。多くの酵母は卵円形や楕円形をしていますが、エンドマイセス酵母はカビのように菌糸状の細胞を持つ珍しい形態をした酵母です。この酵母の特徴として挙げられるのが、培養条件によって20%以上の脂質を含有する点です。ガラクトマイセスの発酵エキスには天然保湿因子NMF（角質層にある保湿成分の一つ）やアミノ酸、ミネラル、ビタミンなど50種類を超える栄養素を豊富に含んでいる成分で、ピテラと呼ばれています。ピテラはSK－Ⅱ製品に含まれる、唯一無二の成分です。

ピテラが肌にもたらす恩恵は実にさまざまで、うるおいバリアで乾燥による外的刺激から肌をガードし、うるおいが満ちることで乾燥やくすみをケアして透明感をアップ、肌全体をしなやかに、ふっくらと保ってくれる効果が知られています。

1999～2010年に行われた「秋田10年肌研究」と呼ばれるSK－Ⅱの開発秘話に

ついて、聞いたことがあります。秋田美人で知られる秋田の地は、日照時間や湿度など肌にとって好条件が備わっているため、約100人の女性の肌を10年にわたり追跡調査したのです。年齢を重ねても美肌を保つ人は何が違うかを徹底的に検証し、たどりついたのが「キメ」「ハリ」「シワ」「シミ・クスミ」「ツヤ」という、美肌をつくる五つの要素でした。

酵母のつくる菌体、及びその代謝産物は化粧品素材として大ヒットしていて、現在もその勢いは収まることがありません。ここでは、基礎化粧品に応用されている微生物について紹介します。

美肌をもたらすヒアルロン酸はかつて、大変な貴重品だった

乳酸菌の菌体やその発酵液には肌への保湿効果、抗酸化作用、抗菌作用、美白作用、抗炎症作用などがあります。肌の水分保持や弾力性を保つのに必要なヒアルロン酸は、加齢とともに減少していくことが知られています。そこで菊正宗酒造（兵庫県）では、生酛《きもと》造りの中で育成する乳酸菌ロイコノストック・メッセントロイデスと、ラクトバチルス・サケイの2種類の乳酸菌の米発酵液を添加して生成したヒアルロン酸量を測定したところ、米発酵液5％添加するとヒアルロン酸が増加することを確認しています。実際に人での試験も実施されていて、20代の健康な女性を対象とした4週間にわたる塗布試験の結果でも、角質水分含量や肌のキメが整ったことが確認されました。かくいう私も、「菊正宗 日本酒の

化粧水」を髭剃《ひげそ》り後に使っていますが、肌荒れもなく肌がしっとりします。

最近の化粧品に含まれているヒアルロン酸は優れた保水性と粘弾性があることから、幅広く使用されています。ヒアルロン酸はニワトリの鶏冠《とさか》に多く含まれていて、以前はそこから分離、精製されていました。今では気軽に手に入るヒアルロン酸ですが、以前は大変貴重なものでした。ヒアルロン酸は分子量が100万以上もある巨大分子なのですが、このような巨大分子を有機合成でつくるのは難しく、ニワトリの鶏冠から抽出するくらいしか入手方法がなかったからです。鶏冠50グラムから得られるヒアルロン酸は0・3グラムとごくわずかです。ニワトリ由来のヒアルロン酸を外科治療に大量に使用することは、動物愛護の観点から問題があり、また感染症の危険もあるため、早い段階から微生物を使った発酵生産の方向性が検討されていました。

オーストラリア・クイーンズランド大学の研究者が、動物の結膜に生息していた乳酸菌の仲間ストレプトコッカス・ズーエピデミカスが、ヒアルロン酸を効率よく生産することを見つけて以来、現在では大量生産が可能になり多くの化粧品に使われています。

かさつきや肌荒れは、表皮の保水力が不足して角質が剝《は》がれやすくなる状態です。オーウレオバシディウム・プルランスというカビが生産するプルランは無味無臭なので、皮膚の保湿剤として使われています。乾燥状態で保湿作用と細胞保護効果があるトレハロースを含む化粧品も多くあります。化粧水などによく配合されているセラミドは、保湿性が高いスフィンゴ脂質の一種で角質細胞間脂質に多く含まれており、加齢とともに生産量が減少していきます。肌荒れ回復やシワの減少を目的に配合されますが、近年では酵母や酢酸菌による発酵生産が行われています。

納豆は食べるだけではない！　自宅で簡単にできる納豆化粧水

納豆の粘質物質は、γ－ポリグルタミン酸とレバンです。納豆菌の培養条件を変えることにより、γ－ポリグルタミン酸とレバンが別々に生産できます。γ－ポリグルタミン酸は高分子量で、納豆菌が生産できる生分解性プラスチック素材として注目されてきました。

福岡女子大学では、実験を担当していた学生がフラスコを洗浄する際、冬でもハンドクリームなどを使わなくても手荒れが全くないことに気づき、γ－ポリグルタミン酸に皮膚の保湿効果があるのではないかと考えました。研究を進めたところ、すでに保湿効果が知られているヒアルロン酸と同様の効果があることが判明したのです。

さらには、ヒアルロン酸にはない天然保湿因子（NMF）があることが分かり、納豆ローションなる化粧品が出来たのです。そのつくり方を紹介しましょう。

●糸引き納豆からつくる納豆ローション

用意するもの：糸引き納豆50g（粒でもひき割りでも構いません）、軟水のミネラルウォーター（敏感肌の人には優しい水です）、または水道水を沸騰させて塩素を飛ばした湯冷まし、市販の無水アルコール５００㎖、4～5個の５００㎖容器、ローションを入れる保存容器、箸、ガーゼ、

※道具や保存容器は、煮沸消毒をした清潔なものを使用してください

①納豆を約30回、納豆をつぶさないようによくかき混ぜる

②納豆の3倍の水（１５０㎖）を入れた容器に、①を加える

③納豆のネバネバを洗い落とすように、よくかき混ぜる

POINT このとき、豆をつぶさないように気をつけること。必要なのは大豆ではなく、粘着物質です

④2～3重にしたガーゼでろ過し、豆を取り除く

POINT 匂いが気になる場合は、再度二～三重のガーゼでろ過する

⑤ろ過した液の2倍量の無水アルコールを、箸《はし》でかき混ぜながらゆっくり加える

POINT ネバネバ（γ－ポリグルタミン酸）は箸にまきつき、液は透明になる

⑥無水アルコールを捨て、γ－ポリグルタミン酸を約１００㎖の水に溶かしたら、保存容器に入れて使用する

POINT 冷蔵庫で保存し、1週間で使い切ること

メラニンの生成を阻害し、美白効果が期待できる麹酸

麹菌のつくり出す麹酸《こうじ》の美白効果も知られており、昔から化粧品に添加されています。秋田美人の白くキメ細かな肌は、秋田の低温多湿の環境や紫外線量の少なさ、遺伝的資質などによるものといわれています。これに加え、日常の食生活が美肌をつくることが分かってきました。

その一つが、麹菌のつくる麹酸です。研究のきっかけはSK－IIの項でも書いたように、「麹造りをする杜氏の手は白くなる」といわれていることでした。肌の色を黒くするメラニンは、チロシナーゼという酵素の働きです。麹酸には、このチロシナーゼを阻害する作用があります。また、メラニンの色を薄くする働きもあるのです。実際、麹酸を加えた水槽でデメキンを飼うと、黒いデメキンの色が明らかに薄くなっていきます。

麹は、エルゴチオネインという強力な抗酸化作用を持つ物質もつくります。その抗酸化力は、ビタミンEのなんと約7000倍もあるため、医薬品や化粧品への利用が進んでいます。さらにエルゴチオネインは肌のハリや弾力を保つエラスチンを守り、麹酸と同様にシミの原因になるチロシナーゼの働きを阻害します。実はこのエルゴチオネインはキノコ類や麹菌、酵母など一部の微生物にしかつくれないのです。

日本国内で秋田県ほど、麹を食生活に取り入れてきた地域はありません。秋田の先達は

飽きることなく飲んでは美味く、食しては美味な味を麹に求めてきたのです。麹を多用した伝統発酵食品を食べ続けてきた人生のベテラン女性の肌の美しさは、他県から来た人たちを驚かせます。やはり麹発酵食品は、美肌の鍵なのかもしれません。

麹酸はチロシナーゼ活性を阻害し、メラニン色素の生産を抑えることから、日本では美白化粧品の有効成分として使用されていました。しかし、２００３年に麹酸は医薬部外品への使用が一時中止されました。米国の研究機関での動物実験で、肝がんを引き起こす危険性が示唆されたからです。しかしその後の研究で、長い間、麹酸を扱う職人さんたちに高い率で肝がんを発症するという事実は認められず、05年には安全性に特段の懸念がないとされ、通知は撤回されました。

カニやエビは保存中にチロシナーゼが働き着色してきますが、その着色反応を麹酸が抑える働きをします。従来のチロシナーゼ抑制剤としては二酸化硫黄が知られていましたが、食品衛生法でその使用が規制されたため、麹酸を他の鮮度保持剤に配合し、使用されています。麹酸は化学合成でつくることが困難なので、現在も麹菌を使ってつくられています。

菌類だけでなく、身近な食材からも化粧品素材が出来ています。日焼けやストレス、過度の運動は活性酸素を生み出し、脂質を壊し、皮膚細胞を傷つけてしまいます。若い頃は皮膚細胞の修復活動は活発ですが、加齢とともに衰えるため、抗酸化作用を持つβカロチンやアスコルビン酸、トコフェロールなどのビタミン類、コエンザイムQ10が皮膚の酸化防止を目的に添加されます。これらの物質は身近な食材でもあるので安心感があり、化粧品材料として広く普及しています。

プチ整形で人気。ボトックスやヒアルロン酸による顔のシワ取り

菌の中には、塗るだけで肌が若返るという〝魔法の薬〟もあるので、それを紹介しましょう。年を取っても若くありたい、アンチエイジングが注目を集めています。先日、久しぶりに秋田市の歓楽街・川反《がわばた》で飲んだ時のこと。店のママさんが、「見て、見て。シワが消えたでしょ。菌でシワが消えるのよ」と興奮して言います。というわけで、本項はシワを消す菌の話の紹介です。

よく知られているのは美容医学の領域、つまり肌の若返りです。手術で余分な皮膚を切り取り、たるんだ皮膚を引っ張り上げるフェイスリフトが、肌の若返りには一番効果的のようですが、以前は入院が必要なうえ手術への抵抗感もあり、治療を受ける人はそれほど多くありませんでした。患者数が増えたのはメスを使わない、プチ整形が登場してからです。コラーゲンやヒアルロン酸を直接注射してシワを伸ばす方法、ボトックス（ボツリヌス菌の毒素）を注射して肌を麻痺させ、表情シワを治す方法、レーザーを照射してシミ消しやシワ取りをする方法などです。

ボトックスは、ボツリヌス菌という食中毒の原因となる菌を使っています。かつて熊本

県で起きた辛子レンコン食中毒を思い出す人がいるかもしれません。ボトックスは、ボツリヌス菌という食中毒の原因となる菌を使っています。ボツリヌス菌は細菌の仲間ですが、この細菌はちょっと変わった性質を持っています。嫌気性といって、酸素が嫌いなのです。ただ、酸素が嫌いなだけで、酸素があるところでは仮死状態になっています。耐熱性があり、熱では死にません。その毒素は猛毒で、ボツリヌス菌に汚染された辛子レンコンは真空パックの中でもどんどん増えて毒素を出します。油で揚げてもどこ吹く風です。

もともとボツリヌス菌のつくる毒素は生物兵器のために開発されたものですが、１９８０年代に入ると、ボツリヌス菌のつくる毒が筋肉を緩めるという働きを応用して、顔面マヒを治療するために使われ始めました。89年にはＦＤＡ（米国食品医薬品局）の認可を受け、臨床薬として世界中で使われています。ボツリヌス菌毒は神経と筋肉と接合部位に限定して作用するので、適正量を使用すれば体に害を与えることなく、シワの治療などに効果が現れます。

ボトックスはボツリヌス菌の毒素から生まれたタンパク質の一種で、筋肉をマヒさせる働きがあります。笑った時の目尻のシワや緊張した時の額のシワなどは、表情筋を動かすことで生じます。この小ジワにボトックスを注射すると、その箇所の筋肉が動かなくなるため、笑ったり緊張したりしてもシワが寄らなくなるというわけです。使用する量はきわめて微量であるため副作用もなく、注射による処方なので簡単で安全にシワのない顔に変身できます。

これに対して、筋肉が動かないときにも出来る眉間や唇の上のシワには、ヒアルロン酸やコラーゲンを注射器で注入します。効果はいずれも3〜6カ月です。前出のの川反のママさんもン万円かけて、ン十年前のようなシワのない顔に変身していたのです。まことに菌というものは、その場その時に応じていろいろな働きをするものだと痛感します。

07 常在菌はどこから来て、どこにいる？

入浴で皮膚常在菌の約90%はいなくなるが、すぐ元通りに

人間は日常的に皮膚にしろ腸内にしろ、常在菌といわれる菌と共生しています。もともと菌というものは人類が生まれる前から、地球で暮らしていました。そこへ植物や動物が現れ、菌が暮らしやすいところを求めて移動した先が、たまたま植物の近くだったり、人間や動物の腸内だったりするのです。

菌同士も勢力争いをしつつ居心地のいいところを見つけ、定住します。人間の皮膚や腸内に棲みつき共存共栄の関係を結んだ菌が、いわゆるヒト常在菌です。

菌にとってヒトの体は実に棲《す》み心地のいい環境です。人間もその恩恵を受けており、腸

内常在菌の存在によって本来なら消化できないものも消化され、他の菌から身を守るシステム（免疫）が出来上がっているのです。このバランスが維持されている限り、双方が安心して暮らしていけます。

彼らは皮膚や口、気道、消化管など外界との接点にも棲んでいます。母親の胎内にいる時の胎児は無菌状態で発育しますが、新生児として体内から出て産道を通り抜ける際にいろいろな種類の菌類と出会います。

このように人間は常在菌と共存共栄関係にあるにもかかわらず、どうも「菌なんて汚い」と嫌い、抗菌、無菌グッズが流行しています。腸内細菌のように人間の腸内に共生している菌は仕方がないにしても、皮膚にいる菌はどうも気持ちが悪いという人も多いでしょう。

風呂に入るだけで皮膚常在菌の90％近くはいなくなってしまいますが、風呂から上がってしばらくすればまた体は元通りに菌で覆われるのです。その数は、皮膚全体で1兆個といわれています。

バランスを壊さないよう、常在菌と上手につき合っていく

皮膚常在菌は10種類ほど知られていますが、その多くは人間にとって無害な非病原性菌です。代表的な菌としては表皮ブドウ球菌、アクネ菌、カビや酵母があります。中で最も多いのが、表皮ブドウ球菌です。ブドウ球菌と聞くと病原性のある黄色ブドウ球菌（スタ

フィロコッカス・アウレウス）を思い浮かべる人もいると思いますが、表皮常在菌のブドウ球菌に病害性はありません。

そもそもブドウ球菌とは、その名が示すように球形の細菌なので球菌と呼ばれていますが、いくつかの球菌が塊《かたまり》となり、その姿がブドウの房のように見えることからブドウ球菌と呼ばれるようになりました。皮膚に切り傷や刺し傷が出来て、消毒が不充分だったりそのまま放置したりすると、傷口が化膿して黄色くなります。これは、皮膚内部から染み出てきた体液を餌《えさ》に黄色ブドウ球菌が増殖するからです。そのまま放置すれば、皮膚内部の組織にまで黄色ブドウ球菌の増殖が進み、熱が出るなどと大変なことになってしまいます。黄色ブドウ球菌は表皮ブドウ球菌と違って、いわゆる化膿菌なのです。

黄色ブドウ球菌が人間の皮膚にいるからといって、すぐさま問題が起きるわけではありません。この菌は、私たちを取りまく環境にかなり普通に存在しています。ひっそり静かに暮らしている場合がほとんどで、常在菌とは呼ばず一過性の菌とする説もあります。

腸内細菌叢《さいきんそう》（フローラ）でも同じことがいえますが、悪玉菌でも日和見菌でも、要はバランスの問題です。増殖しすぎなければ、特に問題を起こすことはないのです。

ひとたび傷が出来てその傷口に黄色ブドウ球菌がいれば大騒ぎになりますが、そこに傷口がなければ、普段は体に常在していても特に悪さをすることはありません。

ただ、この菌が食品に付着すると少々厄介《やっかい》なことになります。黄色ブドウ球菌が食品の

図27 皮膚の構造模式図

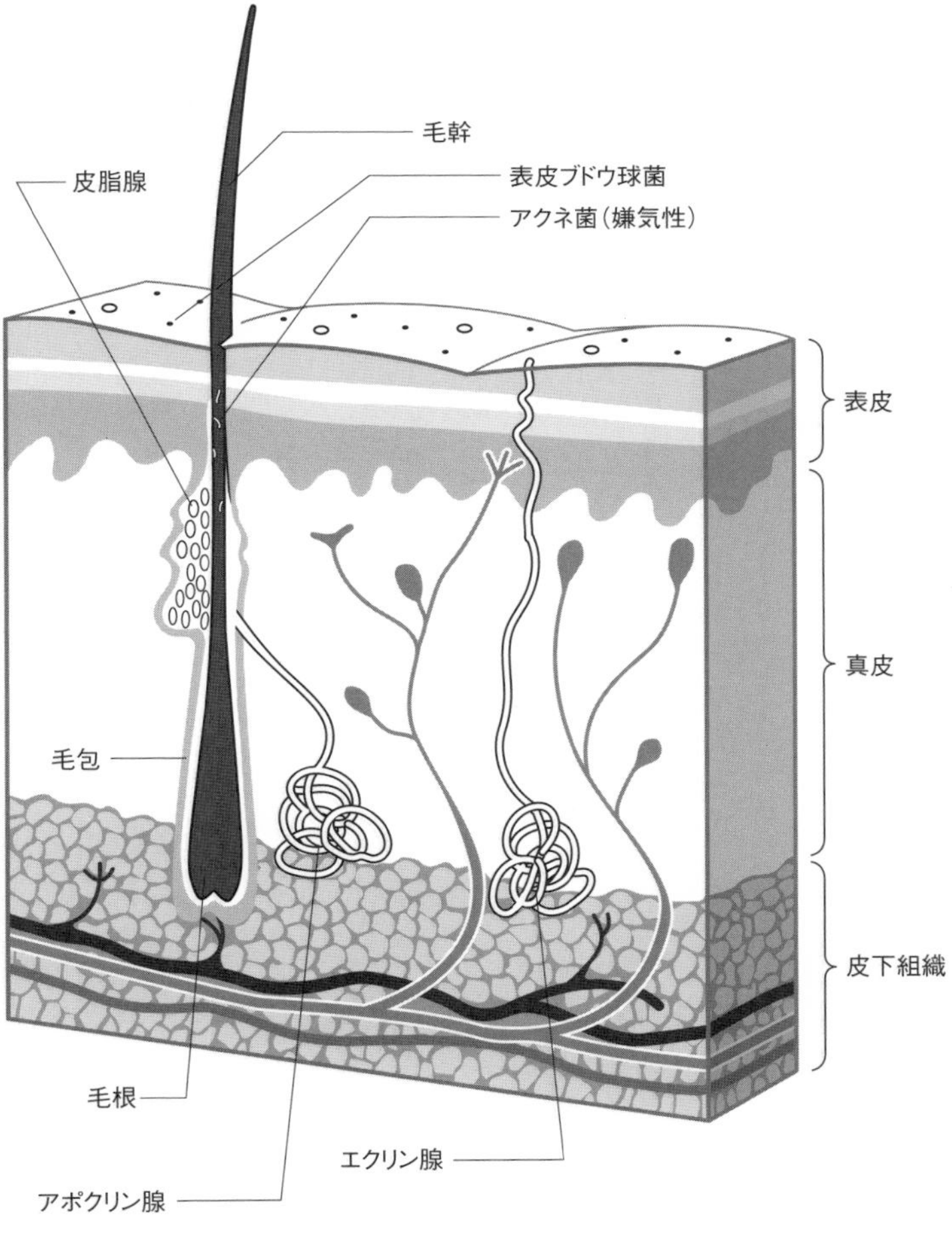

出典:『人体常温菌のはなし』(青木皐・著　集英社新書・刊)

中で増えると、エンテロトキシンという毒素が出来ます。加熱、沸騰させれば菌は死にますが、その毒素自体は消えないのです。何の色もなければ匂いもしないので、注意が必要です。黄色ブドウ球菌はおにぎりや漬物、肉、魚など、さまざまな食品が原因食となる可能性を持っています。

病原性がないとされる表皮ブドウ球菌でも、免疫が極端に低下しているときは、病原性を発揮して起こる日和見菌感染の原因になることがまれにあります。通常は無害な表皮ブドウ球菌が適当に繁殖している人間の皮膚はしっとり、つやつやで、彼らの餌となる汗や皮脂は皮膚を守る働きをします。その分泌が上手くいっている皮膚には表皮ブドウ球菌が育ち、さらにその生産物質が皮膚を保護するベールになるという好循環が保たれます（**図27**）。皮膚は本来、保湿効果のある化粧水やクリームを自前で備えているわけです。

しっとりして、つややかな肌に多く棲む表皮ブドウ球菌は、汗（アルカリ性）や皮脂を餌にグリセリンや脂肪酸をつくり出します。脂肪酸は皮膚を弱酸性に保ち、菌に抗う抗菌ペプチドをつくり出すことで黄色ブドウ球菌の増殖を防いでいるのです。表皮ブドウ球菌が出すグリセリンは、皮膚のバリア機能を保つ役割があります。

表皮ブドウ球菌以外にも、酸を出す菌がいます。ニキビの元として敵視されるアクネ菌（プロピオバクテリウム・アクネ）も酸を出して皮膚を守る働きをしているのですが、ストレスなど何らかの原因で皮脂を多く出しすぎると、アクネ菌の持つリパーゼという脂肪分解酵素が皮膚を分解し、遊離脂肪酸をつくり出します。それが皮膚への刺激となって毛穴がふさがることがあります。ふさがった毛穴の中で好脂性・嫌気性のアクネ菌が異常増殖して炎症を起こすのが、ニキビです。肉をよく食べる人はアクネ菌が増える傾向にあるといわれているので、ニキビにお困りの場合は野菜や魚中心の食事に切り替えてみるほうがいいかもしれません。

再三申し上げているように、これらの常在菌は、それぞれ存在する菌のバランスが崩れたときに皮膚のトラブルの原因になります。そのため、バランスを壊さないように常在菌と上手に共生(生活)することと、表皮ブドウ球菌を減らさないようにすることが大切です。表皮ブドウ球菌は角質層に存在しているので、無理に角質を落とすような行為をすると減ってしまいます。たとえば長時間の入浴、過度の洗浄や洗顔に加え、洗顔料や洗浄料の過剰使用は避けるべきでしょう。表皮ブドウ球菌を減らさないようにすることは、アルカリを好む病原性のある黄色ブドウ球菌やカビ・酵母などの繁殖を防ぐことにつながり、皮膚のバリア機能を保つ意味ではとても重要です。

化粧品はあくまでも補足的なもの。自分の肌の「育菌」が大事

日本語には皮膚を表す言葉として、「肌」があります。英語では皮膚も肌もスキン(skin)の一語だけです。「肌が合わない」「肌で感じる」「肌を許す」「ひと肌脱ぐ」「職人肌」など

情緒的な感じが強い一方で、皮膚は生理的で医学的用語の趣《おもむき》があります。「肌の手入れ」といっても「皮膚の手入れ」とはいいません。肌という言葉には、体の内面をも含んだ意味が感じられます。言い換えれば、「肌」は人の体の表面という域を超えて、人の内面的なものを表す言葉として使われています。職人はよく、「頭で考えるな、体で覚えろ、肌で感じろ」と言います。肌や体の感覚が重視されている様子を表す言葉です。

肌を大切にケアするためには、表皮ブドウ球菌などの皮膚常在菌と共存共栄することが、腸内環境と同様、重要な鍵を握っています。皮膚常在菌のバランスを崩すことなく育てていく、いわゆる「育菌」を心がければ、私たちの肌は守られるのです。

肌の育菌で大切なのは、紫外線を遠ざけることです。紫外線は皮膚の細胞に害をもたらし、シミやシワ、さらには皮膚がんの誘発にもつながります。皮膚の細胞だけではなく、皮膚常在菌にとっても良くありません。だからといって日焼け止めクリームを塗って過ごすのにも、弊害がありそうです。確かに日焼け止めクリームはUVカット効果に優れていますが、紫外線反射剤や紫外線吸収剤は原料によっては肌に刺激をもたらすことも事実です。

クリームを洗い流すためクレンジングクリームを使用すると洗いすぎたり、こすりすぎたりして皮膚常在菌に大きなダメージを与えることになりかねません。日焼け止めクリームにだけに頼るのではなく、帽子や衣服、日傘などを併用することによって対処するほうが、菌の活動を弱まらせることなく肌のトラブルを回避できます。

腸内常在菌であるビフィズス菌が合成するビタミンB群のうち、ビタミンB_6と葉酸は腸管を通じて皮膚の内部に到達し、傷《いた》んだ細胞の分裂を促す働きがあります。腸内環境が良くないと肌にトラブルが出ることは、古くから医療現場で知られていました。大腸の中でつくられた有害物質が吸収されて、肌に出てくるからです。また気分が落ち込んでいたり、ストレスを抱えていたりする人の肌は荒れやすくなります。腸と脳が相関することで、肌にも影響を及ぼしているのです。腸内環境を整えることは美肌にも役立つので、より良い食事は〝食べる化粧品〟にもなり得るのです。

紫外線と並び肌の育菌にとって避けたいのが、乾燥です。私たちの肌は冷暖房などによって乾燥気味になっているので、化粧水や乳液で充分な保湿を心がけたいものです。

どうしても肌表面のことだけに気を取られがちですが、一番大切なのは肌の内部できちんと細胞が育ち、ターンオーバーの周期が乱れることなく、細胞がいつも生まれ変われるかどうかです。通常、表皮全体は約4週間あれば生まれ変われるのです。このサイクルがきちんと保たれることによって、肌の表面にはバリアが形成されます。

化粧品はその手助けをするのであって、全面的に頼るものではありません。皮膚常在菌を活かすという考え方の化粧品も出てきているので、自分の肌に合うものを選び、体の中からキレイになっていく、つまり腸と肌の育菌にいそしんでいただきたいと思います。

サウナで、滝のようにかいた汗が臭わないのはなぜ？

肌の育菌にとって、もう一つの大切なキーワードがあります。それは汗です。皮膚常在菌の好物は、なんといっても汗です。しかし、現代社会では汗は嫌われものです。たとえば、夏に大量の汗をかきつつ作業を続けなければならない状況では、汗は不快そのものです。「汗は臭いから嫌だ」という人も多く、実際に汗をかいたあとの服や蒸れた靴下は臭いですよね。でも、サウナで汗をたくさんかいても臭くは感じません。

実は、汗の成分は99％が水で残りが塩分、タンパク質、乳酸などです。これらが汗腺《かんせん》から出るわけですが、汗腺には2種類あります。肉体労働やスポーツのあと、サウナのあとに全身にかく汗はエクリン腺と呼ばれる汗腺から出てきます。この汗は、いってみれば体温調節のために出される汗であって無臭です。しかし、無臭の汗といっても時間が経つと、成分のタンパク質と乳酸が発酵して甘酸っぱいような、独特の臭いになります。衣服に付いた汗はそこでさらにいろいろな菌が増殖して、どんどん臭くなっていくのです。汗をかいてもすぐにシャワーを浴びて着替えてしまえば、臭うことはありません。

エクリン腺の汗が汗孔《かんこう》から出るのに対して、もう一つの汗腺であるアポクリン腺の管は毛包《もうほう》につながっています（**図27**参照）。アポクリン腺から出る汗には、脂肪分が含まれています。この脂肪分が出口の毛穴に棲む細菌によって分解されたり、過酸化脂質が皮脂によって分解されたりしてタンパク質やアンモニアと混ざり合うと、独特の臭いを発生させます。このアポクリン腺は、体のごく限られた場所にしか存在しません。顔に数カ所、腋、乳首周辺、ヘソ、生殖器周辺です。アポクリン腺から出る汗は少量で、粘りがあります。体温調整の機能はありませんが、興奮やストレスによって出されることが多いのです。人間以外の動物にはアポクリン腺がたくさんありますが、人間にはわずか数カ所、大切な部分にだけ残っているのです。

アポクリン腺の大きさや数は、人種によっても異なります。一般に日本人などモンゴロイド系は少なく、欧米人やアラブ人は汗腺自体が大きくて数も多く、アポクリン腺が大きければ体臭も強くなるのです。体臭はアポクリン腺ばかりでなく、皮膚常在菌であるニキビの原因菌・アクネ菌が出すプロピオン菌なども、アポクリン腺の汗に含まれる脂肪酸同様、分解されタンパク質やアンモニアと混ざり合って体臭となるのです。

酒粕は食べる化粧品！　手軽にできる酒粕パックがおすすめ

酒を搾《しぼ》ったあとの酒粕《かす》には糖質やタンパク質、食物繊維が多く含まれており、とても栄養価の高い食品です。さらに麹菌や酵母などの微生物による発酵過程で生み出された各種アミノ酸、ペプチド、ビタミン、アルコールをはじめ多くの機能性成分が残っています。

中でも注目されているのが、レジスタントプロティンと呼ばれるタンパク質の一種です。

レジスタントプロテインとは消化酵素で分解されにくいタンパク質で、食物繊維に似た働きをします。分解されないとは、体内で栄養として使われることなく便として排泄《はいせつ》されてしまうものなのですが、まるで役に立たないわけではありません。

レジスタントプロテインは、小腸を通りながらコレステロールなどの脂質を強力に抱き込んで、体外に排泄してくれるのです。余分な脂質は吸収されることなく排泄されるので、結果として太りにくくなります。便は脂質を含んだ便になるのでスルリと出て、便秘の解消にもつながります。酒粕には、もともと不溶性食物繊維も多いので、レジスタントプロテインとの相乗効果が期待できます。酒粕を摂取することで排便回数や排便量が増加するばかりか、悪玉のＬＤＬコレステロール値も下がることが知られています。

今やレジスタントプロテインは食品の他、化粧品、医薬品などに幅広く使われ始めています。レジスタントプロテインは腸に直接届き、善玉菌の餌《えさ》となって善玉菌を活性化してくれます。また、酒粕にはＳアデノシルメチオニンという、抗うつ剤に含まれる成分が多いのも特徴です。

腸を健康に保つことが、実は〝一番の化粧品〟ともいえますが、そういう意味で酒粕は、食べる化粧品といっていいかもしれません。保湿効果はもちろん肌組成の構成、ターンオーバー（肌の生まれ変わり）を促す効果も期待されています。さらにはメラニン色素の働きを抑える成分も含まれており、シミやソバカスの発生を防ぐ効果もあるため、酒粕を利用した美白ケア化粧品、美容品が数多くあります。清酒メーカーが多くの化粧品を出しているのには、このような背景があるのです。

酒粕にはアルブチンが含まれています。アルブチンは美白成分・ハイドロキノン誘導体をつくり、チロシナーゼというメラニン酵素の働きを防ぐ効果があります。メラニン発生を抑制する麹酸、フェルラ酸も含まれているので、美白効果があるのです。麹酸やフェルラ酸はシミやたるみの改善にもつながり、アンチエイジングにもってこいです。肌の保湿に必要な成分の半分はアミノ酸といわれていますが、酒粕にはたくさんのアミノ酸が含まれています。

こうした話を聞きつけた女性たちが早速、酒粕を使ったパックを実施したところ、「シミが薄くなった」「透明感のある肌になった」「ツルツルの肌にしっとり感も加わって化粧のノリがよくなった」などの効果を実感されているようです。

酒粕パックのつくり方はとても簡単です。材料は酒粕１００グラムに精製水50ミリリットル。酒粕に精製水を加えてすり鉢ですります。フードプロセッサーを使ってもいいでしょう。精製水は、酒粕の固さを見ながら量を調整してください。酒粕パックの固さは、顔に乗せてもたれないくらいのペースト状が理想です。それを顔に塗り、市販のフェイスシートを上から被《かぶ》せるだけです。ぜひお試しあれ、格安なのに効果絶大です。パックの時間は10分ほど。その後、ぬるま湯でしっかりと洗い流してください。酒粕にはアルコールが含まれているので、できれば顔に塗る前に、腕の内側などに塗ってパッチテストをするといいでしょう。酒粕パックは、お風呂の中で行うとより効果的です。毛穴が開くため、毛穴に詰まった汚れを取り除く他、酒粕の美容成分が角質層まで浸透しやすくなるといわれています。

【 第五章 】

微生物

農業現場で力を発揮する

有機物を分解して無機物に戻す微生物は、地球上で非常に重要な役割を果たしています。農業分野はもちろん、環境汚染を引き起こしている物質の分解など、あらゆる場で大活躍中です。

01

地球上に棲む微生物の役割

微生物は地球上の生き物を支える、「縁の下の力持ち」

地球上に棲《す》んでいる生物の役割は、生産者と消費者、分解者の三つに分けることができます。

〝生産者〟は植物です。二酸化炭素と水を原料にして太陽の光エネルギーで光合成を行い、糖や澱粉をつくり出しています。すべての生き物は炭水化物、タンパク質、核酸、脂質などの有機物と水および無機質から構成されています。さまざまな生き物の「種《しゅ》」に特有の姿、形をつくり、生理作用などの複雑な働きを行っているのは有機物です。その有機物を無機物からつくり出しているのが、植物なのです。

細菌の仲間にも光合成を行うものや、化学合成で簡単な有機物から無機物を分解した際に出るエネルギーを使い、有機物の合成を行うものもあります。これらも生産者といえますが、細菌の中ではごく限られたものにすぎません。

動物は植物や他の動物がつくった有機物を食物として利用しますが、自らの手で無機物から有機物を合成することはできません。したがって、「有機物を消費する生物」と考えられ、〝消費者〟と呼ばれます。

それに対して、細菌やカビなどの微生物は別の役割を持っています。動植物の死体や排《はい》泄《せつ》物などの有機物を分解して、無機物に変化させます。その場合、窒素化合物はアンモニアや硝酸塩のような形に分解され、植物や肥料（栄養）として利用できるようになります。このように、細菌やカビなどの微生物は有機物を分解するので、〝分解者〟と呼ばれています。

生産者、消費者、分解者のバランスがよく取れた世界は安定していますが、いずれかが多すぎたり少なすぎたりすれば、一時的に不安定になります。

多くの細菌の仲間は、土の中で生活しています。それらの分解作用が地球上の植物を育てる基《もと》になり、さらには動物の生活を支えているわけです。細菌やカビなどの微生物は、地球上の生き物を支える「縁の下の力持ち」といえます。彼らは38億年前に地球上に登場しました。38億年目を元旦として地球カレンダーをつくると、消費者である人類が登場したのは12月31日23時50分頃になります。人類不在の気の遠くなるような長い時間、彼らはずっと地球の掃除をしてこの星を守ってきたのです。

現在、地球上の植物による有機物の生産量は、年間564億トンから1兆トンと推察されています（国立環境研究所）。その膨大な量の有機物を微生物の発酵作用で土や水や炭酸ガスなどに分解して、地球の中の生態系が守られているのです。彼らのこのような働きがなければ、地球上にはたちまち動物や植物の死骸で埋まってしまいます。自然界の物質循環が停止してあらゆる生物体は完全に滅んでしまうのです。

微生物は分解者として非常に大切な役割を果たしているのですが、彼らに意思があるわけではありません。地球上の生物を支える目的で分解作用を行っているのではなく、分解作用で生じたエネルギーを、自己の生活や増殖に使っているのにすぎないのです。

微生物は植物や動物の死骸を分解して、無機物に戻す役割を担う

農耕地における微生物の役割は、大きく三つに分けられます。第一は土壌中の物質の分解、第二が空中窒素の固定、第三が微生物と作物の相互作用です。これを順に説明していきましょう。

まずは、土壌中の物質の分解についてです。植物は、太陽のエネルギーを利用して自然界にもともと存在する無機物と水、二酸化炭素から炭水化物やタンパク質などの有機物をつくりながら、生長していきます。動物は植物を食べたり、動物を食べたりして有機物を獲得しています。

動物の体に取り込まれた有機物は再び分解され、やがて無機物に戻っていきます。動物の体に取り込まれた炭素や窒素、リンなどの元素は一度無機物に戻らないと、植物は生長に必要な無機物を確保することができません。植物や動物の死骸を分解して無機物に戻す役目をしているのが、微生物です。

このように、いろいろな元素が植物、動物、微生物の体を繰り返し回ることを、「物質循環」と呼びます。人間が吸っている酸素にしても、植物が光合成時に発生させてくれるからなくならずにすんでいるのです。もし、物質循環が止まって植物が光合成を行わず生長できなくなったら、人間の吸う酸素もすぐになくなってしまいます。誠にありがたきかな植物、ありがたきかな太陽なのです。古代宗教が太陽を信仰の対象と見なし、神格化した理由が分かる気もします。

植物を育てる土は、岩と腐植物質から出来ています。落ち葉などの有機物がミミズなどの土壌小動物や微生物によって分解されると、腐植《ふしょく》物質が出来ます。腐植物質は、落ち葉などの有機物に含まれるリグニンなど、分解しにくい成分が変化して出来る複雑な構造を持った黒色の成分です。腐植物質の多い土壌は黒い色になります。腐植物質は分解されにくく、土壌粒子をくっつける接着剤の役目を果たしているので、腐植物質が増えると土壌団粒（土壌粒子が大きくなって出来た大小の団粒）が増えていきます。

畑や水田にワラや堆肥《たいひ》などの有機物を入れ続けても、腐植物質は増えて土壌団粒を増します。植物の養分となる無機物は土の中の粘土や腐植物質にくっついていて、少しずつ水に溶け出して植物の根に吸われ、生長に使われるのです。

作物は光合成の過程で窒素、リン、カリウムの他、マグネシウム、マンガン、鉄などの微量元素を必要とします。農業生産では作物の大部分は収穫されて耕地外へ持ち出されるので、地力を維持するためには堆肥などの有機物や化学肥料によって、必要な元素を補ってやらなければなりません。

畑に残された作物遺体、外部から補給された有機物や化学肥料を分解して作物に吸収されやすくするには、土壌中に生息する微生物が不可欠な存在となります。微生物は有機物質や化学肥料を分解して、直接作物に吸収されやすくします。肥料成分を体内に取り込み、増殖したのち死滅しますが、それが他の微生物によって分解され、肥料要素を徐々に放出します。このように微生物は、土壌中における肥料要素の循環をうまく保つ、主要な役割を果たしています。

土壌の微生物を好適に制御することができれば、施肥《せひ》（肥料を与えること）の効率、ひいては作物の収量をさらに向上させることができるのです。

腐敗も発酵の一種。有害な物質は生じるが、やがては無機質に

食品を放置しておくと、すぐに腐ってしまいます。その原因は、カビや細菌などの微生物です。腐敗とは、有機物が有毒、あるいは悪臭を放つ物質に分解されることを指します。

微生物の働きで有機物が化学反応することを総称して「発酵」と呼びますが、その定義に従えば、腐敗も発酵の一種といえます。両者の違いは人間が勝手に定めたもので、微生物の働きが人間にとって不都合な場合を腐敗と呼び、好都合な場合を発酵と呼んでいるに

すぎません。

嫌気性菌《けんきせい》（生育に酸素を必要としない細菌）が窒素や硫黄を含む有機物を分解した場合には、インドール、アミン、硫化水素などを生じ、有害あるいは悪臭を放つことがあります。窒素や硫黄はタンパク質に含まれていることが多いので、タンパク質は腐敗しやすい物質といえます。微生物によるタンパク質の分解は確かに有害な物質を生じますが、それらはやがて無機質に分解されていきます。その無機質は再び、植物などに利用されていくのです。つまり、長い目で見れば腐敗も地球上の物質循環の一環をなしていて、それがなければ地球上の生物は存在することができなくなってしまいます。

そう考えると、腐敗も発酵も人類にとっては好都合な現象、つまりすべて「発酵」と見なすこともできるのです。私たちはその場その場で都合よく他の生物の働きの利害を判断し、人間本位の分け方をしている場合が多いことに気がつきます。

コラム

石油よりも希少なリンは、どこにでもあるわけではない

2023年9月、北アフリカ・モロッコで大地震が発生しました。死者は3000人超にのぼり、数十万人が住まいを失うなどの被害が出ました。復興には、何年もの時間を要することになるでしょう。遠く離れた国の災害であっても、事態の深刻さには胸が痛みます。加えて、モロッコはリン鉱石の産地であることも知っておく必要があります。リン鉱石は微生物などが化石化したり、鳥類などのふんが固まったりして出来ます。

世界の埋蔵量の7割はモロッコの周辺（ナイジェリア、ケニア、コートジボワール、エチオピア）に集中していて、モロッコ国営リン鉱石公社（OCP）の2021年の収益は94億ドルにも及びました。

リンは窒素やカリウムと並び、「肥料の三要素」の一つです。日本はほぼ全量を輸入に頼っています。万一、その調達が途切れれば日本の農業への打撃は計り知れません。新興国や発展途上国の食料増産で肥料需要が高まっているため、現在でも海外の需給はひっ迫しています。資源枯渇への懸念も相まって、米国や中国では採掘したリンの輸出を規制していて、今や石油より希少ともいわれているのです。

02 空中にある窒素を「固定」させる菌

生体にとって不可欠な窒素を、細菌が地球上で循環させている

農耕地における微生物の役割の二つ目は、空中窒素の固定化です。

肥料の三大要素の一つである窒素は、植物の生育に最も大きく影響する元素です。空気中に大量に存在する窒素ですが、気体のままだと植物は利用できません。そこで、窒素を植物が利用しやすい水に溶け込む形にしますが、これを窒素固定といいます。

腐敗と関連して細菌が重要な役割を果たしているのが、「地球上における窒素化合物の循環」です。窒素は大気成分の約80％を占めていますが、ほとんどの生物は窒素を直接利用することができません。しかし、窒素は生物にとって不可欠です。生物の体を構成するタンパク質や核酸といった物質には必ず、窒素原子が含まれているからです。

植物は光合成によって、二酸化炭素と水からブドウ糖や澱粉《でんぷん》などの炭水化物をつくり出します。次に、この炭水化物と根から吸い上げた窒素化合物などを原料にしてアミノ酸に分解後、再び自分の体に合ったタンパク質を合成していきます。動物はそれを食べ、一部のタンパク質は尿素《にょうそ》や尿酸《にょうさん》の形になり、尿の成分として排出されるのです。こうした排出物や動植物の死体は細菌、カビなどの分解者によって分解され、アンモニアやアンモニウ

ム塩の形になります。アンモニウム塩は植物の根から吸収されますが、アンモニアは亜硝酸菌という細菌によって亜硝酸に、さらに硝酸菌によって硝酸塩に変えられ、これも植物の養分として吸収されます。窒素はこのような経路で生物体を通り、循環しているのです。

人類は20世紀初期、窒素ガス（N_2）からアンモニアを人工合成する技術を確立しました。合成したアンモニアは他の反応性窒素へ、容易に変換することができます。化学肥料や工業原料として人工合成された反応性窒素は、人類に大きな恩恵を与えてきました。その一方で、人類が合成して利用する反応性窒素の多くが、自然環境に排出されています。化石燃料などの燃焼によっても、窒素酸化物などの反応性窒素が発生し、大気に排出されます。

この反応性窒素の環境への排出量の増加が地球温暖化、大気汚染、水質汚染、富栄養化、生物多様性の損失といった原因にもなるのです。肥料や原料として窒素の便益を保ちながら、人の健康と健全な生態系を考慮した「持続可能な窒素利用」を実現するには、人間活動と自然のつながりを正しく理解する必要があります。

微生物の中には、空中の窒素を植物が利用できる、窒素化合物の形に変化させることができる技を持った変わり種もいます。そのような働きをする菌を、窒素固定菌といいます。窒素固定菌とは、マメ科植物の根粒《こんりゅう》（根に出来たコブのようなもの）の中にいる根粒菌や、植物に共生するのではなく、いわば一匹狼で窒素を固定する、土中にいるアゾトバクターやクロストリジウムと呼ばれる細菌もいます。細菌だけでなく、田んぼの水中に浮かぶラン藻の仲間も窒素固定能力を持っています。これら微生物の働きが、生物界から窒素が欠乏することを防いでいるのです。

この他、雷などの空中放電で大気中の窒素が硝酸塩やアンモニウム塩となり、雨粒に溶けて土中に入ることもあります。

このように窒素および窒素化合物は生物を通して自然界を循環し、繰り返し生物に利用されています。その循環に、細菌が重要な役割を果たしているわけです。

マメ科の植物と、その根に棲む根粒菌は互助関係にあり

農耕地における微生物の役割の第三は、微生物と作物の相互作用です。

火山が噴火して周辺の生物を完全に死滅させたあと、新しい土地に初めて繁殖するのは窒素固定能力を持つラン藻の仲間です。ラン藻は光合成能力を持っているので、栄養のない土地でも自力で炭水化物をつくり、さらに空中の窒素を利用してタンパク質などをつくって繁殖します。

これと同様のことは、マメ科の植物でも見られます。肥料分の少ないやせた土地でもマメ科植物が育つことは、古くから知られていました。春先、田んぼにレンゲ草などを植えて、土地を肥沃にすることが行われていました。レンゲ草は豆科の植物で、土地を肥えさせるので緑肥と呼ばれています。美しい花を見せるレンゲ草の根には、丸い粒が付いています。

それが、根に共生している根粒菌《こんりゅうきん》です。根粒菌は土の中でマメ科植物の根の中に入り、根の一部を小さな粒状にふくらませて、根粒を形成します。根に付くコブなので根粒と呼びますが、この根粒をカミソリで薄く切ると、ピンク色をしたところと白いところがあります。ピンク色をしたところが、窒素を固定している根粒です。血液のヘモグロビンと似た成分で、酸素を運搬する色素がピンク色なのです。

根粒菌の中でもリゾビウムという菌が最も有名で、古くから地力の維持や向上に利用されてきました。根粒菌は普段、土の中で他の土壌菌の仲間と一緒に暮らしていますが、ひとたび大豆の根が近くに伸びてくると、根粒菌はその根の表面に付いて大豆の根の細胞に入り、数を増しながらコブをつくっていきます。それが根粒です。根粒は大豆から糖分を分けてもらい、その代わり空気中の窒素ガスを植物が使えるアンモニアに変えて、大豆に渡しているのです。

大豆だけではなく、他のマメ科植物であるエンドウ、アズキ、クローバーなども根粒菌と共生しています。それぞれに相性の良い根粒菌があって、大豆の根粒菌はクローバーの根には共生できません。

マメ科植物と根粒菌は複雑で巧妙な連携を保ちながら、共生関係を維持しているのです。私たちは、「植物が無機窒素から有機窒素を合成し、動物はそれを利用し、その死骸や糞尿をミミズや微生物が分解して再び無機窒素となって植物に利用される」と教えられますが、しかし硝化や脱窒、窒素固定など窒素循環の重要な部分では、微生物が人知れず黙々と活動をしているおかげで、私たちは生きていられるのです。

田んぼの水を抜く「土用干し」は、経験から生まれた先人の知恵

根粒菌以外にも、窒素固定を行う微生物がいます。アゾトバクターと呼ばれる細菌は根粒菌のように共生関係を持たず、単独で窒素固定を行っています。嫌気性菌のクロストリジウムの仲間にも、窒素固定を行うものがいます。

水田に浮かぶラン藻の仲間が窒素固定を行うことは前記しましたが、ある種のカビも植物の根の内部に侵入して植物と共生関係を保ち、窒素固定を行います。ラン科植物の根などで見られる根粒がその例で、カバノキ、ブナなど樹木の根元にも根粒が見られます。落葉樹のハンノキや常緑樹のヤマモモはマメ科植物ではありませんが、根粒をつくります。根粒内には、抗生物質を生産することで知られる放線菌が棲息《せいそく》しており、林業ではやせた土地の改良に利用されています。

このように、自然界では細菌や他の微生物が窒素固定を行っていて、地球から窒素化合物が失われるのを防いでいます。その量は相当なもので、1エーカー（約4047平方メートル）の土地にウマゴヤシ、クローバー、ハウチワマメなどのマメ科植物が栽培されたとき、一収穫期に100～200キログラムもの窒素が固定されるのです。

図28　水田における硝化作用と脱窒作用

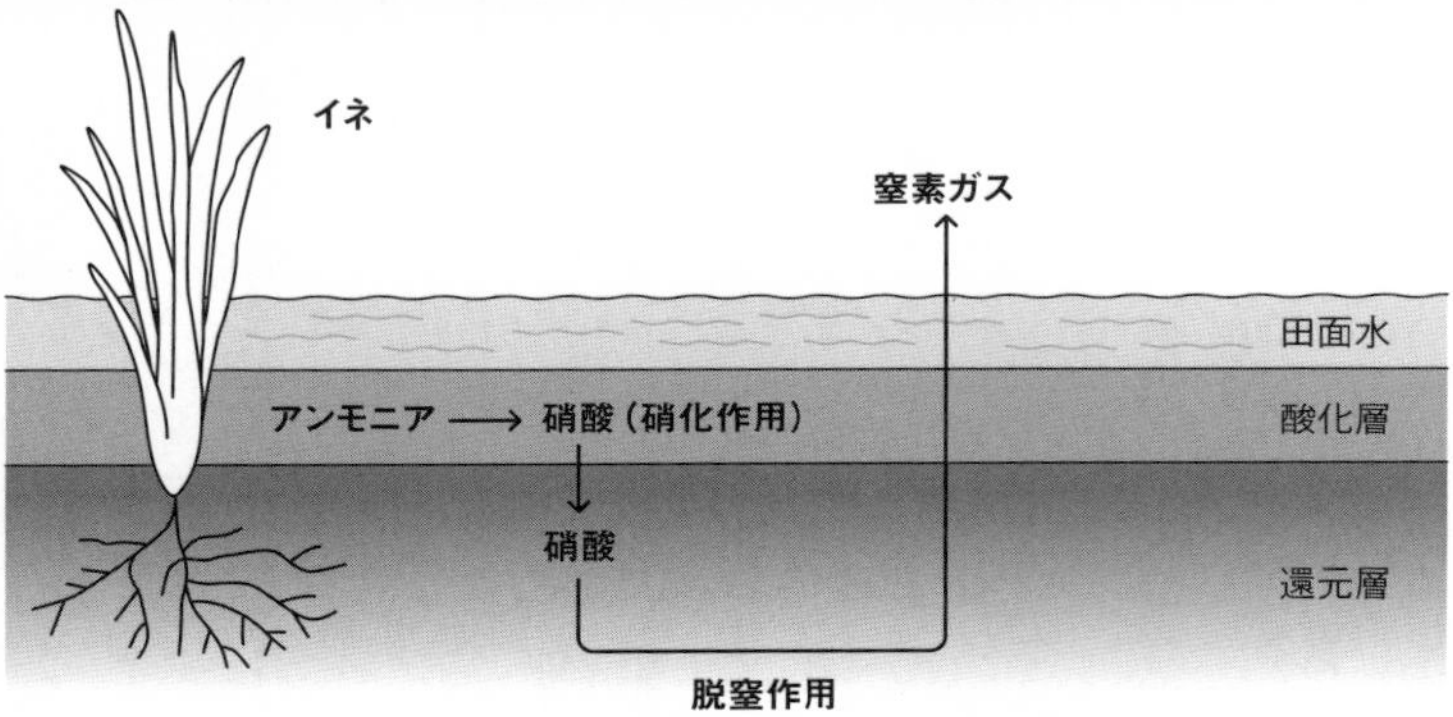

出典：「土壌微生物とどうつきあうか」（西尾道徳・著　農山漁村文化協会・刊）

一方、せっかくつくった窒素化合物、植物が利用できない窒素ガスに変える細菌もいます。嫌気性の脱窒《だっちつ》細菌と呼ばれる細菌です。この脱窒細菌は硝酸を還元して窒素ガスをつくり出し、水田などではこの菌の活動で窒素肥料が失われることがあります（図28）。

しかし、農家の人たちは知っていました。原理は分からなくても、経験でそれを防ぐ対策を取っていたのです。「土用《どよう》干《ぼ》し」「中《なか》干《ぼ》し」とかいわれるものが、その対策です。真夏の太陽に照らされた水田の稲が青々と生育した土用の頃（立夏＝7月後半〜8月初め）、水田を覆っていた水を一度排水します。それによって土が乾くと空気が土中に拡散し、不足していた土中に酸素が補給されるのです。

この作業によって好気性菌が活動を始め、脱窒細菌など嫌気性菌の活動を抑えるばかりか、嫌気性菌による硫化水素やメタンガスの発生を抑え稲の根腐れを防ぐ効果もあります。

このように、大地の微生物と農業とは深い関わり合いがあり、人間は長い間の経験によって、大地の微生物の働きを適当にコントロールする手段を身につけてきました。

水田の生き物を守りながら、温室効果ガスを削減する方法

中干しは稲の生育管理や作業効率の向上のため、夏場に水田の水をいったん落として乾かし、稲の生育を調整したりする一般的な作業です。しかし、この期間を通常より1週間以上延長すると、温室効果が二酸化炭素の28倍にも及ぶメタンの発生を3割抑えられると話題になっています。2023年4月からは、「J・クレジット制度」の対象に加えられました。これは、農家の温室効果ガスの削減量に応じて国がクレジットを発行し、農家はそれを、脱炭素を掲げる企業などに売って農業収入に上乗せできる制度です。

メタンは水田に水を張った嫌気状態で、土の中の有機物がメタン生産菌によって分解される際に発生します。1週間から10日程度の通常の中干しを行うと好気環境になり、メタン生産菌が生育できなくなって、メタンの発生量は減ります。ところが、水を入れれば再び増えてしまうのです。

そこで、中干しの期間をさらに1週間以上延長することで、発生量が大幅に削減できるといいます。中干し後も土壌には酸素がある状態が続くので、メタン生産菌が働けない状

態が長く続くのです。

一方で、中干しは水生生物にとって過酷な環境を強《し》いることにもなります。水が水田からなくなると、オタマジャクシやゲンゴロウ、ドジョウなどは生きられません。

兵庫県豊岡市周辺は、川や水田の生物を食べて生きるコウノトリの貴重な生息地でした。「赤ちゃんはコウノトリが運んでくる」という逸話があるように、コウノトリは幸せを運んでくる鳥です。国の天然記念物にもなっていますが、かつては日本中に生息していました。しかし、ドジョウなどの餌《えさ》不足で激減し、1971年には最後の1羽が死に、野生のコウノトリは絶滅しました。羽化しなかったヒナの体内からは、高い濃度のポリ塩化ビニル（PCB）が検出されました。その後、豊岡市では旧ソ連から幼鳥を譲り受け繁殖、放鳥を始め、現在は2000羽以上が野生で生息しています。水田近くの巣塔の上には、子育てをしている幸せそうなコウノトリの姿が見られるようになりました。

生物多様性に配慮した「コウノトリを育む農法」で知られるようになった豊岡市は、コウノトリを一度絶滅させてしまった苦い経験から、水田の中干しの際に水生生物が避難できるようにするため、水田の排水溝に田んぼと水路をつなぐ魚道や、マルチトープ（水田避難溝）を設置しています。農薬や化学肥料の使用を制限するだけではなく、中干し前にオタマジャクシの足が生えているか確認するなど、細かなチェックも行われています。

中干しの1週間延長は、コウノトリだけでなくそこに棲む水生生物にとって厳しい環境になりますが、水路と水田の間に水を残したマルチトープをつくれば、水生生物の避難場所になります。これは、水田の生き物を守りながら脱窒菌（後述）や嫌気細菌、メタン生成菌の活動を抑え、温室効果ガス削減ができる方法として注目されています。

大気中にある2％弱の窒素を、みんなで順繰りに利用している

窒素はすべての生物にとって、不可欠な元素です。窒素は大気の8割を占める窒素ガスの形で、地球上のどこにでも存在しています。しかし、窒素は極めて安定しているため、直接はタンパク質にも核酸塩基にもならず、一部の微生物だけが窒素を利用できます。酸素の供給が悪くて有機物の多い場所では、脱窒菌と呼ばれる細菌によって硝酸や亜硝酸から窒素が遊離され、大気中に放出されます。

植物や動物が生存のために必要な窒素を手に入れるために、気体の窒素ではない水に溶ける窒素、すなわち反応性窒素と呼ばれる窒素が必要になります。反応性窒素は農作物の生産に欠かせない肥料になり、家畜を養う飼料作物にも必要です。

人類は、飲食物に含まれるタンパク質から窒素を摂取しています。すべての生物は、たった20種類のアミノ酸を組み合わせて、さまざまな機能を持つタンパク質をつくります。動物の場合、餌である別の生物の体（タンパク質）を食べ一度アミノ酸まで分解されたあとに、改めて必要なタンパク質としてつくり出されたり、別のアミノ酸につくり変えられたりし

ますが、一《いち》から（つまりアミノ酸以外の物質から）アミノ酸をつくり出すことはできません。

それに対して、光合成を行う植物や独立栄養性の細菌である光合成細菌や化学合成菌などは、二酸化炭素と水から合成した炭素骨格に無機窒素（硝酸やアンモニアなど）を付加することによって、アミノ酸を合成することができます。無機窒素とは炭素を含まない化合物で、炭素を含む化合物は有機窒素と呼びます。このように、無機窒素を材料にしてアミノ酸をつくり出すことを「無機窒素を同化する」といいます。

地球上では植物や微生物のみが海水や湖水、さらには土壌中の無機窒素から有機窒素を合成しています。

植物と微生物以外のすべての生物は、体の基となる有機窒素を自らが合成することはできず、植物や微生物が生産したそれを利用する他はないのです。

地球上の窒素の約96％は地球内部のマントルに存在していて、生物は利用できません。岩石や石油に含まれる窒素も利用することができないのです。大気中の窒素は、わずか2％弱と、ほとんど利用できない窒素ガスとして存在しています。海水中の窒素も同様です。水中にはほとんど含まれておらず、残りは土壌や海積物に含まれます。

結局、すべての生物は身のまわりにあるわずかな無機窒素を、順繰りに利用しているにすぎないのです（**図29**）。

植物が同化した（無機窒素からつくった）有機窒素を利用して動物は自ら体をつくり、子

図29　窒素の循環とそれに関わる微生物

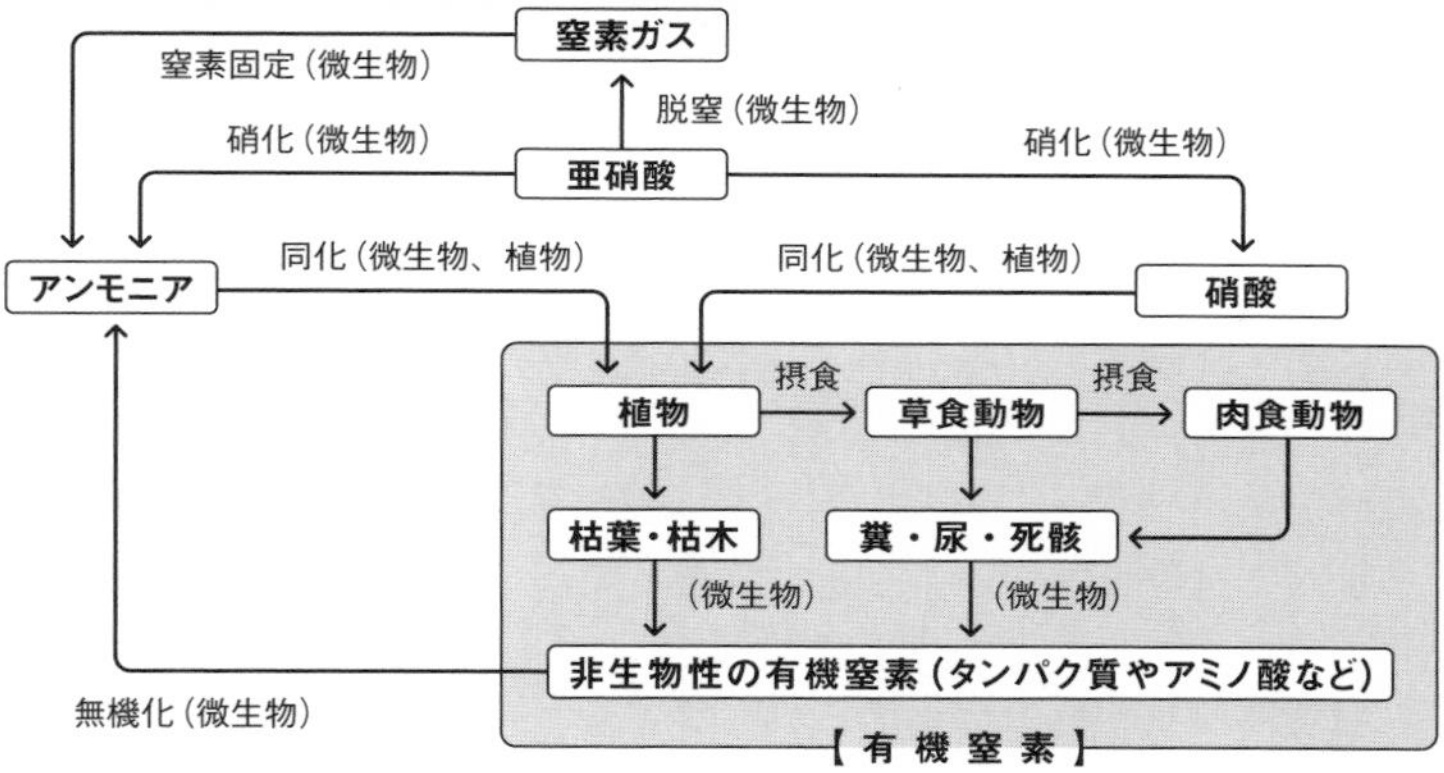

出典：『微生物ってなに?』（日本微生物生態学会・編／日科技連・刊）

孫を残します。動物の糞《ふん》、尿あるいは死骸などは、微生物に分解されて無機化され、アンモニアになります。アンモニアは植物によって再び有機窒素に変えられ、一部は特殊な細菌（硝化細菌）によって酸化、亜硝酸や硝酸になります（硝化）。

この過程は農業や地球環境にとって、非常に重要です。硝酸はアンモニアと同じく、植物に取り込まれて有機窒素に再合成されます。ただ、硝酸はアンモニアと比べて水に溶けやすく土壌粒子にくっつきにくいため、雨水や地下水となって陸から川へ海へと流出していき、海藻やプランクトンの栄養源となります。

ある種の細菌は貴重な硝酸を還元し、窒素ガスとして大気に放出しています。これを脱窒、その細菌を脱窒細菌と呼びます。農家が肥料として施した多くの窒素は、脱窒により窒素ガスとなり、無駄になってしまうことも多いといわれています。脱窒細菌は他の多くの細菌と同様、有機物を酸化分解してエネルギーを得る従属栄養細菌ですが、酸化に必要な酸素ガス（O_2）が不足すると、代わりに硝酸（HNO_3）を使って有機物を酸化します。それによって硝酸は最終的に窒素ガス（N_2）となって大気に放出されてしまうのです。脱窒反応の過程では、硝酸（HNO_3）→亜硝酸（HNO_2）→一酸化窒素（NO）→一酸化二窒素（N_2O）→窒素ガス（N_2）と順次還元されます。

一酸化二窒素も通常はガスとして存在し、大気中にも微量存在していますが、近年、急激に増加していることが分かってきました。実はこの一酸化二窒素は強力な地球温暖化ガスで、同時にオゾン層破壊ガスでもあり、地球環境問題を考えるうえで見過ごせない物質です。一酸化二窒素は硝化や脱窒の過程でも生じる他、非生物的にも生成しており、どの要因が大気中の一酸化二窒素の増加に関わっているのか、研究が進められています。排水処理場や有機物に多い海域などは、その発生源ともいわれています。

コラム

高騰する肥料代の救世主

高騰する肥料代を節約するため堆肥と並んで注目されているのが、マメ科植物です。空気中の窒素ガスを体に取り込む能力があることは本文で紹介しましたが、他にもさまざまな能力が知られています。

マメ科植物は肥料なしで繁茂して育つので、他の雑草への抑草効果があります。特に、ヘアーリベッチと呼ばれるマメ科植物は、土壌の排水の悪い重粘土でも育ちます。そのうえ、アレロパシー（他感作用）と呼ばれる他の植物を寄せ付けない効果もあるので、抑草効果が高いのが特徴です。

ヘアーリベッチやレンゲは土中での分解が早く、畑状態ですき込むと緑肥となり、繁茂すれば10アール当たり約15キログラムの窒素肥料に相当するのです。その他、土中のリン酸を吸われやすくする効果、土壌線虫を減らす、天敵昆虫を呼び込む、根が深く伸びるなど数多くの効果が知られています。

寒冷地は低温により土壌窒素を吸収しにくいため、窒素固定活性の高い優良根粒菌が求められていました。秋田今野商店では、秋田県立大学で開発されたヘアーリベッチ用の根粒菌を製造販売しています。

03 農地で共存共栄する生き物たち

10年経っても、農作物に病気を引き起こすカビ

フザリウムやバーティシディウム、リゾクトニア、フィトフィトラ、ピシウム、プラスモディオフォラなどに属するカビは、主要土壌病原菌と呼ばれています。一度、土壌病原菌が増えると、それらのカビは土壌中で特別な厚膜胞子や菌核と呼ばれる、非常に硬い細胞をつくって生き残っていきます。感染できる作物が栽培されると、一斉に発芽して病気を引き起こすのです。

10年間も感染できる作物を栽培していなかったので、「病原菌はもう死んだだろう」と思って再び栽培を始めたところ、病気が激しく再発することも多いのです。

こうなった場合、農家の人たちはプラスチックフィルムで畑を完全に覆って、化学農薬で土壌を消毒します。しかし、土壌を消毒する化学農薬はガスとなって土壌に広がるので、フィルムから洩れると作業をしている人の健康にもよくありません。

土の中に微生物が多いといっても、数ではどうもピンとこないかもしれません。そこで、重さによる比較をしてみましょう。一般に、畑には10アール（1000平方メートル）当たり約700キログラムの土壌微生物がいます。このうち70〜75%はカビ、20〜25%を細菌

が占めます。

土壌消毒することによって、これらの微生物は土壌病原菌とともに消毒され、土壌中の有機物を分解するような有用菌まで皆殺しにしてしまうので、地力が落ちてしまいます。ひとたび無菌状態になった土壌は無防備なため再度、病原菌の侵入を許すと以前にも増して勢力を増し広がっていくことになるのです。

そこで、自然生態系と調和の取れた防除法の一つとして、拮抗《きっこう》微生物による生物防除が注目されています。

土の中にいる微生物は、なぜ大切なのか

このように土壌には莫大な種類の微生物が生活していて、微生物は餌を食べてエネルギーを獲得するとともに細胞成分を合成し、自らの細胞の維持と生長、そして子孫を残すための物質代謝に努めます。物質代謝とは、食べた餌を酵素の働きによって別の物質に分解したり、合成し直したりすることです。物質代謝によって変えられた産物は、また別の微生物に代謝されます。

土壌に還元された作物遺体や、堆厩肥《たいきゅうひ》など有機物中の窒素やリン酸といった元素は無数の微生物の物質代謝を受け、やがて無機態の窒素やリンに変えられ、再び作物に吸収されます。作物に吸収される窒素やリンなどの元素は、莫大な微生物が少しずつ分担し合う

ネットワークに乗って化合物の形を変えながら運ばれ、繰り返し何度も作物に利用されているのです。これを、物質循環と呼んでいます。土壌が生きているといわれる理由の一つは、この物質循環が土壌にあればこそです。

畑には水が少ないので微小藻類や原生動物は少なく、カビと細菌が大部分です。カビは餌となる植物根や収穫残渣《ざんし》（畑に残る残骸物）に含まれる、難分解性のセルロースやリグニンなど多糖類を分解する能力に優れています。

一方、水田の田面水《でんめんすい》には微小藻類や原生動物は多いのですが、土壌は田面水がバリアとなって酸素のない、嫌気的な環境になっています。そのため、嫌気条件で増殖できる細菌が大部分を占め、酸素を必要とするカビは激減します。

10アールの畑の中にいる微生物７００キログラムの菌体のほぼ80％は、水分です。水を除いた１４０キログラムのうち70キログラムが炭素、11キログラムが窒素です。通常、作物での窒素の施肥（肥料を施すこと）量が10アール当たり約10キログラムですから、菌体窒素（菌体が持つ窒素）はそれに匹敵するわけです。そのため菌体窒素は地力窒素として、非常に重要な意味を持っています。

農地は作物、雑草、ミミズなど土壌の小動物や微生物、地上の昆虫や鳥などが一緒に生活し、植物と植物遺体を餌の源として食いつ食われつつ全体で食物連鎖をつくり、窒素やリンなどの養分元素を循環して繰り返し利用しています。農地はさまざまな生物と環境の入り組んだシステムをなしていて、そのどこかに無理をかけたり、結果的に生じたりすれば、思いがけないところに狂いが生じる恐れがあります。

04 微生物が農作物の病害を防ぐ

生物で生物をコントロールする、「バイオロジカルコントロール」

確かに、農薬は高い農業生産性を維持するには不可欠であり、世界的な食糧不足を解消するためにもその役割は今後、増大していくと考えられます。しかし近年、環境などに及ぼす悪影響への懸念もあり、生態系を乱さず防除する方法を求める動きが強まってきました。それが、農薬を使わず土の中にいるカビの力を借りて、病原菌だけを退治する方法です。特にヨーロッパでは、化学合成農薬一辺倒に対する反省をふまえて、生物で生物をコントロールするバイオロジカルコントロール（生物防御技術）が注目されています。この手法は化学合成農薬と異なり、生物を使った防御技術なので残留性が少なく、安全性が高いという理由もあります。そのため、ますますその機運需要が高まっているようです。

今まで、さまざまなタイプの微生物農薬が実用化されています。微生物農薬は、「生きている」ということが従来の農薬と異なる点です。土壌中や作物体上で繰り広げられる微生物同士の戦い（拮抗作用《きっこう》）を上手に利用したものです。「寄生」は微生物が他の微生物に寄生し、相手方を溶菌、破壊する作用です。「抗生」は微生物が産出する代謝産物、抗生物質によって、他の微生物の活動阻害や殺菌をする作用です。「競合」は、微生物同士の栄養や空間の生態的優位を確保するための競争です。

このように、微生物が生きていないとこれらの作用も期待できませんから、当然のことながら製剤化過程、貯蔵期間、施用作業などを通し、微生物は生菌であることが必要条件になります。ですから、微生物が死んでしまったり、生菌数が低かったりするとその効果は期待できません。

微生物はどのような環境下でも生き長らえる手法として、耐久体細胞という器官をつくります。読んで字のごとく、劣悪な環境下ではその環境に耐えるため細胞が強固なつくりになり、やがていつの日か発芽できる環境を待ち望んで、一時的に眠りにつくのです。カビの場合、それが胞子《ほうし》です。微生物農薬のほとんどが胞子でつくられているのは、このような理由によります。私たちが生業としている種麹造り（100ページ）は、高純度で生菌率の高い胞子を大量につくるわけで、その培養手法が微生物農薬生産の手段として注目を浴びています。

トリコデルマというカビは、病原菌の体に巻き付いたり栄養を横取りしたり、抗菌物質を出したりして病原菌を弱らせます。また、土の中には農作物に被害をもたらすセンチュウ（線虫）を捕食する菌「アリスロボトリス」というカビがいます。この菌はカウボーイの投げ縄のような輪を菌糸でつくって、そこに入ってきた悪玉センチュウを捕らえ、なんとその輪で絞め殺してしまいます。アブラムシを好きな「ボーベリア」や「バーティシディウム」というカビもいます。このカビに取り付かれたアブラムシは全身を菌糸にがんじがらめにされて、ついには死んでしまいます。

このように害虫駆除に活躍するカビは多く、カビの特性を活用した微生物農薬の研究が盛んに行われています。特に、日本の場合は麹菌《こうじ》のように特定のカビを高密度で無菌的に培養するノウハウがあり、世界的にも高く評価されています。日本はまさに、この分野の研究の世界的トップランナーなのです。今後もカビを利用した殺菌剤が、続々と日本から登場してくることでしょう。

微生物を利用して農作物の病害を防ぐ試みは、これまで国内外で行われて来ました。日本ではタバコ白絹《しらきぬ》病の防除にトリコデルマ菌の胞子を土壌混和する方法が開発されましたが、大きな成果は得られていません。それは、土壌の複雑な微生物生態系の中で、病原微生物に対する特定の拮抗微生物を定着させることが、かなり困難だからです。実験室では上手くいっても、フィールドでは再現できない場合が多々あるのです。それよりも土壌微生物の多様性を図り、微生物間の相互作用を利用して特定の病原微生物が優占《ゆうせん》化するのを防ぐほうが、近道かもしれません。あるいは、根とその周辺に常在する微生物へ拮抗活性を示す微生物の遺伝子を組み込んで定着させ、増殖させることも一案になるでしょう。

江戸時代の日本の文献に、稲が徒長《とちょう》（必要以上に間延び）して枯死する病気について記載があります。徒長の原因は、稲に寄生したカビ「ジベリア・フジクロイ」がつくる「ジベレリン」という物質であることがのちに明らかになりました。実はこのジベレリン、種なしブドウをつくるときに使われています。ブドウの花が開花する前後に花房をジベレリンの水溶液に浸けると、受粉しなくても種が出来ないまま立派なブドウになるのです。

ジベレリンは、ジベリア・フジクロイというカビを使って発酵生産され、農業で最も使われている植物ホルモンの一種です。他にもリンゴやナシの実を大きくしたり、ナスやイチゴの着果数を増加させたりする際にも使われます。成長促進、開花促進、果実の落下防止、老化阻止など幅広い目的に使われる優れものです。海外では、ビール製造に必須である麦芽の酵素誘導剤としても使われています。

収量低下をもたらす稲ばか苗病に対しては、育苗箱（苗を育てるときに使用する浅い箱）が普及するとともに、防除のための稲の種子消毒が重要な作業の一つとなりました。種子消毒には化学合成農薬が多用され、その普及率は極めて高くなっています。しかし、相手は強力なカビであり、その多くが化学合成農薬に対して抵抗性を示し、また種子消毒廃液による環境汚染の問題も抱えています。

そこで出てきたのが、カビを持ってカビを制する防除法です。自然に存在するものなら、人が合成してつくり出した化学合成農薬のような難分解物質（合成農薬）と異なり、安全であると考えられるからです。実際、ジベリア・フジクロイに対して強い拮抗能力を持つトリコデルマ・アトロビリディの胞子が微生物農薬として登録され、クミアイ化学工業から「エコホープDJ」の名称で販売されています。

稲ばか苗病、いもち病、苗立枯病《なえたちかれびょう》、細菌病、もみ枯細菌病、褐条病《かつじょう》の防除に、タラロマイセス・フラバスの胞子が微生物農薬として登録され、出光興産から「タフブロック」の名称で販売されています。この菌株はイチゴの炭疽《たんそ》病、うどんこ病にも効果があり、「バイオトラスト」という名称で流通しています。これら二つの微生物農薬の原体は、私どもの会社が製造しています。

大量のイナゴが突然消えたのは、カビのせいだった

近年、モモの種子をバクテリオシン生産菌であるアグロバクテリウム・ラディオバクターで処理することによって、根頭がんしゅ病を防除したり、立枯病菌に拮抗作用を示すシュードモナス菌を小麦種子に塗布し、立枯病を防除するなど、種子に拮抗微生物を塗布するバクテリゼーションによって、土壌病害を防除する試みも盛んに行われています。

微生物によって農作物の病気を防ぐ方法として、交叉《こうさ》抵抗を利用するものもあります。交叉抵抗とは、人が予防目的で接種するワクチンと似ています。あらかじめ病原性の弱い菌

株を接種しておき、あとから侵入する病原力の強い菌株の感染、発病を抑えようとするもので、日本ではサツマイモのつる割れ病の防除に用いられています。

作物の組み合わせによって、病原菌を退治する方法もあります。病気の予防にはまず、病原菌を増やさないことが大切です。同じ種類の作物を続けて栽培する、いわゆる連作をするとその作物を侵す病原菌が増えてしまい、せっかく形成された産地が連続栽培できなくなって崩壊する心配もあります。そこで、作物の種類を変えて栽培（輪作）することが重要になります。そのうえで病原菌を退治する微生物がたくさんいれば、病原菌はその土の中で生きづらくなって病気が出にくくなるのです。輪作をすれば病気をほとんど出さずにすみますが、作物の組み合わせによって、病気の発病を抑えるという知恵もあります。

昔から一部の地域では、トマトの横にニラ、スイカの横にネギを植えたりしていました。その理由は、ニラやネギは特殊な成分を分泌するので、普通の微生物は棲みつきにくい一方で特殊な細菌が棲みつき、しかもその細菌がトマトやスイカの病原菌を攻撃する細菌であることが判明しました。このような伝統農法を改めて応用し、化学合成農薬を使わず病原菌を防いでいる例もあるのです。まさに温故知新《おんこちしん》といえますね。

人は病原微生物に感染しても、幾重にも存在する免疫系が効果的に作用して元の健康体に戻ることができます。でも、昆虫にはそのような免疫機構はありません。昆虫が天敵微生物に感染、発病すると確実に死につながります。

１９８６（昭和61）年のことでした。鹿児島県の馬毛島《まげしま》で大量のイナゴが発生し、農作物が食い荒らされる大きな被害が出ました。ところがこのイナゴ、２週間ほどで突然島から消えてしまったのです。「今度は日本本土に上陸か」と大騒ぎになりました。一体、何が起きたのでしょうか。実は、イナゴが突然消えたのはカビのせいだったのです。このカビは「エントモファンガ」という昆虫に取り付くカビで、この年たまたま雨がよく降り、例年よりこのカビが大発生しました。このカビが取り付くと、２週間ほどで昆虫の体内に菌糸がはびこり、最後には苦しみもだえながら草をよじ登り、その先端でカビだらけの体をさらして死んでしまいます。

その死体からは無数の胞子が飛び散り、次々とイナゴに感染していったのです。日本にとっても本土上陸の間際に〝神風〟が吹いたようなものです。農作物を食い荒らすイナゴは人間にとって天敵ですが、イナゴの天敵はカビだったのです。このように、天敵である微生物による害虫駆除法は微生物殺虫剤と呼ばれ、応用されています。

「ボーベリア・ブロングニアルティ」というカビは、ゴマダラカミキリやキボシカミキリに病気を起こして死滅させます。「モナクロスポリウム・フィマトバカム」というカビは、サツマイモネコブセンチュウに効く微生物農薬として出回っています。

これらは戦後、急速に普及した化学合成農薬への過度の依存による環境汚染への反省から生まれたもので、微生物を利用して害虫を防除しようという試みは１００年以上も前から行われてきました。

日本では昭和初期、カビの一種である白きょう菌ボーベリア・バシアーナを松枯《まつかれ》葉の防除に用いたのが最初で、その後、黒きょう菌メタリジウム・アニソプリエイがクロカメムシ、赤きょう菌パエシロマイセス・フモソロセンスがモモシンクイガなど、害虫防除に試みられてきました。

近年はバーチシリウム菌が、オンシツコナジラミやアブラムシの防除に有効なことが報告され、実用化されています。秋田今野商店でも「メタリジウム・アニソプリエイ」というカビを使った、キュウリやピーマンの害虫アザミウマを駆除する微生物農薬の胞子を製造しています。２０１４（平成26）年春に日本発の微生物殺虫剤として、アリスタライフサイエンス社から売り出されました。

これらはカビによる微生物殺虫剤ですが、日本で最初に実用化されたのはＢＴ剤と呼ばれる細菌製剤で、今日では最も広く用いられています。これはバチルス・チュウリンゲンシスと呼ばれる細菌で、殺虫性芽胞細菌です。生菌製剤あるいは細菌が生産する結晶毒素で、消化管内で殺虫性成分に変化し、特定の蝶や蛾などの害虫の防除に効果を上げています。この毒素の利用について、海外では毒素生産能の高い系統の探索、あるいは遺伝子組み換えによる作出が精力的に進められています。毒素を支配する遺伝子を導入した細菌シュードモナス・フローレッセンスを土壌に施し、土壌病害を防ごうとする試みなど、この分野の研究と進歩は目覚ましいものがあります。

広く栽培され普及している遺伝子組み換え作物の一つに、害虫抵抗性作物があります。ジャガイモ、トウモロコシ、綿などの害虫抵抗性作物はこのBTの毒素遺伝子を組み込み、害虫を殺す毒素タンパク質を作物の中に含むように改良した、遺伝子組み換え作物です。遺伝子組み換え作物では、すべての細胞で組み込まれたBT遺伝子が働いているため、害虫抵抗性作物ではすべての細胞でこのBTタンパク質がつくられています。そのため、この作物を害虫が食べると麻痺《まひ》状態になって死ぬか、餌を食べられなくなって餓死します。

人の胃ではBTタンパク質は分解されず、人にとっては無害です。ただし、害虫が徐々に毒素に対する耐性を持つようになると、害虫だけでなく益虫にも影響を及ぼすなどの問題が指摘されています。

物質循環に沿った、持続性のある農業として生まれ変わる

私が高校生の頃、朝日新聞に有吉佐和子さんの『複合汚染』という小説が連載され、大反響を呼びました。現在は新潮文庫で読むことができます。有吉さんは、「土が死んでいる」という言葉ほど、農村をまわってよく聞く言葉はなかった」と述べています。当時の農業は農薬、化学肥料を多く投入し、ひたすら増産を追求していました。「土が死んでいる」と評されるような農業ではこの国の豊かな生態系を破壊し、国民の健康をも脅かしかねない

と、有吉さんは警告したのです。

戦後の食糧危機を乗り越え、農産物の過剰を招くほど生産性の向上ができたのは化学肥料や農薬のおかげであったことを、誰も否定しないでしょう。しかし、化学肥料や農薬に依存する体質が、有吉さんの指摘する事態を招いたことも事実なのです。もともと農業とは、自然界の「物質循環」の流れに人類の生存を託す営みでした。下草を刈って、牛に食わせる。厩肥をつくり畑にまく。出来た作物は人間や家畜の体をつくり、再び土に戻っていく。そこに再び草が生える。2000年にわたる農業の歴史は、その「物質循環」の流れに与《くみ》し、それを活かす歩みでした。それを忘れて利便性のみを考え、農薬や化学肥料を多用すると、やがて食物連鎖を通じてわが身に不都合として跳ね返ってくるのです。

長い農業の歴史の中で、ごく最近の一時期を除いて農業は微生物を介添え役に発展してきました。世界の人口が100億に迫り、食料の確保や地球環境の悪化が懸念されています。こうした現代の農業にとって、微生物は強い味方になってくれることは間違いありません。もう一度微生物に再登場してもらい、物質循環に沿った持続性のある農業として生まれ変わっていくことが必要になると思います。これはまさに、持続可能なSDGSな農業ではないでしょうか。

コラム

菌が農家から離れていった

日本では国力増強のため食糧増産が重要と認識され、特に重視されたのが自給堆肥でした。堆肥には菌の餌になる厩肥や下肥（人糞尿）、緑肥、落ち葉、モミガラなどの他、食料残渣（ざんし）なども使われていました。

大正時代には合成硫安などの工業生産が盛んになり、化学肥料の使用が広まりました。昭和の初めには化学肥料の使用量が有機肥料を上回るようになり、農業への微生物の依存度は減少していきます。なにしろ化学肥料は、菌による分解を介さなくても充分な肥効が得られるからです。この時代から農薬も次第に普及して、土壌の有用菌もろとも殺菌されることが多くなり、菌が顧みられなくなっていったのです。その結果、連作障害や生産の不安定化につながったと考えることもできます。

このように農家が化学肥料を思うように使える以前の時代には、程度の差こそあれ養分源として有機物が使われていました。しかしその量は充分ではなく、養分供給量が作物生産を強く制限していました。言うまでもなく、有機物を分解し作物が吸収しやすい養分に変えてくれるのは、土壌微生物です。"持続性"が問われるようになった現在、与えた有機物を徹底的に分解し、その含有成分を無機態として放出してくれる微生物の働きが期待されています。

05

さまざまな可能性を秘めた微生物

微生物農薬の研究開発は、日本が世界をリードしている

前項では拮抗性を持つ微生物菌体そのものをバイオロジカルコントロール（生物防御技術）として用いる事例を紹介しましたが、本項では微生物が生産する代謝産物（抗生物質）を紹介します。微生物がつくった農薬の70％は日本で研究開発したもので、この分野の研究開発では世界のトップを走っています。そのほとんどが、殺菌剤として利用されるものです。

殺菌剤にはいろいろな作用メカニズムがありますが、微生物がつくる殺菌剤の一つの抗生物質は、有機水銀剤やヒソ剤に代わる低毒性農薬として開発されてきました。残効力は弱くても、植物体内に浸透して治療的に作用するので優れた防除効果があります。人体や作物に対する毒性が少なく残留毒の恐れもないのですが、選択性が強く適用病害の幅が狭い点と、薬剤抵抗性が発達しやすい点が欠点として挙げられます。

イネいもち病（ピリクラリア・オリゼ）の特効薬である有機水銀剤の代替農薬として、理化学研究所の磯野 清博士らによって最初に開発された抗生物質がブラストサイジンＳです。これはストレプトコッカス・グリセクロモゲネスという放線菌のつくる抗生物質で、イ

ネいもち病のタンパク質合成を阻害します。イネいもち病菌に対しては約15ｐｐｍという低濃度で効果を示します。この化合物は残留性がなく、自然界では土壌の微生物によって容易に分解されます。

ブラストサイジンSに続き、カスガマイシンが抗生物質研究で世界をリードしてきた、微生物科学研究所の梅澤濱夫博士らによって発見されました。カスガマイシンはストレプトコッカス・カスガエンシスという放線菌がつくり出すアミノグルコシド型の抗生物質で、病害菌のタンパク質合成を強く阻害します。主にイネいもち病防除に使用されますが、イネ籾枯《もみかれ》細菌病やトマト葉カビ病にも効果があります。治療効果の他、予防効果も認められ、発病直前から発病初期にかけて撒布します。人体毒性や作物に対する薬害はありませんが、継続使用すると医薬の抗生物質同様、薬剤抵抗性を持つようになるので注意が必要です。

ハリダマイシンは、放線菌ストレプトコッカス・ハイグロスコピイシス・リモネスの生産する抗生物質で、三大土壌病害菌の一つリゾクトニアというカビに対し効果があります。リゾクトニアとはラテン語で「根の死」を意味し、その字義の通り多くの植物の根に寄生して病気を起こします。ハリダマイシンはイネの紋枯《もんがれ》病の防除用としても用いられ、植物に薬害を引き起こさない程度の極めて低い毒性で、安全性の高い農薬です。ハリダマイシンは現在、微生物がつくった農薬の中で最も多く使用されていますが、まだこの薬剤耐性菌は見つかっていないようです。

ポリオキシンは、放線菌ストレプトコッカス・カカオイ・アソネシスの生産する抗生物質で、A~Mの類似化合物が知られています。細胞壁を合成する際に胞子発芽管や菌糸の伸長を阻止します。抗生物質の中では適用病害の幅が広く、ポリオキシンBとLは、ナシ黒班病やリンゴ班点落葉病などアルタナリアというカビで発生する病害をはじめ、野菜類のうどん粉病、灰色かび病、トマト葉かび病などに効果があります。また、ポリオキシンDはイネ紋枯病に効果があります。人体毒性や作物に対する薬害はありませんが、薬剤抵抗性が発達しやすいので注意が必要です。

ミルディオマイシンは、放線菌ストレプトバーティシリュム・リモファシェンスの生産する抗生物質で、バラのうどん粉病防除に使用されています。

ここに紹介した農薬は殺菌剤ですが、微生物がつくる農薬の中には除草剤もあります。ビアラホスは、放線菌ストレプトコッカス・ハイグロスコピシスおよびストレプトコッカス・ビリドクロモゲンシスによって生産される天然の除草剤で、広範囲の雑草に著しい除草効果があります。この物質は土壌中で速やかに分解されることから、果樹園の雑草処理などに適しています。

微生物農薬は合成農薬にないメリットを持っているので、さらに微生物でつくる新しい農薬の開発が期待されています。

光合成細菌による水素生産は、地球環境問題の救世主になるかも

植物は光からエネルギーを獲得し、そのエネルギーを用いて二酸化炭素を固定し、菌体を合成しています。つまり、光と無機物だけで生育できるのです。植物と同様、光と無機物だけで生育できる微生物がいます。いくつかのタイプがあるので紹介しましょう。

ラン藻は、植物と同じように酸素を発生しながら光合成を営んでいます。植物と類似の光合成を営むといっても細菌の仲間で葉緑素はありますが、葉緑体といった光合成のための特別な器官はありません。単細胞が数珠《じゅず》のように連結していて、一見すると藻類のように見えます。藍《あい》色で青緑色を帯びています。好気性菌のため、田面水や土壌表面に多く見られます。

ラン藻の中には空中窒素を固定するものもあり、その窒素固定は水田土壌の肥沃《ひよく》度の維持に役立っています。熱帯の水田では、ラン藻によって1ヘクタール当たり10～80キログラムの窒素を固定するといわれています。ラン藻は単独で生活するものと、他の生物と共生するものがあります。ラン藻とカビ類が共生したのが「地衣類《ちいるい》」で、岩だらけの不毛の地によく生《は》えています。ソテツにラン藻が共生することもよく知られており、やせ地にソテツが生えるのもラン藻のおかげなのです。

植物やラン藻が光合成の過程で酸素を発生するのに対して、光合成細菌は嫌気性菌で酸

図30　光合成による水素生産

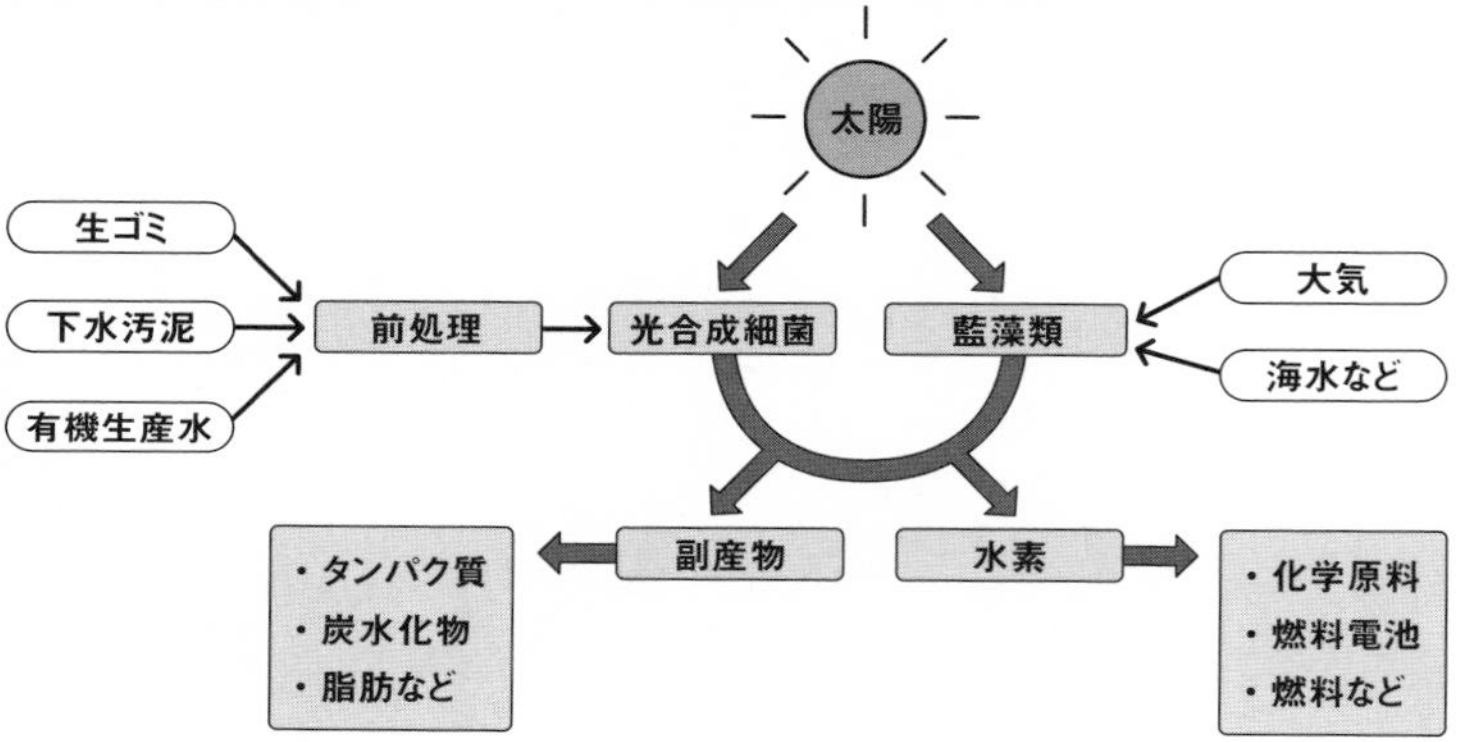

出典：NEDO（国立研究開発法人新エネルギー・産業技術総合開発機構）

素のない光合成を行います。光合成細菌は、発酵食品に用いられる乳酸菌や納豆菌などと比べてあまり聞きなれない微生物です。しかし、地球にまだ酸素がなかった時代から生きながられている、原始生物の一つなのです。

光合成細菌というくらいですから、太陽エネルギーを利用して生育します。水田、河川、湖沼《こしょう》、土壌中の至る所に生息していて、特に臭いドブには必ずいます。光合成細菌は硫化水素など、作物の害になる物質をパクパク食べて増殖します。硫化水素は卵の腐ったような臭いがしますが、この臭い物質を餌にしますから、食べてしまえばその悪臭は消え去ってしまいます。そのため臭気、汚水処理、畜舎の環境改善などに用いられています。さらに、その菌体に溜め込んだアミノ酸や核酸は、作物の味を良くし収穫の向上が期待できる極上肥料になるのです（図30）。

通常、光合成細菌が生育できるのは光のある、酸素が欠乏した状況（嫌気条件）ですが、光がなくても増殖するので土の中でも活躍することが可能です。土着の光合成細菌は肥沃な田んぼにも多く生息していて、顕微鏡で見ると「おたまじゃくし」のようなしっぽを振りながら泳ぎまわっています。素足で田んぼに入ったことのある人なら分かると思いますが、足裏に感じる泥のヌルリとした感触、あれが光合成細菌など微生物の感触です。目に見えない土中の微生物を肌で感じられるので、機会があればぜひ体験してみてください。

成長期の稲は根の伸長も盛んで、葉や茎から取り込んだ酸素が根にたくさん送られていきます。そのため根のまわりは酸化状態で、好気性の微生物などが棲みついています。やがて穂が形成される頃になると、根に送られる酸素は減り、急激に還元状態（ある物質から酸素が奪われるか水素と結びつく現象）になります。すると、根のまわりに硫酸還元菌が増殖し、硫化水素をつくります。それを待ち構えているのが、硫化水素を食べる光合成細菌です。ちょうど穂の形成から出穂のあたりで急増し、その体の中にアミノ酸を溜め込むので、それが稲の極上肥料になるのです。

光合成細菌が農業で重宝《ちょうほう》されているもう一つの理由は、空気中の窒素を固定化することができる点です。

光合成細菌は稲の根のまわりに好気性の納豆菌のような細菌が共存すると、窒素固定化できることが知られています。光合成細菌は納豆菌の仲間「バチルス・メガテリウス」の出すピルピン酸を餌にして増殖し、自分のまわりにヌルヌルした粘性物質を出して周囲の環境を嫌気状態にするのです。田んぼに裸足で入ると、足の裏で感じるあのヌルヌルはまさにそれです。さらに、光合成細菌は田んぼのような灌水《かんすい》状態でなくても、湿ったような条件のところであれば棲みつくことができるので、畑でも役に立つという利点があります。

光合成細菌に対する期待は、これだけではありません。光合成細菌は太陽をエネルギー源として水・有機物を分解し水素を発生することができるため、簡易で安価な水素生産技術の可能性があります。化石燃料は埋蔵量に限界があり、燃料による温室効果を有する二酸化炭素を発生することから、その使用を低減化することが求められてきました。エネルギー環境を解決するためには、再生可能なクリーンなエネルギーが必要とされています。そこで、太陽熱バイオマスから環境を汚染しない、クリーンなエネルギーである水素を生産する技術開発が期待されてきました。

光合成細菌による水素生産は石油に代わる燃料を生産するだけでなく、温室効果を持つ二酸化炭素の低減化も可能にするなど、地球環境問題に対して大きな意義を持っています。そのため、自然界に存在する微生物を活用することによって効率的に水素を製造する技術開発が、日本のＮＥＤＯ（国立研究開発法人新エネルギー・産業技術総合開発機構）によるプロジェクトで行われています（**図30**）。

そこでは光合成細菌の遺伝子操作によって、光合成リアクター内で光エネルギーから水素への変換効率の高い、光合成細菌の光合成系の改良が行なわれています。近い将来、光合成による水素の生産が可能になるかもしれません。

光合成細菌を使って、悪臭を極上の肥料に!

光合成細菌を増やせば、自前で安い極上肥料をつくることができます。

市販の光合成細菌を入手したら、ペットボトルに少量の削り節と水を混ぜて種菌を入れます。空気溜りが出来ないよう、ギリギリまで水を入れ密栓して嫌気条件をつくり、日光の当たるところで30~40℃を保ちながら放置しておきます。春から秋にかけては温度も太陽光も充分なので、3週間も培養すれば紅色の光合成細菌を自前で増やすことができます。

時々ペットボトルをコロコロ転がして、攪拌《かくはん》してください。純粋培養は設備がないとできませんが、光合成細菌の場合、納豆菌のような好気性の細菌も雑菌として一緒に出現してきますから、容器内の酸素を消費して容器はへこみます。定期的にキャップをゆるめて空気を補うと、元に戻ります。そうすると、酸素不足の好気性細菌も長生きします。使い方は、元肥施用時、または定植後に水を注ぎ入れる(灌水《かんすい》)の際です。光合成細菌を100平方メートル当たり50~100リットル使います。追肥施用時に同時灌水、または生育中に月2回、20~40リットルの光合成細菌を、10アール当たり100倍程度に希釈して流し入れます。

少量の糖と酵母を入れて、嫌気環境をつくる方法もあります。この場合、注意が必要です。エキス中の酵母が消費して嫌気条件をつくるので、光合成細菌はより活性化します。しかし、酵母を入れることによって炭酸ガスが発生するからです。そこで、時々栓をゆるめて適度にガス抜きをする必要があります。それを怠って爆発でもしたら、一大事です。メガトン級の猛烈な悪臭が、まき散らされることになります。

立小便は肥料になる？　江戸時代、人糞尿は貴重な肥料だった

子どもの頃、もよおしてくるとちょっとした物陰で立小便をしたことを思い出します。よくないこととは知りながら、いい肥料になるからと2～3人連れ添って植物に立小便をしたこともあります。果たして立小便は、植物にとって本当に肥料になるのでしょうか。

戦後まもなく安価になった化学肥料が導入されるまで、人糞尿《じんぷんにょう》は作物栽培の貴重な肥料でした。直接施肥したり、堆肥をつくる際に積み上げた落ち葉やワラにかけたりもしていました。昔の汲み取り式の便所では糞尿は、次第に微生物の働きで液化しました。畑には肥《こえ》だめがあり、糞尿を入れて熟成させていたものです。

今では信じられないかもしれませんが、農村地帯に行くと時期によりその肥料の「特有の匂い」がしました。そのような事情があって、「立ち小便は肥料になる」と普通にいわれ

ていたのです。

先日、気心の知れた仲間との飲み会で、肥だめの話になりました。肥だめは「ドツボ」とも呼ばれるそうです。ドツボにはまると抜け出せないし、臭いし、大変です。今では見る機会のなくなった肥だめですが、江戸時代、人糞は主要な肥料でした。当時、江戸の町は世界一の人口を誇る100万人都市で、そこから出る人糞は廃棄物ではなくお金で買い取られる商品として流通していました。つまり肥料の原料として、再利用されていたのです。これを舟などで運ぶ「おわい屋」と呼ばれる職業もありました。面白いのは、人糞にもグレードがあったのです。武士の家から出るものは上物、商家は中物、町人長屋のものは下物として引き取られたことです。魚など動物性の食物を食べていた富裕な家のウンチは、窒素分が豊富だったのでしょう。江戸の町から出る人糞は贅沢《ぜいたく》に暮らす人々の排泄物でしたから、農家も高値で引き取りました。天保年間（1840年代）にはこの人糞の争奪戦が勃発《ぼっぱつ》し、勘定奉行より公定価格が示されるほどの人気を得ていたといいます。

私が子どもの頃は、畑の至るところに肥だめがありました。中には糞尿が蓄えられ、畑に撒くまでの間じっくりと「発酵」「熟成」されていました。実は、この過程が大変重要なのです。直射日光が当たらないように板で影をつくり、その下に溜めます。好気性なので、発酵させるためには空気の入れ替えが重要です。そのため、畑に肥を撒くのに使う柄の長い大きな黒いひしゃくで攪拌《かくはん》するのです。肥だめはある意味、衛生的な発酵装置ともいえます。一定期間、肥だめに糞尿を入れることで発酵が始まり、温度が上昇し、病気の原因となる病原菌や寄生虫を死滅させるからです。

発酵という過程を踏まずに糞尿を直接肥料にすると、大変なことになります。糞尿の窒素は主にアンモニア態窒素で、土壌にこれが多いと植物には有害です。糞尿が分解される際のメタンガスや熱で、作物にダメージを与えてしまうからです。

昔の日本で普通に行われていた立小便ですが、人尿の成分を調べてみました。人尿の主な成分は尿素（約2％）、塩化ナトリウム（約0・6％）、硫酸イオン（約0・2％）、リン酸イオン（約0・12％）、カリウムイオン（約0・15％）で、その他に尿酸、アンモニア、カルシウム、性ホルモン、ビタミンなども微量含まれています。肥料として役に立つ成分としては尿酸、リン酸カリウムがありますが、尿は土壌中に入りますので、尿素は土壌微生物の働きでアンモニアと二酸化炭素に分解されます。アンモニアはそのまま、あるいは細菌の作用で硝酸となって植物に吸収されるので、窒素肥料としては確かに有効と考えられます。尿素2％溶液は0・33モル（モルは物質量の単位）に相当し、すべてアンモニアに分解されるとアンモニア濃度は0・87モルになります。直接散布する液体肥料の、最適濃度のほぼ10～20倍という高濃度です。実際には、1回の排尿量が200～250㎖ほどで土壌に散布されるので、植物にとっては有害とはならない濃度と考えられます。

確かに成分から考えれば肥料となり得ますが、計画的に施肥を行う栽培農業においては立小便が有効でないことは明らかです。もし立小便を肥料にするなら、計画的に時期を選んで、作物の根元から充分に離れた場所を目指して放尿すべきで、気まぐれにすることではありません。どうしても我慢できなかったら、植物に直接触れないようにすべきでしょう。

しかし、最近はペットの排泄物も回収処理が求められている社会ですから、立小便は厳に慎むべきですね。

菌の働きは、生きているときより死んでからのほうが大きい

菌は生きているからこそ有効だと思われがちですが、菌は死んでも役に立っていることをご存じですか。

土壌には膨大な数の微生物が生息していることは、前述の通りです。意図的に微生物を利用することによって土壌病害を防除し、あるいは土壌の微生物相を改善しようとする動きが広がっていますが、その効果となると評価が分かれることも多いのです。それは農薬と違って、生き物で生き物を抑える方法だからです。条件や対象病害によっては効果が変動し、かつ効果がマイルドという特徴があります。

農薬のようにシャープには効きにくい面はありますが、減農薬や環境保全型農業が課題になっている昨今、微生物に活躍してもらいたいという期待も大きくなっています。しか

し、微生物の農業への利用にあたっては過信も不信も避けなければなりません。いくら実験室で病原菌に対して強い抗菌作用を持つ微生物であっても、いざフィールドでその再現性試験を行った場合、拮抗微生物が作物の根圏にうまく定着しないことも多いからです。つまり、選び出された強い抗菌作用を持つエリート微生物であっても、その作用を最大限に発現させるには、土壌や作物の根圏に定着させる技術と土着の微生物を含めて、それらを活性化させる周辺技術が一致しなければ効果は現れません。

ボカシ(米ぬかや油かす、鶏糞、魚粉などの有機物を微生物に分解・発酵させてつくる肥料)や、培養された菌を畑に投入した場合、周辺技術が確立されていないと菌は死んでしまう恐れもあります。特に菌は生きているので、これを殺菌剤と併用したりしたら、それこそ本末転倒で、菌はあっという間に死んでしまいます。

肝心の菌が死んでしまったら元も子もなくなってしまうのではないか、と思われるかもしれませんが、実は菌は死んでもまだまだ役に立つのです。生きている間の働きは菌の役割のほんの一部、死んでからの働きのほうがずっと大きいくらいです。

そもそもボカシも堆肥も、出来たときはほとんどの菌が死んでいると思ってもさしつかえありません。ボカシが出来上がるまでに多くの菌が関与し、時にその温度は70℃くらいまで上昇するので死んでしまう菌も多いのです。しかし、菌は死んでも役割を果たします。なぜなら死んだ菌たちも生前、糖やアミノ酸を餌として自らの菌体に摂り込み、その残りカスや合成物質を分泌しているからです。こうした多糖類やペプチド、植物ホルモン、有機酸、ビタミンや酵素などは、菌が死んでもそのまま残るのです。それらは死んだ菌体と同じく、次の出番を待つ菌の餌になります。菌の分泌物には他の菌から自らの身を守ったり、その場のpH（水溶液の酸性・アルカリ性の程度を表す単位）を調整したり、酵素としてまわりのものを分解したりと役割もさまざまです。

ファイトアレキシンは植物がストレスにさらされた時、全体防御機能が働き、植物体内で生合成される防御物質の総称です。植物を意味するファイトと、補体を意味するアレキシンから成る言葉です。ファイトアレキシンは病原体の感染時に加え、化学物質や物理的な障害を受けた際にも生合成されることがあります。ファイトアレキシンは病原体などに対して抵抗性があり、たとえば納豆菌の分泌する拮抗物質は、炭疽《たんそ》病（キュウリなどの葉や実に発生する）などに効くことが知られています。また、ある種の乳酸菌の代謝産物が作物体内で、成長ホルモンのオーキシンの仲間「フェニール酢酸」に変化して発根を促す、「フェニール乳酸」なども知られています。実はこうした菌の働きの多くは、菌の分泌物の働きといえます。

菌の死骸が、植物を刺激する例もよく知られています。その一つが、酵母の死骸が持つ酵母の細胞壁由来ベーターグルカン、細菌の死骸が持つ細胞壁成分のペプチドグルカンです。植物細胞の細胞壁はクチクラ層という層が形成されています。植物は普段、クチクラ層によって病原菌を遠ざけています。しかし、病原菌の量が多かったり植物体に傷が付いたりしている場合、クチクラ層で病原菌の侵入を防ぎ切ることができなくなります。

病原菌が植物の細胞に侵入する際、病原菌が持つベータ－グルカンやペプチドグルカン、分泌物が植物の細胞膜上のセンサー（レセプター）に認識されます。センサーはシグナル（警報）を出し、植物の抵抗性を誘導するのです。植物の抵抗性の誘導とは、植物が身を守るために免疫を高め、さまざまな防御遺伝子を発現させて対抗措置を取ることです。

酵母や細菌の死骸は、ベータ－グルカンやペプチドグルカンを持っていますから、植物のセンサーは病原菌がいると勘違いしてシグナルを発信するのです。実際は菌の死骸が、病原菌がいないのに病原菌で発現させるシグナルを出し、免疫力を向上させているわけです。

このように、免疫を活性化させるベータ－グルカンやペプチドグルカンなどの原因物質を、「エリシター」と呼んでいます。死骸の細胞壁の一部（エリシター）は、植物の大いなる勘違いを利用しているのです。つまり、死骸がワクチンの役割を果たしているようなものです。

植物に抵抗力を引き出す物質エリシターで処理された植物は、体内の防衛能力を上げるばかりか、葉が立つ、毛が増える、組織が密になることで色が深くなるなど、見た目にも大きな変化が現れてきます。ひとたび傷を受けたり病原菌に感染したりした植物は、あらゆる手段（匂い、毛、芽、根）を使い、ダイナミックに全身の細胞が協力し合って環境の変化に立ち向かいます。

植物は傷を受けると、生きるためにさまざまな反応を示しますが、時にその傷自体が致命傷になりかねないこともあります。そこで、実際には傷をつけずに傷ついたときと同じ反応を引き出すことができれば、今までの肥料成分や農薬成分を与えるといったものとは異なり、植物の仕組みを利用してさまざまな抵抗力を引き出すことが可能になるのです。菌の死骸の中には、酵素やタンパク質などの成分も多く、これらが植物を刺激しているともいわれています。

一度に大量の窒素肥料を使うと、野菜がしおれる原因に

アンモニアは、アンモニア酸化細菌と亜硝酸酸化細菌の作用で順調に酸化されて硝酸塩になり、植物がそれを窒素源として吸い取ってくれれば、何の問題もなく生長します。しかし、もし亜硝酸酸化細菌の働きが悪ければ亜硝酸は毒性が強いので、植物はもちろん動物にも被害が及びます。ハウス土壌の消毒の際にしばしば見られるように、硝化菌が全滅して肥料として与えたアンモニアがいつまでもそのままでいると、畑作物はアンモニア中毒になって枯死してしまいます。そのため畑作物に吸収される前に、アンモニアは硝酸に酸化させる（アンモニアの水素を取って酸素をつける）硝化作業が必要ですが、事実上この反応を行えるのは硝化菌だけです。適度の硝化作業は畑作物の生育に不可欠であり、この反

応を行う硝化菌は有用菌といわれるのです。有用な働きをする微生物でも、自らのために生活反応を営んでいるのであり、人間のために営んでいるわけではありません。微生物は時に有益でもあれば、有害でもあるという両面を持っています。

高知県にあるビニールハウス内で、大量の野菜がしおれる事件が起きました。ビニールシートの内側の水滴を調べると、高濃度の亜硝酸が検出されました。この事故は、野菜を速く育てようと、一度に大量の窒素肥料を施したため発生しました。

尿素などの窒素肥料を一度に大量に施すと、大量のアンモニアが生じます。すると、アンモニア酸化細菌の作用で大量の亜硝酸が生じ、土壌中の炭酸カルシウムによる中和が間に合わなくなり、酸性環境になるのです。加えて、亜硝酸酸化細菌は亜硝酸を酸化しなくなるどころか、硝酸塩を還元するようになります。したがって、アンモニア酸化細菌の作用で生じた亜硝酸が硝酸に酸化される流れが止まるだけでなく、一度生じた硝酸までもが亜硝酸へ逆戻りします。このように、高濃度の亜硝酸が蓄積してしまうのです。

pH5・5程度の酸性条件下になると、亜硝酸が分解されて一酸化窒素（ガス）が生じ、ハウス内の空気中へ放出されます。一酸化窒素は直ちに酸素と反応して二酸化炭素になり、植物組織を破壊するので野菜がしおれてしまったのです。そこで、消石灰で土壌のpHを7・5程度まで上げることにより、この事故は解決されました。同時に、pH6・0では亜硝酸酸化細菌が硝酸還元菌に化《ば》けることが判明したのです。

この事故は、ハウス内という閉塞《へいそく》した条件で発生しました。土壌中に亜硝酸が蓄積しても、ハウス以外の開放系では植物がしおれることはないでしょう。しかし、土壌中に亜硝酸が蓄積すると地下水の汚染など、さまざまな問題を引き起こす可能性があるので、土壌中に亜硝酸が蓄積しないよう注意すべきです。

硝化作業が過度に進行すると、土壌pHを下げます。水が下方に移動する場では硝酸の流亡《りゅうぼう》をもたらし、肥料効率を下げてしまいます。逆に、水の下方移動が少ない場では、硝酸が多量に蓄積して濃度障害を引き起こします。水稲はアンモニアだけでも生育できるのですが、水田で硝化作業が起きると、硝酸が脱窒菌と呼ばれる別の細菌によって窒素ガスが揮散し肥料効果を下げるので、硝化菌は邪魔者扱いされてしまいます。有用菌と呼ばれようと有害菌と呼ばれようと、硝化菌にとって硝化作用はエネルギーを獲得する生活手段なので、これなくしては生きていくことができないのです。

火薬や水槽の中でも!? 硝化菌の活躍の場は意外な場所にある

熱帯魚の飼育をしたことのある人はご存じかと思いますが、水質の管理がとても重要です。水槽内を放っておくと、生態に悪影響を及ぼすアンモニアや亜硝酸・硝酸塩が蓄積してきます。これらの毒性は、アンモニア↓亜硝酸↓硝酸塩の順に弱くなります。

アンモニアは生き物の排泄物や残餌、死骸などが水槽内で分解される過程で発生します。

水槽内のアンモニア濃度が高くなると生き物はアンモニア中毒に陥り、死んでしまいます。一般的に、水槽を立ち上げてから1週間ほどでアンモニアが検出されます。餌《えさ》のあげすぎや水槽のメンテナンスが不十分だと、水槽内に残餌や糞《ふん》が溜まってしまうことが原因です。

亜硝酸は水槽に発生したバクテリア（アンモニア酸化細菌）が、アンモニアを分解した物質です。アンモニアほどではないものの、毒性があるので注意が必要です。水槽内に亜硝酸が蓄積してくると、茶ゴケが発生してきたり、魚がじっとして動かなくなったりするので分かります。一般には、水槽を立ち上げた1～3週間後に検出されやすい物質です。

硝酸塩は水槽内で発生したアンモニアが、硝化菌（亜硝酸酸化細菌）によって分解された最終段階の形です。どんな水槽環境でも多少は必ず存在し、pHを下げる特性を持っています。毒性は低いものの、魚が調子を崩したり藻類が異常増殖したりする原因になるので、定期的な水替えが必要です。濃度は0～25㎎／ℓの範囲に抑えるのが理想です。

このような水槽の中という閉鎖環境で活躍するのが、硝化菌です。水質を浄化し、魚の棲みやすい環境をつくります。熱帯魚や亀などの水生生物の飼育では、なくてはならない微生物なのです。

硝化菌の活躍は、これだけではありません。火薬製造のキーになる微生物でもあるのです。火薬の主成分は硝石《しょうせき》ですが、日本では古来、硝石は発酵法で硝化菌によってつくられてきました。硝化菌は土壌中にいます。この菌が動物の糞尿や植物の残滓から生じたアンモニアを、空気中の酸素を使って硝酸に変え、カリと結合して硝石をつくりました。中世ヨーロッパでは家畜小屋の糞尿を爆薬の原料にするため、政府が管理していたほどです。

日本ではチリ硝石が輸入される明治中期まで、黒色火薬の主成分である塩硝（煙硝）の製造方法は、富山県五箇山《ごかやま》地方に伝わる門外不出の技として、400年近く守られてきました。なにしろ爆薬の原料になるので、軍事機密扱いです。秘密を守るため、山奥でつくり続けていました。その方法たるや、驚くべきものです。家の囲炉裏《いろり》の床下にすり鉢状の穴を掘り、そこにまずはヒエ殻やヨモギの葉を敷き詰め、その上に肥沃土と蚕《かいこ》の糞、鶏糞を混ぜ合わせたものを敷きます。それらを交互に何層も重ね、最後に一番上から人の小便を大量にかけて土をかぶせました。そのまま5～6年かけて、硝化菌によって発酵させるのです。

囲炉裏《いろり》のそばに発酵穴があるので、雪深い地でも凍ることはありませんでした。硝化菌は蚕の糞や鶏糞、人尿に含まれる尿素やアンモニアを分解し、さらに酸化され、一酸化窒素を経て過酸化窒素になります。こうして長い発酵期間を経た土を桶に移してたっぷりの水を振りかけると、桶底の口から出てくる液に硝酸が含まれています。この液を釜で煮詰めて木灰を混ぜ、さらに煮詰めていくことにより、木灰に含まれているカリウムと硝酸が結合し、乾燥することで硝酸カリウム（硝石）が出来るのです。

いやはや、実に高度な化学ですね。

現在は火薬そのものが進化して、硝石を原料としない火薬に需要が移ったため、この発酵法は姿を消してしまいました。しかし、糞尿を原料に硝化菌を使いこなし、硝石をつくり上げていた古《いにしえ》の日本人の知恵には驚かされます。

このように、硝化菌は私たちの身近なところで大活躍しているのです。

06 菌根菌と根粒菌の違い

菌根菌も根粒菌も、作物に良い影響をもたらす大切な菌

菌根菌《きんこんきん》と根粒菌《こんりゅうきん》は、農家の方からよく聞かされる菌の名前です。菌根菌も根粒菌も土壌病害菌ではなく、いずれも植物の根に共生していて有効な働きをしてくれる、農業上大切な菌です。しかし、共生する植物の種類や植物への働きかけなどが異なっていて、それぞれが全く異なる役割を果たしています。

前述しましたが、根粒菌は細菌（バクテリア）が根粒をつくり、窒素をマメ科植物に供給します。菌根菌は真菌（カビ）で、リン酸をアブラナ科、アガサ科、タデ科植物に供給しています。

ここでは、菌根菌についてお話ししましょう。

植物が陸上に進出した約4億年前の化石を調べると、植物の根の表皮細胞の中に、現在のものとほとんど変わらない菌根が観察されます。菌根を簡単にいえば、「植物の根と菌類がつくる共生体」です。陸上の植物のほとんどは、自分の力だけで生きているわけではなく、自分以外の力を使って、植物固体間の情報や物質のやりとりをしているのです。そのキーになる微生物が、菌根菌です。

すべての生物は、海から生まれました。植物もしかりです。海藻にとってミネラルは水に溶けていたので吸収することは容易でしたが、ひとたび陸に上がるとそうはいきません。地上は大変乾燥しているため、水や栄養成分をどのようにして得るかが大きな課題となりました。水中から陸上へ進出するに際して手を組んだのが、当時すでに水辺や陸上で生活していた菌根菌の先祖でした。菌根菌の祖先の手助けにより、陸上の重力という未経験の圧迫環境や、水や栄養の吸収といった高いハードルを越える能力を獲得できたと考えられています。陸上植物は地上への進出開始期からパートナーとして、この種の菌とともに今日まで生き延びてきたともいえます。菌が共生しているのは何も人の腸内だけでなく、植物も同様なのです。

菌根菌は私たちにとって、実はとても身近な微生物です。キノコの「マツタケ」や「シメジ」は菌根菌の仲間で、外生菌根菌の一種です。ちなみに、トリュフも外生菌根菌です。すべてのキノコが菌根菌の仲間というわけではありませんが、菌根菌も他の菌類と同様、菌糸という構造をつくります。菌根菌は子孫を少しでも多く残すために、たくさんの胞子を遠くへ飛ばすための組織をつくります。その組織を子実体《しじつたい》といい、キノコの傘がそれに当たります。その傘の下に、胞子がビッシリと詰まっているのです。

菌根には、植物の根の細胞壁の中に菌糸が入り込む「内生菌根」と、細胞壁の外にとどまる「外生菌根」、内生菌と外生菌の両方の性質を持つ「内外生菌根」があります。菌根菌はカビのため酸素が好きで、水稲や水生植物とは共生しません。菌根菌は植物絶対共生菌なので、植物について共生していないと生きられないのです。

菌根菌は、肉眼でも見ることもできます。たとえば植物の根を引き抜いた時、スポッと抜けるのではなく、根のまわりに砂粒やいろいろな物がくっついていることがあります。そのまわりに、クモノ巣状の何かが張っているような感触がある場合は、菌根菌が付いている可能性が高いのです。

植物が陸上へ進出したほぼ同時期から、植物は内生菌根菌の一種であるアーバスキュラー菌根菌（VA菌根菌）と共生してきました。ほとんどの植物は、VA菌根菌というカビの仲間と共生しています。VA菌根菌は水やリン酸、銅、亜鉛といった、土の中で植物に吸収しにくい養分を植物が吸収しやすく変えて植物に与え、その代わり植物から養分となる糖分を分けてもらって生きています。VA菌根菌には袋のような形の嚢《のう》状体（Vesicular）と、木の枝のような樹状体（Arbuscular）の二つがあって、それぞれの頭文字を取ってVA菌根菌と呼んでいます。

VA菌根菌の最も大切な働きは、薄い濃度のリン酸を効率よく菌糸で集めて、植物に供給することです。VA菌根菌と根が共生すると根の細胞のすき間に菌糸を伸ばし、同時に土の中の広い範囲にも菌糸を伸ばして広げます。張り巡らされた菌糸は水や養分を活発に吸収し、根の中の菌糸を通して植物に与えているのです。たとえば、植物は根から数ミリのところにあるリン酸を吸収することはできませんが、VA菌根菌と共生するとその数十倍の10センチも離れたところのリン酸を吸収することが可能になります。

VA菌根菌が存在しないと野生植物は順調に育つことができないわけで、お互いとても大事なパートナーなのです。VA菌根菌が根に共生したからといって、根の形が変わるわけではありません。しかし、VA菌根菌の胞子は巨大で0・2～0・6ミリほどあり、肉眼でも点として確認できます。

VA菌根菌は養分の吸収を助けるばかりではなく、植物を病気から守る働きもあります。VA菌根菌はもともと森や畑の土にたくさん棲んでいましたが、今では農薬や化学肥料の多用で少なくなってきています。VA菌根菌を培養して播種《はしゅ》(いわゆる種まき)できれば、リン酸の少ない土壌に作物を植えても生育の助けになります。VA菌根菌を培養するには、共生している植物の根と一緒にしなければなりませんでしたが、日本では出光興産が人工培養と大量培養に成功し、接種用のVA菌根菌を販売していています。火山灰の積もった荒れ地や道路の法面に草木を生やす際、種子や苗木と一緒にVA菌根菌を接種して、植物の生育を促進させています。

土壌中に生息する微生物や、根の組織内に共生している微生物は窒素やリン酸だけでなく、他の多くの養分を根に供給するとともに、根からも必要な養分の供給を受けて生きています。土壌中に生息する多種多様な微生物は拮抗《きっこう》したり、あるときは協力したり、相互に作用しながら生態系を維持しています。一方で同一作物の連作、化学肥料や農薬の多用は微生物相の平衡を破壊して地力の低下をもたらし、作物の生育に悪い影響を及ぼすとともに、土壌伝染性病原菌や有害線虫の密度上昇を招きます。これらの障害を克服して畑作の安定化を図るのは簡単なことではありませんが、根圏微生物相のバランスを保ち、生物と生物を拮抗させながら土壌環境の調和を図っていくという、環境調和型のバイオロジカルコントロール（生物防除）のような技術が望まれています。

菌根が出来ると、菌根に連なった菌糸のネットワークを通じて水の吸収が良くなり、乾燥に対する耐性が向上、リンや微量ミネラルの吸収が促進され、病気や害虫からの攻撃に対して強くなります。植物の根張りを良くし、土壌構造が改善されます。このように植物にとって菌根菌との共生は、多くのメリットをもたらすのです。

菌根菌にとっては、植物から光合成によってつくられた炭水化物をもらえるので、両方が生活上の利益を受ける「相利共生」と呼ばれる関係が成り立ちます。

ちなみに、片方が利益を受け、もう片方が利益も不利益も受けない場合には「片利共生」、片方だけが利益を受けて、もう片方が不利益を受ける場合は「寄生」といいます。

VA菌根菌は最も代表的な菌根菌で、およそ80％もの陸上植物の根に共生しています。ほとんどの陸上植物がVA菌根菌と共生できますが、アブラナ科やアガサ科、ダテ科の作物などごく一部の植物は共生できません。アブラナ科植物は、土壌の不溶性リンを自分の力で溶かして吸収する能力を持っているからです。アブラナ科植物は当初、VA菌根菌と共生していたのですが、その後の進化によってリン酸を自分で賄《まかな》えるようになったため、共生する必要がなくなったと考えられます。

菌根性（菌根を形成して養分を得る性質を持つもの）として知られる植物でも、植物に吸収可能なリンが豊富に存在する場合など、土壌の環境によってはVA菌根菌に感染しても菌根をつくらない場合もあります。共生は植物を取り巻く状況や事情によって、その関係性を結ばないこともあるのです。

内生菌根菌の中には、ツツジ科菌根菌やラン科菌根菌がある

ラン科菌根菌は単独で他の生物遺体などから栄養を摂り、腐生的に生活するものがたくさんあります。ラン科菌根菌は皮層の細胞内に菌糸が侵入し、中でとぐろを巻いたり、ボールのようになったりと変形した構造をつくります。最終的に菌糸は分解され、植物に吸

収されます。ランの生活史の中では、種子が発芽して幼植物になるまで必ず菌に依存する時期があります。

ランの種子は非常に微細で、「ダスト・シード」（埃《ほこり》のように微細な種）と呼ばれるくらいで、未分化の胚があるだけです。胚乳はなく貯蔵養分をほとんど持っていないため、自力で発芽することはできません。ラン種子が発芽するときは、吸水した種子に菌根菌が侵入して外から養分を運び込みます。それによって胚発生が始まり、原茎体を経て幼植物となります。この時期を菌発芽と呼びます。ランの種類にもよりますが、菌と共生させる代わりに糖など栄養を含んだ培地に播種することで、無菌的に発芽させる方法が園芸分野では一般的に行われています。もっとも、洋ランは種子に頼らず組織培養して増殖させるのが、今では一般的です。

ツツジ科菌根菌の話も紹介しましょう。初夏、九州の山を彩る花「ミヤマキリシマ」は荒涼とした火山に咲き誇り、その姿は多くの登山者を魅了します。ミヤマキリシマは言わずと知れたツツジの仲間です。火山の裾野や岩山などに大群落をつくり、全国各地の火山地帯にはツツジの名所があります。しかし、なぜこのような土地にツツジだけが群落をつくるのでしょうか。

実は、それにツツジ科菌根菌に関係しているのです。火山の近くは強い酸性土壌で、溶け出してくる重金属は植物にとって強い毒です。しかし、ツツジ科菌根菌が共生すると、毒性をもたらす重金属を菌根菌自身が集積し、かつツツジに与えないようにする働きを持っているのです。そのため、他の植物が育たないような強酸性の土壌でも、ツツジはまるで〝我が世の春〟のように群落をつくることができます。岩山などほとんど土壌のない場所でも、ツツジ科菌根菌の広く伸長した菌糸がまわりから水分を吸い込み、リンなどツツジにとって重要なミネラルを集めてツツジに渡しているのです。このようにして、ほとんどの植物が進出できなかった過酷な環境の中で、独占的に生活圏を広めていったわけです。

同じ内生菌根菌であるVA菌根菌とツツジ科菌根菌は、実は対照的な存在です。VA菌根菌はほとんどの陸上植物と手を結んだのに対して、ツツジ科菌根菌は特定の植物種との手を結び共生関係をつくり出しました。

生き物はみな、互いに情報のやり取りをしている

外生菌根菌についても紹介しましょう。現在の多くの樹木の類に感染して、菌根を形成するのが外生菌根菌です。マツ科、ブナ科、カバノキ科、ヤナギ科、バラ科など多くの樹木の細い根に菌根をつくります。基本的な効果は内生菌根菌と同じですが、外生菌根菌は植物体の根を覆うような構造になるという特徴を持ちます。空気を多く含む層が形成されるので、包まれた植物の根は凍結による傷害や、酸素不足から免れることができます。外生菌根菌の助けを借りて、多くの樹木の仲間が北極圏のツンドラ地帯から高山帯あるいは

砂漠、岩場、海辺などまで生活圏を広げてきました。日本の砂浜では松林を多く見かけますが、これは松自身の能力ではなく、松と共存する外生菌根菌の仲間のおかげなのです。

森では、外生菌根菌の分布している地域に、多くの樹木が育つことが知られています。日当たりの良い場所に生えている樹木は、光合成によってつくられた炭水化物を日当たりの悪い場所にある別の樹木に余分に与えたりするのです。小さな若木に代わって親、あるいは兄弟、姉妹に当たる樹木が外生菌根菌に炭水化物を与えたり、外生菌根菌は広がる森では木同士が連携し、助け合うコミュニティーが形成されています。

物質のやりとりや肩代わりなどを行う前に、木と木が菌根菌の〝菌糸ネットワーク〟を使って、ちょうど電線のように情報のやりとりをしているのかもしれません。菌根菌はどのような言葉（分子）を使って、情報のやりとりをしているのでしょうか。想像してみるだけで、ワクワクしてきます。地下世界における木の言葉（菌根菌の情報交換）に関する研究が進むと、種を超えて木と会話ができるようになるかもしれませんね。

私たちは現在のところ、人類以外の生き物と会話することは不可能です。しかし、動物は鳴き声などでお互いコミュニケーションを取っていますし、植物は化学物質を介して互いにコミュニケーションを取っています。これらのコミュニケーション物質を理解してバイオセンサーなどで検知すれば、コミュニケーションの内容が分かるかもしれません。研究が進めば、いずれは植物や動物の間で、何らかのコミュニケーション手段を確立することができると思います。そうなれば私たちは生態系そのものとのコミュニケーションしながら、より豊かな生活を営むことが可能になるのではないでしょうか。

生き物はいろいろな戦略を持って環境に適応するよう、生き方を選んできました。生き方はいろいろで、決して一つではないことを、生き物の世界が私たちに教えてくれます。人間をはじめ、動物も植物も、そして人の体を形づくる腸内細菌叢《そう》にしても、生き物は相利共生して生き抜いてきたのです。地球は〝生命《いのち》〟を宿しています。果てしない海、広大な空と大地、多様な生き物がそこに生まれ育つ。すべてが命でつながっているのです。

07 環境浄化と微生物

微生物がプラスチックを分解しにくいのは、水分がないから

世界人口白書によると、世界人口は２０２３年に80億人を突破したそうです。しかし、細菌をはじめとする微生物の数に比べたらモノの数ではありません。「４１５〜６１５×10の28乗」は、地球上に生きている微生物の総数を推定したものですが、これを計算すると兆（10の12乗）の上の単位である「京《けい》」や「垓《がい》」を超えて「穣《じょう》」（10の28乗＝0が28個）まで達するのですから、まさに天文学的な数字になります。

そんな莫大な微生物が果たしている大きな役割の一つが、「清掃」です。動物の死骸や枯死した植物は微生物によって分解され、また土に還っていきます。およそ自然界にあるものなら何でも分解する微生物ですが、石油などを原材料としてつくられるプラスチックといった合成高分子は一般に分解されにくく、いつまでも環境中に残ってしまいます。プラスチックは埋めても半永久的に残るともいわれるほどです。焼却処分にしても、焼却時に有害物質を含む排ガスを発生させるなど問題が生じます。

現在、石油を原料としてつくられるプラスチックを目に見えるほど分解できる微生物は、まだ見つかっていません。しかし、いずれは分解できる微生物が見つかるか、あるいは少しだけ分解できる微生物を突然変異や遺伝子組換えなどで育種することで、プラスチックを分解する微生物が登場するかもしれません。

微生物がプラスチックを分解しにくい理由の一つが、水を含んでいない点にあります。微生物、特に水中に棲む細菌は水に溶けている栄養分を吸収して生きています。土の中、食品や皮膚の上にいる細菌も、そこにある非常に小さな水滴の中に棲んでいて、その水滴の中に溶け込んだ栄養分を使っています。だから微生物は、水分のないプラスチックに棲むことができないのです。カビもやはり微小な水滴から水分を補給しているので、腐った木でも菌糸を使って取り付いて、そこから栄養分を取り込むことができます。そのため、プラスチックをカビの入った水の中へ置いて、そのカビをプラスチックに取り付かせて分解させることが考えられます。

プラスチックを分解するために溶かす方法も考えられますが、工業的につくられるプラスチックは水に溶けないので、プラスチックが溶ける有機溶媒を使うことになります。しかし有機溶媒の中で、通常の微生物は生きていけません。ただし、微生物の中には有機溶媒耐性菌という、有機溶媒があってもその中で生きていけるものがあります。有機溶媒は他の物質を溶かす性質を持つ有機化合物の総称です。たとえば、トルエンと呼ばれる有機溶媒は生物にとって有害な有機溶媒で、ペンキを薄めるシンナーに使われます。そのトルエンが存在していても溶媒耐性の微生物は生きていられるので、もし溶媒耐性菌にプラスチックを分解する能力を持たせれば、効率よくプラスチックを分解できるようになります。

プラスチックにはいろいろな種類がありますが、ポリエチレンなどは炭素と水素しか含まれていないので、塩素を含む塩ビ（ポリ塩化ビニル）より微生物にとって分解しやすいと考えられます。そこで全く発想を転換して、微生物が分解しやすいプラスチックを開発する試みも行われています。「生分解プラスチック」と呼ばれるもので、すでに実用化されています。

生分解プラスチックは従来の合成プラスチックとは違い、微生物によって比較的容易に分解されて通常は自然消滅します。生分解プラスチックは乳酸をたくさんつなげたもの、澱粉《でんぷん》を他の繊維に混ぜたものなど、いろいろなものからつくられています。これら生分解プラスチックのうち、多くのものがラルストニア属、アエロモナス属、ノカルディア属などの細菌を用いて生産されています。

このような生分解プラスチックを、より速やかに分解できる微生物を探し出す研究も、盛んに行なわれるようになりました。いくつかの細菌や麹カビなどで強力な生分解プラスチック分解酵素（ポリエステル分解酵素やタンパク質分解酵素など）を盛んに生産し、これらの生分解プラスチックを簡単に消滅させる可能性を持つ微生物も見つかっています。

人間にとって有害な化学物質も、特定の微生物には無害

環境汚染を起こしている重要な物質として知られているものに、有機ハロゲン化合物と呼ばれるダイオキシン類、ポリ塩化ビフェニール（ＰＣＢ）、トリクロロエチレン（ＴＣＥ）、テトラクロロエチレン（ＰＣＥ）があります。これらは分解されにくい安定的な化学物質として大量に生産され、利用されてきました。そのため環境中に放出されても分解が遅く、「難分解性有機物質」と呼ばれています。発がん性など危険な物質であることも知られていて、環境中に蓄積して重大な汚染を引き起こします。

一方で、これらを分解する微生物も見つかっています。ＴＣＥを分解できる微生物は、酸素が存在することでメタンを食べて生育できるメタン酸化細菌メチロシスティス属や、酸素のない環境で生育する嫌気性菌デハロコッコイデス属の細菌です。メタン酸化細菌は、メタ

ンを酸化する酵素の一つがメタンとＴＣＥを区別できないため、ＴＣＥも分解することが分かっています。

ＰＣＢは有機物の中でも極めて安定した化合物で、電気を通さないため使い勝手の良い絶縁体として、トランスなど電気装置や製品に大量に使用されてきました。しかし発がん性が問題となり、製造および使用が禁止されました。ＰＣＢを分解して処理することは非常に難しく、多くのＰＣＢが管理された状況の中で貯蔵されています。

ところが最近、このＰＣＢを分解できる微生物が見つかりました。最初に見つけ出された微生物はアクロモバクター属の細菌で、その後、多くの属に含まれる細菌にＰＣＢを分解できるものが続々と発見されています。シュードモナス属やアルカリゲネス属、アシネトバクター属、アルスロバクター属、ジャニバクター属、ノカルジア属、デハロコッコイデス属、デハロビュム属、デスルフロモナス属、デスルフロモニール属、ゲオバクター属などです。

キノコの一種であるマクカワタケ属は一風変わっていて、キノコではありながら子実体《しじつたい》（いわゆるキノコの傘）をつくらず、白い糸状の外観を呈しています。リグニン分解力が極めて強く、木を脱色しながら腐朽《ふきゅう》させる白色腐朽菌の代表的な菌です。この菌は、「パーオキシターゼ」という酵素によって生産される活性酸素によって、ＰＣＢを分解します。

ＰＣＢを分解する微生物としては、ロドコッカス属の好気性細菌が知られています。Ｐ

CBの他、トリクロロエチレン（TCE）、ジクロロジフェニル、ジクロロエチレン（DDE）、ベンゼン、トルエンなど、多くの環境汚染物質を分解することが分かっています。

PCBは、焼却処理や物理化学処理によっても分解できることが知られていますが、1000℃以上の高温での処理が必要なため大きなエネルギーを必要とし、しかも副産物としてダイオキシンの発生を伴うなど、問題が多いのが現状です。だからこそ、微生物を利用したPCBの分解処理が期待されているのです。

ダイオキシン類は約70種あるといわれています。体内に取り込まれると女性ホルモンのエストラジオールの受容体に結合し、ヒトの内分泌作用を攪乱《かくらん》するためメス化を引き起こします。ダイオキシン類は自然分解する速度が非常に遅いため、放っておくと自然界に蓄積し、生物に悪影響を及ぼすとされているのです。

ヒトがダイオキシン汚染によりメス化してしまったら大変なので、さまざまな方法で分解する研究が積極的に行われています。中でも、キノコの一種の木材腐朽菌がダイオキシン類を分解することは、比較的早くから分かっていました。前記のパーオキシターゼというキノコがつくる酵素が、木材のリグニンを分解することが明らかになっています。なんと、私たちが日常食べるシメジを栽培した残りの廃菌床が、ダイオキシン類を分解することが分かり、廃棄物の有効利用として注目されています。

植物がダイオキシン類を分解することは知られていませんが、実は松などの植物は葉の表面に大量のダイオキシン類を付着することは分かっています。松の葉の表面に分泌されるある種の油に、大気中のダイオキシン類が付着し、取れなくなるためだろうと考えられています。この松の葉に付着したダイオキシン類を同時に分解することができれば、一石二鳥の処理ができます。そのためには、リグニンを分解する酵素パーオキシターゼの遺伝子を松に導入することが必要です。このような研究は今後、ダイオキシン類の浄化に貢献するかもしれません。

製鉄工場やメッキ工場で使用されるシアン化合物は、その毒性のため工場廃液中に混入し、しばしば大きな問題を引き起こしてきました。その処理は、重要な問題です。シアンは吸収毒として知られており、生物に対する毒性が極めて高いことから、生物処理法については限界があると考えられていました。したがって、シアン化合物の除去は科学的処理法が用いられ、塩素または塩素化合物による分解法が採用されています。しかし、シアンの分解力に優れたフザリウム・ソラニーというカビが発見され、馴化《じゅんか》（順応させること）することによってかなり高濃度のシアン分解が可能になりました。馴化を全くしない場合、１００mg／ℓのシアンを分解するのに12時間かかりますが、馴化を行うと6時間に短縮されます。このカビが猛毒のシアンを分解できるのは、シアンによって阻害されない、通常とは異なる別の吸収酵素系を持っているためと考えられています。

ヒ素化合物はシロアリ駆除剤として用いられたこともある猛毒物質ですが、これに耐性を持つ微生物も見つかりました。大腸菌、シュードモナス属、バチルス菌、スタフィロコッカス属など特定の細菌に耐性があり、広く分布していると考えられています。ヒ素耐性微生物に共通する特徴として、ヒ酸イオンを亜ヒ酸イオンに還元して細胞以外に排出することによって、ヒ素耐性能力を得ているとされています。亜ヒ酸はヒ酸よりも毒性が強い化合物ですが、水への溶解性の違いを利用して汚染環境から除去することが可能です。カビの一種には、ヒ酸イオンを有機酸ヒ素（メチル化ヒ素など）に変換して蒸発させる能力を持つものもあります。

私たち人間にとって有害な物質が、すべて他の生物にとって有害であるかといえば、必ずしもそうではありません。たとえ人間の力では分解することができない有害な化学物質であっても、地球上のどこかに生息する何かしらの微生物がその物質の分解能力を有しているのは、これまでもしばしば見受けられることです。

メタン細菌のおかげで人間が存在している

メタン（CH4）は天然ガスの主成分で、炭化水素の一つです。常温では無色無臭の気体で、燃料や産業用素材として用いられています。北米西海岸と日本海沿岸海底では、水とメタンで出来たシャーベット状のメタンハイドレートが次々と見つかっています。これを取り出して火をつけると、メタンに火がついて燃え上がるため、「燃える水」と呼ばれていて、将来のエネルギー資源として期待されています。

水とメタンがメタンハイドレートという状態で安定的に分解せず存在するには、低温・高圧という条件（大気圧ではマイナス10度以下、0度なら26気圧以上）が必要です。その条件が満たされない場合には、水分子とメタン分子は分離し、水は液体に、メタンはガスになってしまいます。そうした性質を持つメタンハイドレートが安定的状態で存在しうるのは、海底や永久凍土の地下です。

メタン生産菌は、海底に沈殿していた生物遺骸などの有機物を原料として分解し、メタンを生産・蓄積しています。これがメタンハイドレートです。この細菌は地球上に約35億年前から存在しているらしく、地球に最も古くから生息していた微生物の一つです。メタンは温室効果ガスですが、太古の地球においてメタンは生産菌の活動によって大気中に放出されたメタンが地球を温めた結果、現在のような多用な生命が誕生したと考えられています。

つまり、このメタン生産菌によって、人間がここまで進化できたともいえるのです。

人類の過剰な窒素利用が、多様な環境問題を引き起こす

人類は20世紀初期、窒素（N_2）からアンモニアを人工合成する技術を確立しました。それは発明者の名前を取って、「ハーバー・ボッシュ法」と名付けられました。窒素は生物に

とって不可欠な物質で、農業においても窒素肥料として、生命を育みます。

一方で窒素は、生命を破壊する硝酸カリウムという火薬の成分にもなります。その原料となる硝石はかつて、激しい争奪戦の的になっていました。ドイツが安定して火薬をつくれるようになったことが、第一次世界大戦を起こすきっかけになったといわれています。

生物は大気中にあふれる窒素を、そのままの形で利用することはできません。喉《のど》が渇いても、海の水が飲めないのと同じです。利用するには窒素を固定する必要があるのですが、自然界でそれができるのはマメ科植物の根に付いている根粒菌などと窒素固定化細菌、あとは稲妻ぐらいです。空気の成分は約80％の窒素と約20％の酸素ですが、雷の空中放電により空気中の窒素が分解され、窒素酸化物になります。

肥料の要素の一つである窒素は、雨に溶けて植物の生育に大きく関わってきます。雷雨が起こる季節はちょうど稲作と重なり、稲の成長に必要な栄養分豊富な雨が降るため、「雷が稲の栄養をつくっている！」「雷が何度も起きた年は豊作だ」「稲の光だ！」と昔から言い伝えられてきて、これが「稲妻」になったといわれています。

ハーバー・ボッシュ法を発明したフリッツ・ハーバーとカール・ボッシュ（ドイツの化学者、工学者）の大発見は、人類の生活を一変させました。火薬製造という戦争を支えた負の側面を持ちつつ、一方では農業生産を飛躍的に向上させ、世界の人口を爆発的に増加させました。人口が急増する世界で人々が餓死せずにいられたのも、この発明のおかげです。窒素を固定化する、つまり〝空気をパンに変える〟ハーバー・ボッシュ法によって、自然が固定化するものとほぼ同量の固定窒素が生産されるようになりました。私たちの体内の窒素の半分は〝工場生まれ〟であり、世界の人口の半分はそのおかげで生かされているといってもいいでしょう。

この発明は全地球的な窒素循環、つまり地球環境へも多大な影響を与えることになりました。生物圏で循環する窒素の総量が増えたのです。過剰な窒素供給は、新たな問題を引き起こしました。それが窒素汚染、あるいは「富栄養化」といわれる問題です。余った窒素化合物（アンモニアなど、分子の中に窒素が含まれる化合物）は最終的には海に流れ込み、海の植物、特に微小なプランクトンが異常繁殖を招き、赤潮を発生させたりしているのです。適度の窒素化合物の流入は海洋の生物生産を活発にし、豊かな海をつくりますが、ものには限度があります。まさに、「過ぎたるは及ばざるがごとし」です。

ひとたび起こってしまった赤潮を防除する方法として、微生物を使った方法が検討されています。赤潮の原因となる微細藻類に特異性の高いウィルスを感染させて、赤潮の消滅を図ろうとする方法や細菌を使った方法、ある種のカビを赤潮の原因となる微細藻類に寄生させる方法などが検討されています。

海洋の富栄養化に見られるような、人類の窒素利用が多様な環境問題を引き起こす構図は、二酸化炭素やメタンといった炭素を含む温室効果ガスの排出がもたらす地球温暖化問題（炭素問題）と比べて、認知度が低いようにも思えます。炭素問題の解決に向けて脱炭素化などの動きが活発になっていますが、窒素問題は人類活動すべての環境媒体（大気、土壌、陸水、海水）を巻き込み、〝正と負〟双方の効果を含んでいるため、負の効果をあまり身近に実感しにくいのかもしれません。

公立鳥取環境大学センター長の吉永郁生《いくお》博士は、「生態系における窒素は生物にとって貨幣である」と述べています。過剰な通貨供給は経済を成長させますが、突如として破壊的なインフレを招き、私たちの生活に大きなダメージを与えます。この問題を放置すれば、バブル経済の崩壊のように、いつの日か人類は過剰な窒素供給（窒素汚染）による手痛いしっぺ返しを食らうかもしれません。

微生物の環境順応性の高さと、獲得した能力を伝える方法

微生物は、人間の科学技術では処理することのできない物質をいとも簡単に分解、浄化することが可能です。その理由の一つとして挙げられるのが、微生物の新しい環境への適応性の高さです。これはちょうど、病原性微生物が抗生物質などの薬剤に対して耐性を新規に獲得することと同じ仕組みといえます。

ある病原菌に対抗するための抗生物質が出来ても、しばらくするとその薬に抵抗力のある菌が生じ、抗生物質の効果がなくなってしまうことが度々あります。病原菌といっても、

生き残るためには抗生物質と戦う武器がなければ子孫を残すことはできません。そのため微生物の遺伝子は絶えず変異をして、その中で新たに獲得した形質がまわりの環境に合うようにすれば、その個体は生き残ることができるのです。

特に有害な物質の存在する環境下では、その物質に対して抵抗力のある変異が生じた微生物だけが生き残り可能です。たとえば、有害な薬剤がまわりの環境に添加され、そのままでは活動が維持できないとします、この薬剤に対して抵抗力のない通常の細胞は対処しきれず死んでしまいますが、まれにこの物質を分解したり、無害な物質に変化させたりする個体が現れます。有害物質の分解能力を偶然手に入れた個体だけは、その後もその環境下で生き続けていくのです。新規に手に入れた能力は、個体の子孫にも確実に受け継がれていきます。

ではなぜ、いとも簡単にそんな分解能力を持つことができるのでしょうか。

細菌の遺伝子は、人間の遺伝子よりも比較的短時間で変化します。何もしなくても自然変異が進みますし、環境が激変した際にはその変異が加速されます。有害物質を分解する特殊な能力は、その細菌がもともと持っていた何かの物質を処理する能力の遺伝子が変化する中で、たまたま有害物質を処理する遺伝子が出来上がり、その能力が子孫に受け継がれたものです。

細菌にとって遺伝子は非常に重要なもので、そう簡単に変化してしまっては生存に支障が出るかもしれません。そこで遺伝子は考えます。生きていくために最小限必要なものと、そうでないものの二種類に分別するのです。そうして考え出されたのが、別々の細胞の中にしまっておくことでした。つまり、生存に必要なく、加工に失敗しても影響の少ない遺伝子は「プラスミド」と呼ばれるDNAの輪っかとなり、独立して存在します。有害物質の分解に関係する遺伝子は、大切な遺伝子をしまっておく染色体（ゲノム）の中ではなく、プラスミドの中に収納されています。プラスミドの中には環境の激変に対応できるよう、臨機応変に変異させなければならない遺伝情報がたくさん記録されているのです。

便利なことに、プラスミドを細菌の個体間で受け渡しすることもできます。たとえば、ある細菌が有利な変異に成功した場合、その遺伝子が含まれたプラスミドを別の細菌個体へ渡すと、その細菌も同じ能力を持つことができるのです。これを、「遺伝子の水平移動」といいます。

プラスミド自身は単なる遺伝子の輪っかですから、自力で菌から脱出して別の菌へ移動することはできません。細菌同士が混ざっていれば、獲得した能力を伝えることは可能ですが、そうでない場合はどうするのでしょうか。土壌中を例に考えてみます。土の中では細菌は活発に移動できないため、情報を伝える仲間になかなか巡り会うことができません。そこで登場するのが、ミミズのような小動物です。ミミズが土壌を口にして細菌も同時に体内に摂りこみ、体内で攪拌《かくはん》される際に細菌同士がプラスミドの受け渡しを行うのです。

ミミズが移動して糞として放出されると細菌も新天地に移動し、そこでプラスミドを広めることができるのです。人間の腸内環境でも同じように、プラスミドの受け渡しがひんぱんに行われています。

このように、土壌中や動物の腸内などで細菌同士の密な混ざり合いがあれば、有害物質に対しての耐性を持った菌から直接、有害物質に対抗するための遺伝子を受け取ることができるわけです。

ある有害物質に対しての耐性を、人工的に獲得させる方法もあります。これが「馴化《じゅんか》」と呼ばれる方法です。馴化とはある刺激がくり返し提示されることによって、その刺激に対する反応が徐々に見られなくなっていく現象（馴れ）を指します。何らかの有害物質を添加して菌を培養すると、最初はその毒性で死んでしまう個体が多いのですが、しばらく経つとその有害物質に対する抵抗性を持った個体が現れることがあります。その個体は、有害物質に対する反応を全く示さなくなるのです。

微生物の育種を日常的に行う者にとっては、人工的に突然変異を起こさせ、今まで分解できなかった物質を分解させる遺伝子を獲得させたり変異株を馴化させたりすることによって、その物質を食べる（分解する）微生物を育種する手法は特に難しいことではなく、微生物の育種を行ううえでは日常的に行われています。現在、多くの機関で研究が行われており、天然由来の浄化菌と同様、地球環境の浄化への実用化が期待されています。

下水処理施設で大活躍する細菌、原生動物、後生動物

微生物の働きを利用して環境浄化を行うことを、バイオレメディエーションと呼んでいます。「バイオ＝生物」＋「レメディエーション＝修復」という意味です。実用化されているバイオレメディエーションの中で最もよく知られているのが、下水処理場での微生物による浄水浄化作用でしょう。これは「活性汚泥法《かっせいおでいほう》」といい、日本における公共下水処理施設の多くがこの技術で廃水を処理しています。

活性汚泥法は、一般家庭廃水や工場廃水を微生物の力で分解浄化する方法です。中心になるのは好気性生物による有機物の二酸化炭素と水による分解であるため、酸素の供給が重要な要素となります。その工程は大きく二つに分かれます。

最初の工程は、「曝気槽《ばっきそう》」（エアレーションタンク）における有機性廃棄物の微生物分解です。曝気槽とは廃水に酸素を送り込むタンクのことで、絶えず酸素の供給をします。曝気槽内には廃水を分解浄化する好気性生物（細菌、原生動物、後生動物）が存在し、これらが集合して数ミリ程度の綿状の塊を形成します。これが廃水を浄化する生きた汚泥「活性汚泥（フロック）」です。

活性汚泥内では多種多様な生物が複雑な共生、捕食を維持しながら有機物質や無機物質（アンモニア、亜硝酸、硝酸、リンなど）を分解すると考えられています。この方法により、有

機物に含まれる炭素のうち50～60％が炭酸ガスとして排出され、30～40％が汚泥として残ります。その結果、廃水中の有機物の90～95％の炭素が微生物によって除去されるといわれています。

次の工程では、曝気槽で活性汚泥との接触時間を充分に取り、その働きによって水をさらにキレイにします。浄化が進行した廃水は沈殿池に移動されます。活性汚泥は水よりも比重が重いため、水底で活性汚泥の凝集、沈澱が起こります。活性汚泥の塊の一部は曝気槽に戻され、再度水の浄化に使われます。残りの活性汚泥は濃縮、脱水されたあとに焼却されます。

活性汚泥の微生物の中で汚水浄化に最も貢献しているのは細菌です。細菌はお互い寄り集まってくっつくような物質を細胞の外に出して、活性汚泥のフロックをつくります。フロックをつくる細菌はズーグレア属、スフェロチルス属、バチルス属、シュードモナス属、フラボバクテリウム属など多くの種類があります。

活性汚泥中にいる原生動物は、倍率100倍程度の顕微鏡で形が分かる微生物です。細菌に比べると汚水汚泥では脇役といえ、フロックを食べてその量を減らし沈みやすくしたり、浮遊している細菌を食べて処理水をキレイにしたりする役目を担います。

繊毛虫類《せんもうちゅうるい》のツリガネムシは、長い柄で伸びたり縮んだりする様子が観察できます。頂部の口で小さな細菌類を食べています。エピスチリスはツリガネムシにそっくりですが、たくさんの群れをつくっています。伸び縮みはせず口だけを動かし、細菌を食べます。アスピディスカは体の前と後ろに生えたトゲのような毛（棘毛《きょうもう》）を使って、活発に動き回ります。環境の変化に敏感で、すぐに数が増えたり減ったりします。

リトノタスは体全体が薄い繊毛に覆われていて、それを波立てて前後に滑るようにして動きます。肉質虫類のアルセラは別名ナベカムリといい、硬い殻に覆われていますが、内側はアメーバ状の微生物です。若い時期は透明ですが、時間が経つにつれて赤みを帯びてきます。ユーグリファはホオズキのような形をしていますが、これは殻の部分で、アメーバ状の本体はその中にあります。ケントロピキシスは和名トゲフセツボカクリといい、アルケラの仲間です。硬い殻に短い突起があり、ほとんど動きません。

鞭毛虫類《べんもうちゅう》のエントシフォンは2本の鞭毛を持ち、その1本を引きずりながら遊泳します。同じく鞭毛虫類のペラネマは太い鞭毛を持ち、鞭毛の先端を振動させながら移動します。

多細胞生物の後生《こうせい》動物も、約100倍の顕微鏡で形が分かります。ワムシ類、イタチムシ、アブラミミズ類、クマムシ、線虫類などがいます。

カビや酵母などの菌類が活性汚泥に出現するのは、まれなことです。活性汚泥を含む水1ミリリットルの中には、原生動物や後生生物がおよそ1万から2万匹、細菌類はそれよりはるかに多く、数千万から数億個存在しています。細菌類を米粒の大きさとすると、原生動物や後生生物はゴルフボールからバスケットボールくらい、人間は富士山の大きさになります。

石油を分解する微生物は、細菌類にも菌類にもいる

1997年1月、島根県隠岐島沖で発生したナホトカ号の重油流出事故により日本海側のかなりの広い地域に重油が流れ着き、海辺の自然環境、生態系は大きな打撃を受けました。この事故は、日本でも石油流出事故の脅威が認識されるきっかけになりました。不幸にも石油流出事故が起きた場合、すみやかに汚染を除去し、環境を回復させることが必要なのは当然です。

石油を分解する微生物としては、細菌類と菌類が知られています。細菌ではシュードモナス属、アシネドバクター属、ロドコッカス属です。菌類では、キャンディダ属やロドトルラ属の酵母が石油分解菌として単離されています。しかし、これらの分解菌が実際に海洋でどの程度寄与しているかはよく分かっておらず、いまだ単離されていない菌も多数いると考えられています。

石油分解に大きな役割を果たすアルカニボラックス属は、アルカンと呼ばれる石油に含まれている物質を分解します。この細菌は世界中の海に広く分布していて、海水中の石油濃度が高ければ高いほど多く存在しています。

石油には非常にたくさんの成分が含まれているため、1種類の微生物ですべての成分を分解することは不可能です。たとえば、アルカニボラックスはアルカンを分解できますが、ベンゼン環（俗に言う、六角形をなす「亀の甲」を持った炭化水素）は分解できません。ベンゼン環の分解は、ロドコッカスなどが担っているのです。このように、石油は複数の微生物の共同作業によって分解されていくわけです。

石油分解菌の多くは、餌の炭素源として石油を食べて（資化）自分自身の体（細胞）につくり変えていき、一部はエネルギーを取り出すために水と二酸化炭素に分解します。細菌や菌類に限定することなく広く微生物全般を見渡せば、微生物は炭素源にもエネルギー源にもしないにもかかわらず、石油を分解することがあります。その場合、石油は分解されても微生物の増殖は起こりません。このような微生物の代謝様式は「共代謝」と呼ばれます。石油成分が水と二酸化炭素まで分解されることはほとんどなく、分子構造の一部が変化するだけです。微生物にとって何のメリットもないのに共代謝が起こるのは、不思議といえば不思議なことです。

一般的には、酵素と基質（酵素と結びつき変化を受ける物質）の関係を、鍵と鍵穴にたとえられますが、必ずしも一対一の関係になっているわけではなく、本来の基質の他にその基質と類似の構造を持つ物質に作用することも稀《まれ》にあるのです。特に、石油分解菌にはこの共代謝現象がよく見られます。

石油成分は水と混じることがない、いわゆる疎水性《そすいせい》の高い物質ですが、疎水性の高い物質を微生物が細胞内に取り込む方法としては、水に溶けているものだけを取り込む場合と、その分解微生物がある種の界面活性剤様の物質（バイオサーファクタント）をつくり出す場合があります。

界面活性剤は、とても不思議な性質を持っています。ひと言で表すなら、「水と油の両方の性質を併せ持つ」のが特徴です。水とも油ともよく混ざり合い、水と油を混ぜ合わせる仲介役として働きます。界面活性剤が働いて水中の油滴を安定に保つ現象を乳化といいますが、界面活性剤により乳化した1ミクロン以下の微粒子になった油滴は水中に分散し、細胞内に取り込むことができます。

マヨネーズを例に取れば、分かりやすいでしょう。マヨネーズは卵と酢、油を材料につくられます。酢と油、つまり水と油は混ざりません。それを取り持っているのが、卵です。卵黄に含まれるレシチンは、水と油それぞれと仲良くできる性質を持っています（親油基、親水基）。酢と油の境界線にそれらの成分が並んで界面張力を弱め、水と油を結びつけるのです。この働きを乳化と呼び、乳化する卵の存在を乳化剤、あるいは界面活性剤と呼んでいるのです。

石油を分解するには、他にも次のような方法もあります。分解微生物は水層と石油層の界面で増殖するので、微生物が石油表層（疎水性物質）の表面に取り付いて直接取り込むことを利用する方法です。このタイプの微生物には、ベンゼン環が多数連なった炭化水素の分解菌に多いようです。

最近、特殊処理によって、藻類に石油成分を食べさせることが出来るようになりました。この藻類はクロレラの一種で、普段は光合成をしていますが、特殊なストレスを与える処理をして葉緑体を消失させると光合成が出来なくなるため、生きていくことが出来ません。本来なら藻の細胞の表面は親水性（水になじむ）なのですが、疎水性（水をはじく）に変化していきます。細胞の表面が親水性だと水と油は馴染《なじ》まないので、石油成分を食べることは出来ません。しかし、細胞の表面が疎水性に変化すると石油と馴染むため、石油成分を直接細胞の中に取り込むことが出来るのです。光合成をしている時は、石油成分を決して食べないのですが、葉緑体を消失して光合成が出来なくなると、石油成分を食べて栄養にするのです。

この藻はクロレラの一種ですから、ひとたび石油流出事故などが起きた場合、健康食品として大量培養されているクロレラに特殊なストレスを与えて葉緑体を消失させれば、石油成分を食べてくれるかもしれません。バイオレメディエーション（環境浄化）に使うことが出来る可能性もあります。

コラム

ミカンの皮が発泡スチロールを溶かす

大型家電などのダンボール梱包の内部には、大量の発泡スチロールが緩衝材として入っています。そのほとんどが空気ですが、体積が大きいため処理に困ることがあります。もし、使用後の発泡スチロールの体積を小さくすることが出来れば、回収も楽になり容易になります。

その決め手として注目されているのが、ミカンの皮です。ミカンの皮にはリモネンという物質が大量に含まれていて、その分子構造は発泡スチロールと大変似ており、発泡スチロールを溶かすことが出来るのです。リモネンに溶かしてしまえば、発泡スチロールの体積は元のサイズの10～25%ぐらいになるので、その後の輸送も楽になります。

オレンジやみかんなど柑橘（かんきつ）系の果実の皮からリモネンを抽出しますが、それ自体は人畜無害です。リモネンの入ったタンクを大型家電販売店頭に置き、消費者が不要になった発泡スチロールを入れると、溶けて減容されます。それを工場に輸送して蒸留すると、リモネン90%、ポリスチレン10%に分別されるので、完全リサイクルが可能です。

現在、スーパーマーケットで魚や肉の入った発泡スチロールトレイのリサイクルが進められています。熱を加えたり石油系の溶剤で溶かしたりする方法だと、溶かす際に高温・高圧にしたり危険な薬品も使ったりしていますが、ミカンの皮を使う方法ならSDGsになるかもしれませんね。

【　第六章　】

腸活・育菌で健康長寿を実現

腸に1000種以上、600兆個も存在する腸内細菌は食べ物を消化するだけでなく、免疫システムを支え全身の健康を守る役割を果たしています。菌との共生が健康長寿の秘訣です。

01 微生物との共生が生み出す巧みなメカニズム

人間も動物も、共生微生物によって生かされている

米国の生物学者で、2004年にノーベル生理学・医学賞を受賞したリンダ・バックは、「人間は、共生微生物とヒトから構成されている超生物である。人間にとって共生微生物は極めて重要な存在であり、大切にしなければならない」と唱えました。人間は「ヒト」と「微生物」が合わさった共同体であり、いかなるときも微生物は私たちと一体なのです。

人の細胞数は37兆個。腸内には1000種以上、600兆個以上という膨大な細菌が棲《せい》息《そく》しています。動植物の中で、共生する細菌の種類が最も多いのが私たち人間です。

反芻《はんすう》動物であるウシは、四つの胃を持ちます。第一胃（ルーメン）は四つの中で最も大きな胃で、成牛では胃全体の80％も占めています。このルーメンの細菌の種類は人の腸内細菌とほぼ同じですが、細菌以外にも多くの微生物を棲《す》まわせていることが知られています。

ルーメンには嫌気性《けんき》（空気を嫌う）の微生物が数多く生息し、食べたものを反芻して食べた物を消化しています。このルーメン発酵によって微生物の増殖と栄養素の転換が起こり、合成された必須アミノ酸に富む良質の微生物タンパク質は、反芻胃の下流にある消化器官で消化吸収され、宿主動物（牛など）のタンパク質となるのです。牛は大きな体を動物性の

タンパクを摂ることもなく、草（食物繊維）だけを食べて、つくり上げているのです。

ウマも草を主食として生きる動物ですが、微生物が消化する場所は胃ではなく結腸（大腸）で、ウシのようにセルロース（食物繊維）が有効なアミノ酸にならないため、「鯨飲馬《げいいんば》食《しょく》」という言葉があるほど、ウマはいつも食べていなければなりません。

ウシのように胃で発酵させたほうが、つくられた栄養分を小腸で吸収できるので、結腸で発酵するウマよりも効率がいいといえます。私が子どもの頃は農道にウシやウマの糞《ふん》が落ちていたのでよく覚えていますが、ウシの糞は植物が完全に消化されベットリしているのに対して、ウマには未消化の植物がたくさん含まれていました。

胃を発酵の場としているのはウシやヒツジなどの他、カンガルーやナマケモノなどもいます。微生物発酵の場としてクマは小腸、ウサギやダチョウは盲腸を使っています。

同様にシロアリも、枯死した植物の主成分であるセルロースを餌《えさ》としていますが、下等シロアリと高等シロアリがいて、下等シロアリはセルロースを自分自身で分解する能力が低いので、消化管内に主に原生動物を共生微生物として棲まわせて消化しています。一方、高等シロアリは、自分自身でセルロースを分解する酵素（セルラーゼ）を持っています。これは外からの遺伝子をシロアリが取り入れる、いわゆる遺伝子の水平伝播《でんぱ》により獲得したものと考えられています。シロアリの腸内共生原生動物はセルロースを酢酸にまで分解し、これをシロアリの栄養源として提供しています。

日本人は、大豆タンパクによって体をつくってきた

植物にも目を向けてみましょう。大気中に大量に存在する窒素（空中窒素）は植物の生育に必須の養分ですが、直接利用することはできません。根粒菌はマメ科植物の根に棲み着く土壌細菌で、空気中の窒素を植物が利用できるアンモニアに変換し、マメ科植物に供給しています。大豆などのマメ科植物は、根粒菌と共生することで大気中の窒素を利用しているため、窒素栄養の少ない土地でも生育できるのです。

これと同様のことを、ウシは胃に棲まわせている窒素固定能力のある微生物と共生することで、草しか食べないのに肉質に富んだ体をつくることができるのです。

かつての日本人がウシやブタを食べなくても、大豆タンパクを摂取することによって体をつくってきたのは、突き詰めれば空中窒素を固定する根粒菌のおかげであるといっても過言ではありません。

イモを主食とするニューギニアのパプア人は、肉などのタンパク質をほとんど摂らないのに、筋肉隆々とした体をしています。パプア人の成人が摂取する窒素の量が一日およそ2グラムなのに、糞や尿として排出される窒素量はその倍近くあることを不思議に思った研究者たちは、ひょっとしたらパプア人の腸内には豆類の根粒菌のような窒素固定細菌がいるのではないかと推測するようになりました。

近年に至り、長崎大学と東京大学のグループが、パプア人の糞便の中に窒素固定活性を持つ細菌が含まれていることを発見しています。

明治時代に日本で医学を教えたドイツ人医師エルヴィン・フォン・ベルツ（1849〜1913年）は、当時の日本人が穀物や豆、イモ、野菜しか食べないのに驚異的な運動能力を持つことに注目しました。当時の栄養学者たちが、「日本人はもっと肉を食べなければならない」と主張したのに対しベルツは、「日本人の食事は栄養的に改善を要する点はない」と考えたのです。豆や精製していない穀物にもタンパク質は含まれていますが、それ以外に日本人の頑強な体をつくり上げた鍵は、日本人の腸内細菌にあったのかもしれません。

腸の役割は、食物の栄養分の吸収と排泄

人間の腸は「第二の脳」ともいわれます。人間の腸には脳よりは少ないものの膨大な神経細胞があり、脳と腸が関係していることは、古くから医療関係者の中では知られていました。「脳腸相関」と呼ばれる現象です。たとえば腸の調子が悪いと不安やウツになったり、強いストレスを感じると下痢をしたりと、脳と腸が連動して起こる症状も少なくありません。そこには腸内細菌が強く関わっているのです。日本語には「腑《ふ》に落ちない」とか「腹を探る」といった、あたかも内臓が思考をしているかのような表現がありますが、昔の日本人は腸が第二の脳であることを本能的に知っていたのかもしれません。

そもそも腸とは、どのような臓器なのでしょうか。腸は胃で消化された食べ物が運ばれ、さらに消化を進め、栄養として体に吸収し、その残りを排泄する器官です。栄養素を吸収する小腸と、残りの水分とミネラルを吸収して排泄《はいせつ》する大腸の二つに大別されます（図31）。

小腸は下腹部に折りたたまれていて、十二指腸、空腸、回腸に分けられますが、その長さは成人で全長5〜7メートルに達します。胃で溶かされた食物が少しずつ送り込まれた小腸は活発に動き始め、食物を前方へ少しずつ移動させます。これにタイミングを合わせて消化酵素を含んだ膵液《すいえき》や胆汁《たんじゅう》が小腸に流れ込み、また小腸自身も消化酵素やホルモンを含む粘液を分泌します。この粘液はアルカリ性で、胃の中で胃酸と混ざり合った食物はここで中和されるため、胃酸によって小腸の壁が傷つくことはありません。

大腸は消化管の最後の器官です。その役割は小腸から押し出された食物の残渣《ざんし》から水分とカリウム、ナトリウムなどの水分を吸収し、この残渣を固めて便にする役割です。長さは1・5メートル、直径5〜8センチで入口部分が最も太く、出口に向けて細くなります。

大腸は盲腸と結腸、それに直腸に分けられます。盲腸は下部が袋状で先端が6〜9センチほどの虫垂《ちゅうすい》が伸びています。食物の残渣は回盲弁を通じて盲腸に入り、その後少しずつ水分やミネラルが吸収されます。ただし、食物などの水分の90％は小腸が吸収し、大腸が吸収するのは10％程度です。腸には消化吸収・排泄といった役割の他に、非常に重要な役割があります。

図31　消化器官は一本の管

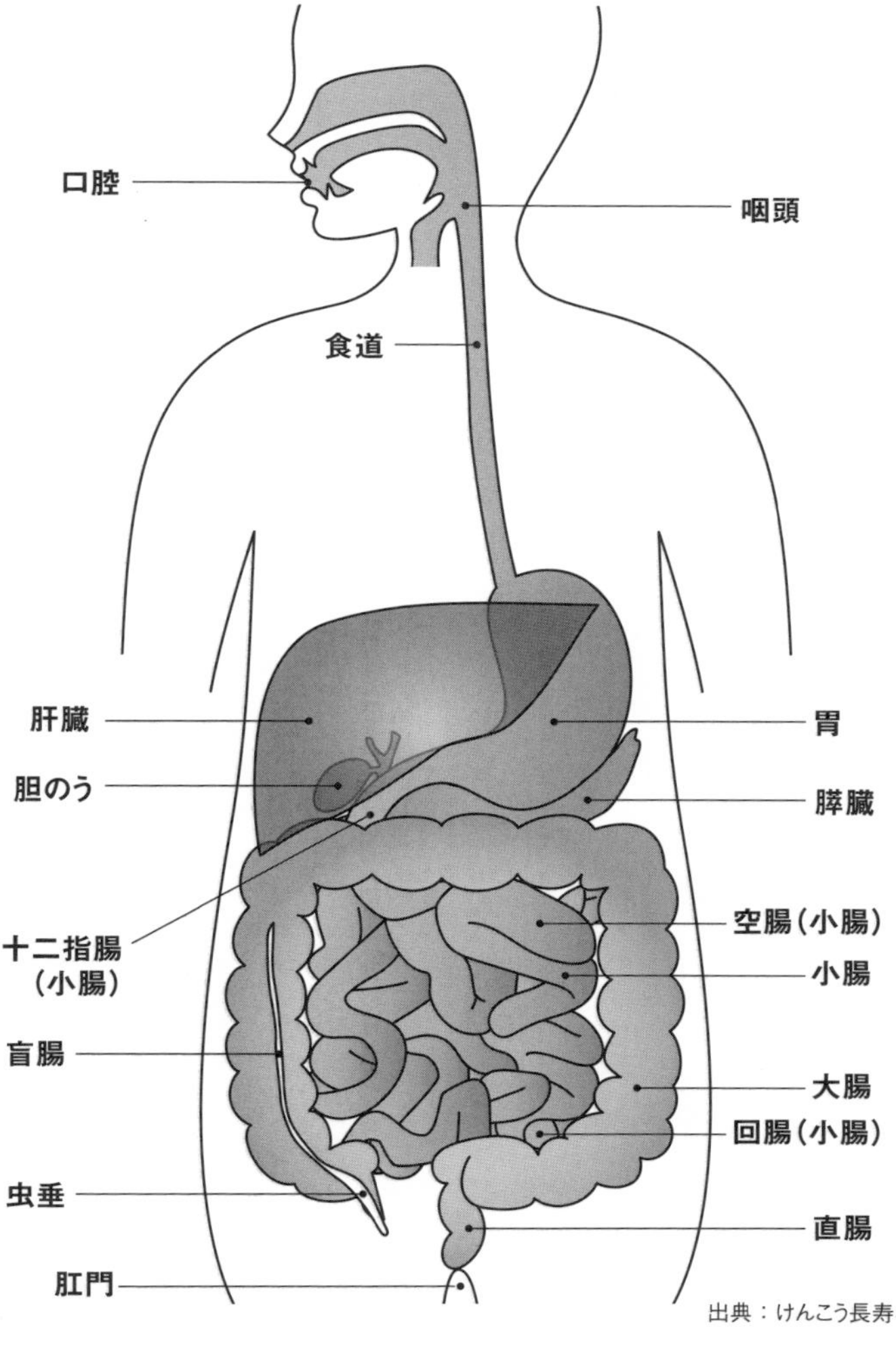

出典：けんこう長寿ネット

免疫力の中心的な役割を果たす腸

腸が果たす重要な役割を見ていきましょう。小腸を特徴づけるのは、多数の輪状のヒダと内壁にぎっしりと並ぶ突起（絨毛《じゅうもう》）です。顕微鏡で観察すると、絨毛の細胞の表面にさらに細かい微絨毛が生えています。これらがあるため小腸の表面積はテニスコート一面分に当たる２００平方メートルにも達します。なぜ、そのようなスケールが必要なのかといえば、摂取した栄養素をスムーズに体に取り込み、エネルギーに変える役割が求められるからです。取り込む面積が広くなれば、消化も進みます。しかしそこには、さまざまな異物も入り込んできます。その異物の代表が多種多彩の病原菌です。

胃でドロドロにされた食べ物の栄養素は小腸で分子の大きさまで分解され、粘膜から取り込まれていきますが、一緒に入り込んだ病原菌を排除しなければ感染症が引き起こされてしまいます。そこで体に必要な物とそうでない物を選《よ》り分け、病原菌の侵入を防がなければなりません。その役割を担っているのが、「免疫細胞」と呼ばれる白血球の仲間です。

働きの違いによってマクロファージ、好中球、ナチュラルキラー細胞、リンパ球などに分けられます。小腸には体内で働く白血球の70％が集まっていますから、免疫の中心は腸にあるといっても過言ではありません。人間は生きるために、食べ物が必要です。その食べ物の栄養分を吸収する小腸を守るため、強力な「警備兵」を配備する必要があります。免疫は私たちの体を病気から守るために必要不可欠な仕組みですが、それは食べ物を消化、吸収する腸の働きと表裏一体の関係にあるのです。

最初に神経細胞が出現したのは脳ではなく、腸だった

人間の脳は神経系が極端に進化し、多様性に満ちています。しかし生物の進化を見ると、最初に神経系が出来たのは脳ではなく、腸であることが分かっています。

地球が誕生したのは、今から約46億年前のことです。そして36億年前に一つの細胞でしかなかった生命体は、それぞれの細胞同士が協力して生きていくほうが長生きできると気づき、身を寄せ合って多細胞生物へと変わっていきます。多細胞生物は海水からの養分を吸い込み、体の構造を複雑化させていったのです。それはまるで、風船のような構造で、まず簡単な管構造をつくり出し、徐々に複雑で多様な消化管へと変化していったのです。

細胞の塊となった胚の一部がくぼみ始め、「原口」が出来ていきます。やわらかい風船を胚にたとえるなら、風船の外側から指をゆっくり差し込むようなイメージをしていただければ分かりやすいでしょう。くぼみは胚の内側で管となって伸びていき、その先端が反対側の表皮と融合してもう一つの穴を開口します。この管が消化管となり、先に出来た原口とあとから形成されたもう一つの穴が口、または肛門となっていくのです。原口が口になるか肛門になるかは、動物の種類によって決まっています。腸は体内にはあるのですが、腸

図32　単純な消化管から複雑な消化管への変化

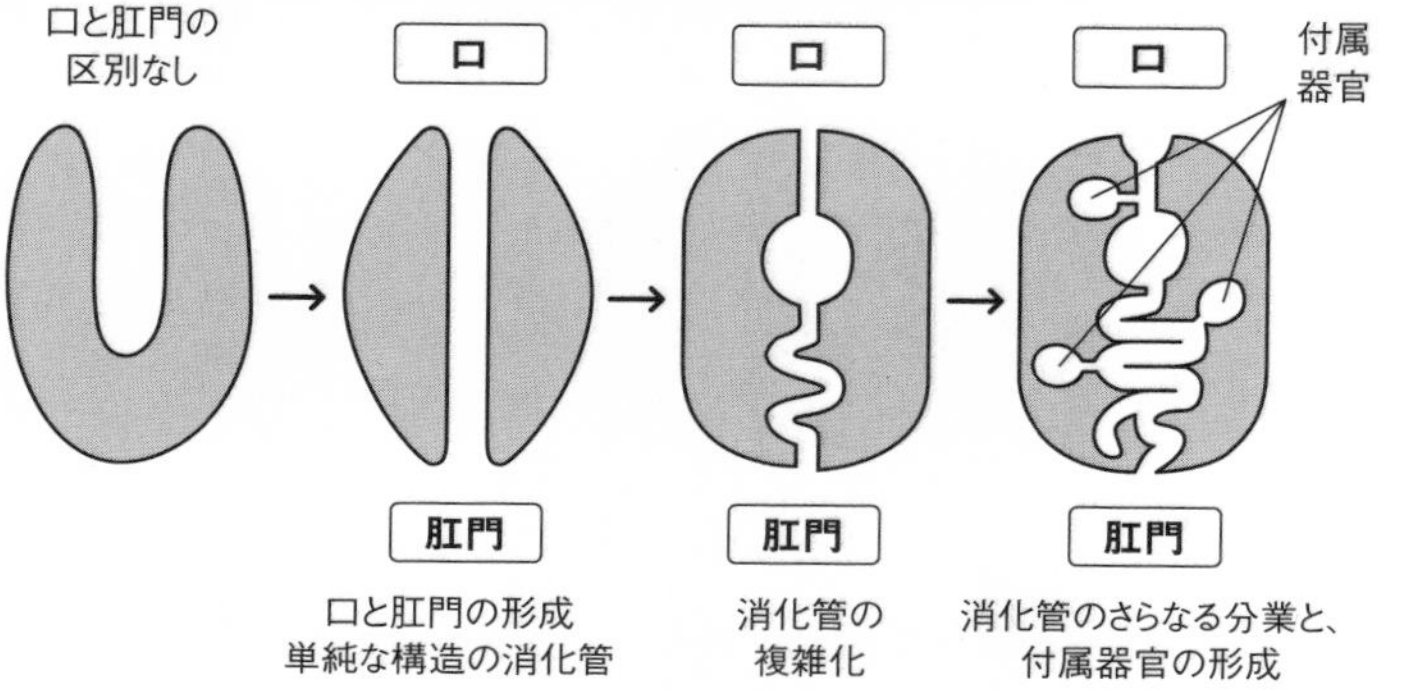

出所：『うんち学入門』(増田隆一・著　講談社・刊)

を通じて口と肛門がつながっているので内にありながら外につながっている、いわゆる「内なる外」ということができます（図32）。

消化管が腸となり、この腸を動かすために「神経細胞」が生まれます。現在、腸の外壁には無数のネットワーク神経が存在しています。大根に、網タイツを履かせたような姿を想像してみてください。ストッキングの網目がネットワークです。いかに細かな神経が腸を支配しているか、イメージできると思います。

腸はこの神経ネットワークにより、脳から独立して働く臓器ともいえます。脳は、この神経細胞がさらに進化して生まれた組織なのです。

このように生物には最初、脳がありませんでした。生物が最初に備わった器官は腸で、脳が出来たのはほんの5億年ほど前のことなのです。

人間の生命が誕生するときも、胎内で最初につくられるのは脳ではなく、腸なのです。人間の腸が、第二の脳といわれるのは、このためです。もちろん人間の脳には、腸をはるかに上回る数の神経細胞があります。

その脳は、口から入ってきた食べ物が安全かどうかの判断はできませんが、腸はそれが食中毒を引き起こす異物だったりすれば、激しい拒絶反応を示します。このように、食べ物が安全であるか、毒であるかは腸の神経細胞が即座に判断するのです。安全でなければすぐに吐き出したり、下痢をしたりして人間の体内に毒を入れないようにするのです。

ジャンクフードは毒ではありませんが、これを食べるのをやめられない人がいます。これらの食品には脳が喜ぶ物質(旨味調味料)が添加されていて、腸の反対にもかかわらず脳の命令で食べさせられているためです。

人間の感情も、腸内細菌が左右する

脳死しても人間の生命体は終わりになりませんし、腸は何十年も機能し続けることができます。しかし腸が完全に死んでしまうと、脳の働きも完全に停止してしまうのです。つまり、「脳死」ではなく「腸死」が本当の死といえるかもしれません。

ストレスや心配事があると、お腹が痛くなったりします。私たちの感情と腸が深い関係にあることは間違いありません。なぜなら人間の感情や気持ちなどを決定する物質は、ほとんどが腸でつくられているからです。腸の中で食べ物から人間の幸せ物質をもたらすド

図33　アミノ酸からつくられる脳内伝達物質

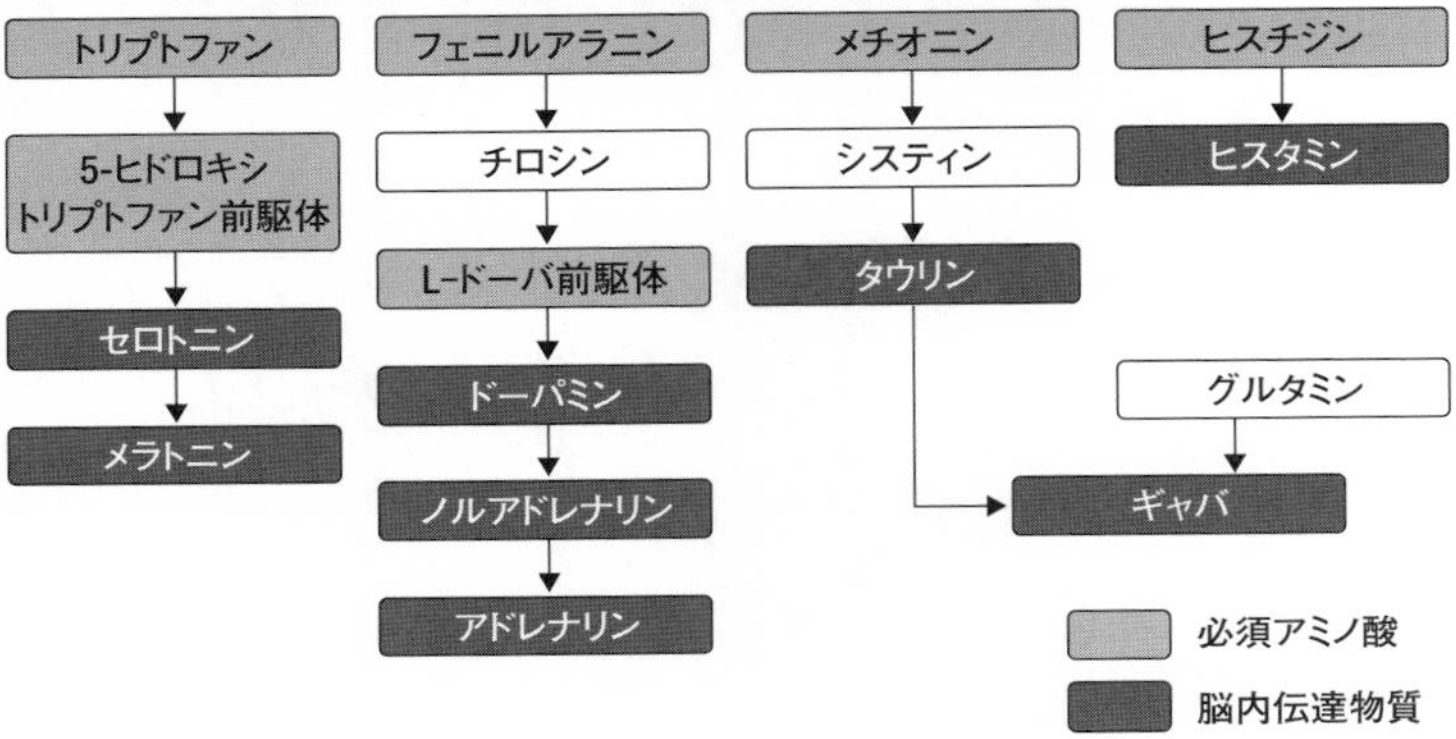

ーパミンやセロトニンを合成しているのです。

ドーパミンは、必須アミノ酸のフェニールアラニンがないと合成できません。セロトニンは、必須アミノ酸であるトリプトファンを植物から摂取することが必要です。しかし、これらのアミノ酸が多く含まれる肉類をいくら食べても、脳内にドーパミンやセロトニンが増えないことが分かってきました。これらの「幸せ物質」の前駆体は、腸内細菌がいないと合成できないのです。ドーパミンはフェニールアラニンからチロシンになり、そこが水酸化してドーパミンという前駆体として合成されます。セロトニンはトリプトファンから5・ヒドロキシトリプトファンという前駆体に変えられ、腸内細菌によって脳に送られるのです（**図33・34**）。

図34 アミノ酸からつくられる脳内伝達物質が脳に至るまでと脳のつくり

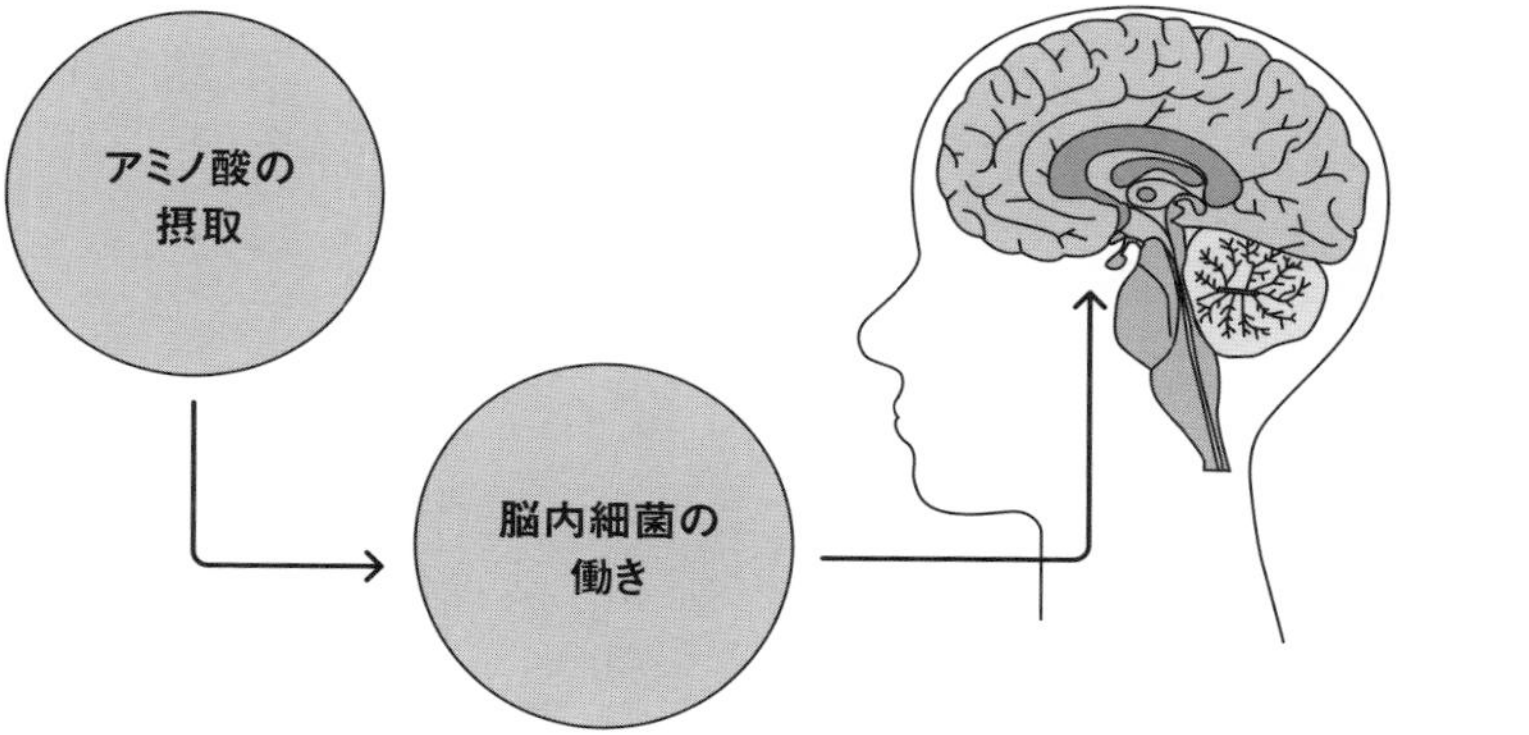

快と不快のサイエンス

人間は嬉しいと心がウキウキし、悲しいと気分が落ち込みます。このように一見当たり前に思える心の動きも、当然ですが脳が関係しています。

1954年、米国の社会心理学者ジェームズ・オールズ（1922~1976）が、脳の中に快感やヤル気を感じる部位、逆に不快や苦痛を感じる部位があることを突き止めました。

ラットの脳に、電極埋め込み装置を使い電気刺激を与える方法で、脳のある部位に「報酬系」と「罰系」が存在することを発見したのです。報酬系の部位を刺激すると、「いい気持ちを生じさせる」「リラックスさせる」「ヤル気を生み出す」こと、逆に罰系の部位を刺激すると、「イライラして怒りっぽくなる」「攻撃的になる」「気分が沈む」ことが判明しました。

人間の脳は大きく分けて大脳、小脳、脳幹の三つで構成されていますが、人間が他の動物と決定的に違うのは、高度に発達した大脳にあります。この大脳は前頭葉、頭頂葉、側頭葉、後頭葉の四つに分けられます（図35・36）。

前頭葉は精神活動の中枢ですが、中でも最も高度な精神活動である理性や知性などを生み出しているところが前頭連合野《れんごうや》です。ここそが他の動物に存在しない、人間だけが持っている脳です。そして報酬系と罰系が四つの頭頂と前頭連合野が直結しています。

報酬系と罰系という二つの領域を刺激された時、私たちの心身両面にはどんな反応が生じ、どんな行動を取るようになるのでしょうか。

まずは報酬系です。何かの試合に勝ったとき、試験に合格したとき、昇進したとき、プロポーズしたとき、されたとき、あるいは人の手助けをして喜んでもらえたときなど、幸せを感じる場面は人それぞれでいろいろあると思います。このような情報を報酬系が感じると、報酬系の神経細胞から神経細胞にこの情報が次から次へと送り込まれ、何千、何万という神経細胞の間に情報伝達物質が放出されて電気信号となって脳内を流れます。

こうして報酬感覚がますます高まっていくと、自律神経の一つである交感神経の働きが落ちる一方で、体や臓器はもう一つの自律神経である副交感神経によって支配されるようになります。自律神経とは内臓の働きや代謝、体温などの機能をコントロールするために、

図35 脳のつくり

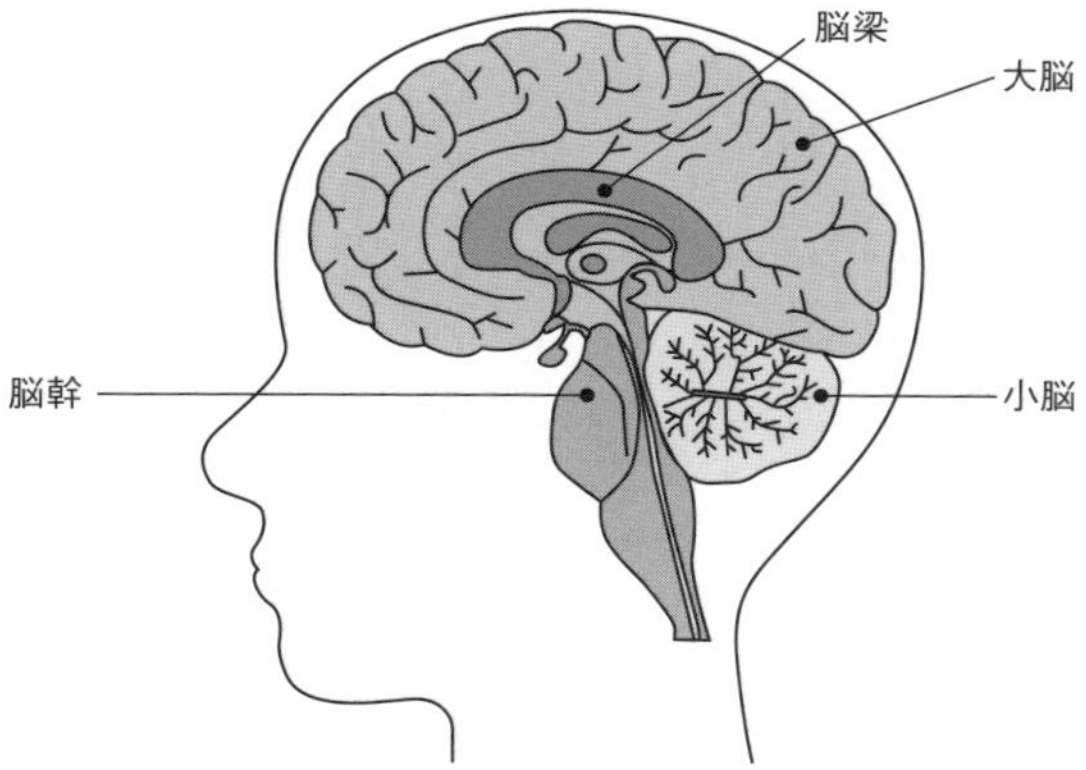

出典：Minds ガイドラインライブラリー（公益財団法人 日本医療機能評価機構）

図36 側面から見た左大脳

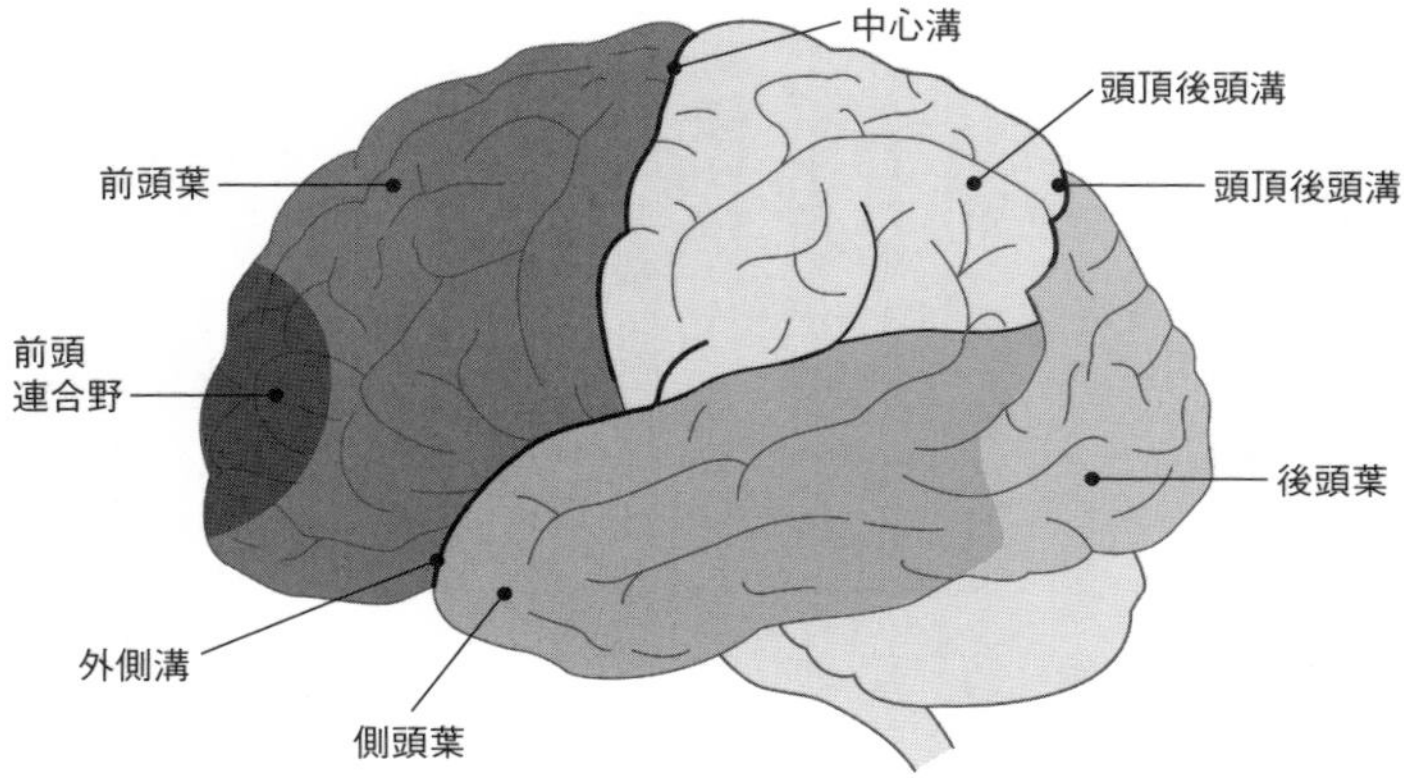

出典：Minds ガイドラインライブラリー（公益財団法人 日本医療機能評価機構）

自分自身の意思とは関係なく、24時間働き続けている神経系です。

自律神経には活動時に優位になる交感神経と、休息時に優位になる副交感神経があり、これらは相反する役割を持っていますので、この二つの神経のバランスがいいと心身は安定した状態に保たれます。このように、人間の体は永遠に変化する相補的、対立的な性質の「陰」と「陽」で成り立っています。

交感神経は主に日中に活発に活動していると優位となり、緊張やストレスを感じたときにも活発化します。一方の副交感神経は夕方から夜にかけて優位になっていき、夜間に眠気が出て休みやすい状態へと導いていきます。眠っている間も副交感神経は優位に働いており、体の休息や修復に寄与するのです。

交感神経と副交感神経は一方に大きく傾くのではなく、平衡の状態を維持しながら状況に合わせてわずかに片方に傾くのが理想的と考えられています。ストレスを感じずリラックスした気持ちになったときは、副交感神経が交感神経より勝っている状態で、精神状態が落ち着いて平静になり、人によっては幸福感とか愉快感があふれてくる状態です。

これに対して罰系が刺激されると、交感神経が優位になります。私たちの体や臓器が交感神経に支配されると心臓の拍動が速くなり、末梢血管が縮むので血圧が上がる一方、体温が上がったり呼吸が速くなったり、汗ばんできたりと緊張状態になります。普段、私たちの体や臓器は副交感神経に支配され、その機能が平穏な状態になるように設定されています。したがって、交感神経が副交感神経より高まった状態は、平穏ではないといえるでしょう。気分的には怒ったり、不快な気分になったりします。

感情と免疫力には、深いつながりがある

身体的に不平不満とか不快嫌悪といったイライラが生じれば、報酬系のときとは逆に免疫力の低下を招きます。ひいては病気になりやすく、老化もそれだけ早まると考えていいでしょう。このように報酬系刺激は、体にとって歓迎すべきものです。脳にとっていい状態は報酬系の刺激には大きく反応し、逆に罰系の刺激には小さく反応し、しかもそれが継続しない状態だといえます。

一方、脳にとって〝悪い状態〟とは、報酬系に刺激がきても報酬系が充分に働かない状態を指します。たとえば人にほめられたとき、普通（脳の良い状態）なら素直に「嬉しい」と感じますが、脳の悪い状態の時は素直に聞き入れず、「これは何かの間違いではないのか」とネガティブに考えてしまうように、本来なら報酬刺激でもあるのに、むしろ逆に感じてしまうのです。脳の良い状態とは罰系刺激が入ってもこれを報酬系刺激に近づける力がある、いわば余裕がある状態です。

近年、このような状況の時に、免疫力が高められていくことが明らかになってきました。免疫力が高まることは、人間の体に大きな恩恵をもたらします。細菌やウイルスによる感

染に対する抵抗力がアップし、がんやウイルス系の感染症などの病気に対する抵抗力も強くなります。つまり報酬系の刺激は気分をよくするだけでなく、体の健康も強力にサポートするわけです。

免疫力が高いか低いかは、体内にあるNK細胞の活性が高いかどうかが指標になります。NK細胞が体内に侵入した異物を攻撃する働きをしています。極めてシンプルにいえば、さまざまな快い笑いは報酬系刺激を活性化させ、それがNK細胞を強めて免疫力がアップされるのです。自然免疫とは、人間が生まれながらに持っている病に打ち勝つ力です。先天的に備わっている、病気や環境に対抗する力ともいえます。人間のみならず生命には生存上避けられない環境との闘いの手段として、自己防衛手段が備わっています。「ほがらかに」「仲良く」「喜んで生きる」ことは、他ならぬ免疫細胞を最大限に活性化させる方法なのです。心の持ち方一つで免疫力を強めることができるのですから、これは見逃せません。そしてこの免疫力を体の機能として支えるのが、本書のテーマとも深く関わる腸内細菌なのです。

02 腸内細菌とは、もう１人の「私」のような存在

腸内細菌には、どんなものがあるか

腸内には、どんな菌がどれだけいるのでしょうか。腸内細菌は個人の持つ免疫力、食生活、ライフスタイルによって変動しますから、その数を正確には分かりませんが、おおよその傾向は知ることができます。**図37**（３４４ページ）は食品免疫学の第一人者である上野川修一先生が、多くの研究者の報告をもとにまとめたものです。

ここにある9種類の菌は代表的なもので、腸内にはもっと広範な種類の菌が棲んでいます。この図では善玉菌といわれるビフィズス菌、ラクトバチルス菌の2種類。悪玉菌は4種類、日和見菌は3種類を扱っています。それぞれの菌の特徴は、次の通りです。

【善玉菌】

ビフィズス菌：善玉菌の代表格で、ブドウ糖を餌にして酢酸と乳酸を産生します。その形状はY字や枝分かれなど形はさまざまです。現在40菌種が判明していて、そのうち6種類は腸内に生息しています。偏性嫌気性菌で、酸素20％を含む環境（大気）中では全く生育しません。

ラクトバチルス：ビフィズス菌と並ぶ善玉菌の仲間です。この菌は酸素存在下でも生育

図37　腸内にはどんな菌がどれくらい存在するのか

菌数（対数）	善玉菌	日和見菌	悪玉菌
9-11	ビフィズス菌（G+、桿菌）	バクテロイデス菌（G−、桿菌） ユーバクテリア（G+、桿菌）	
7-9	ラクトバチルス菌（G+、桿菌）	大腸菌（G−、桿菌）	クロストリジウム（G+、桿菌） ソフバクテリア（G−、桿菌）
5-7			腸球菌（G+、球菌） 連鎖球菌（G+、球菌）

G＋＝グラム陽性菌、G－＝グラム陰性菌
菌数は便1グラム当たりの菌数の対数値で示してある

出典：『免疫と腸内細菌』（上野川修一・著　平凡社新書）

できる通性嫌気性菌で、ブドウ糖を分解して乳酸を産生します。この乳酸で腸内の環境を酸性にととのえ、多くの病原菌の侵入を防ぐ菌で、病原性はありません。その形状は球または棒状で、球状のものを球菌、棒状のものを桿菌《かんきん》と呼びます。26菌属４００菌種以上が見つかっています。すべて病原性はありません。

【日和見菌】

バクテロイデス：この菌も偏性嫌気性菌で桿菌です。ブドウ糖を分解してコハク酸や酪酸を産生します。この細菌の中には、病原性を示すものもあります。その病原性の原因は、免疫細胞に対して抵抗性が高いことや体の組織に付着しやすく、付着した部分で増えやすい性質を持っています。状況によって、これらのバクテロイデスの病原性が表面化するこ

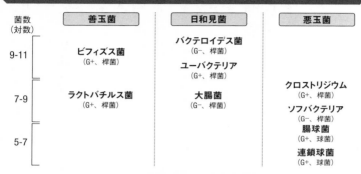

ともあり、日和見菌に分類されます。

ユーバクテリア：この菌も偏性嫌気性菌です。発酵性のあるものとないものが知られています。発酵性のものは、酪酸・酢酸《さくさん》・蟻酸《ぎさん》などを産生します。この細菌の中には病原性を示すものもあるので日和見菌とされています。

大腸菌：通性嫌気性の桿菌で、鞭毛《べんもう》で運動します。ほとんどの大腸菌には病原性はありませんが、無菌的な状態のところに入り込んだり、免疫の働きが極端に弱まっていたりすると日和見感染の原因菌となります。

【悪玉菌】

クロストリジウム：悪玉菌の代表格で、偏性嫌気性の桿菌です。クロストリジウムの中で、腸管に多く見られるのがウェルシュ菌です。このウェルシュ菌が腸内で勢いよく増殖すると毒素エンテロトキシンを産生し、食中毒を引き起こします。

フソバクテリウム：偏性嫌気性菌の桿菌です。多くの感染部分から検出されます。

腸球菌：腸管内に正常菌叢として検出される球菌であり、細菌感染症の病原菌として知られています。悪玉菌の代表的なものですが、この菌の場合も病原性はありながら、不思議なことに通常では感染症を起こしません。

連鎖球菌：通性嫌気性菌で、非常に一般的な感染菌です。

この**図37**では、悪玉菌や日和見菌の数が意外に多いように見えます。しかしこれらは、私たちが健康である限りは決して悪さをしませんが、免疫系によって排除されることもないのです。日和見菌であるバクテロイデスは、腸内細菌叢では最も数の多い菌であり、腸に対して何らかの有益な作用をしているのではないかとも考えられています。実際、他の善玉菌と同じように免疫系にとって有益な作用、たとえば抗体の産生を増強するなどが明らかになっています。また、肥満や糖尿病の改善に強く関与するのも見出されていて、今後、日和見菌の持つ役割の新発見が期待されています。

このように私たちの体は神秘的なほどに合理的に設計されていて、無駄なことは何もないシステムであることが理解できます。私たちの体は悪玉菌をも飼いならし自分の役に立つようにしている、そんな感じすらするのです。

回腸にある「パイエル板」が、免疫システムの要

私たちの腸内には、600兆以上の細菌が棲みついています。地球人口が約80億なので、その10万倍以上の小さな生き物が、1人のお腹《なか》の中に暮らしていることになります。こうした腸内細菌たちは、人間が食べた物を餌としてお互い競いながら、ある時は助け合いながら生きています。

前記しましたが、私たちの消化管は口から肛門まで6～10mにも及ぶ一本の管です。食べ物も病原菌も口から入って消化・吸収され、24時間以内に排泄されます。

口では唾液により澱粉《でんぷん》が糖に分解され、胃では強い胃液でタンパク質の分解が進み、ほとんどの病原菌はこの強い胃液（pH２・０）によって殺され、体内への侵入が阻まれます。全体で５〜７メートルある小腸では、膵液《すいえき》によりさらなるタンパク質の消化が進みます。胃に続く20センチほどの十二指腸は分泌される胆液、腸液のようなアルカリ性の消化液でさらなる消化が進み、胃酸の中和がされます。残り上部約５分の２に当たる空腸は絨毛《じゅうもう》構造が最も密に発達していて、分泌される消化酵素の活性も高く消化、吸収の中心になっています。

回腸はその下にあって残り５分の３を占めますが、ここにはパイエル板と呼ばれる腸管特有の免疫組織があります。食べ物の中には病原菌をはじめ有害物質が含まれている場合もあるので、腸はその食べ物を体内に摂り入れていいかどうかを瞬時に見分ける働きを持っています。人間の体を病原菌などから防ぐために、腸には強い免疫系が必要となります。そんな腸の役割のために存在しているのが、回腸にあるパイエル板なのです。この腸特有の免疫組織を活性化しているのが、腸内に生息している１０００種類以上、６００兆個以上の腸内細菌なのです。

腸内細菌には未知な部分が多く、その解明に期待

小腸には小腸特有の腸内細菌が、大腸には大腸特有の腸内細菌が定住していて免疫組織

を活性化しています。大腸は上部で水と電解質が吸収され、下部で便をつくっています。腸管には消化吸収の細胞だけでなく神経細胞も存在しており、その数は1億個にも及びます。これは脳以外に分布する神経細胞の約半分です。免疫系に関していえば、全身のリンパ球の70％が腸管に集中しています。小腸下部には免疫細胞が集まっている組織（パイエル板）があり、その外側には抗原を察知してパイエル板に誘導するM細胞が存在しています。腸管免疫系が果たす役割は極めて大きいのです。

胃の中に棲む細菌は強い胃酸のために1グラム当たり100～1000個程度、小腸上部で約1万個、小腸下部まで行くと10万個から1000万個と急激に増えてきます。大腸に棲む腸内細菌を腸内細菌叢《そう》（腸内フローラ）と呼びます。フローラとはお花畑という意味で、まさに腸の中では個性豊かな細菌たちが咲き乱れているのです。

最近の研究では、培養できない細菌が腸内に多数生息していることが、遺伝子工学的手法によって解明されてきました。腸内細菌叢の細菌たちが便通を良くし、お腹の調子をととのえることはよく知られています。善玉菌、悪玉菌、日和見菌などの一般常識をはるかに超えたレベルで、腸内細菌叢が私たちの健康と美容、生活に深く関わってきていることが明らかになってきました。腸内細菌は私たちの人生を明るく楽しくするうえで重要な役割をしていて、いわば自分の中にいる「もう1人の私」といってもいい存在なのです。

酢を飲んで、腸内環境はととのうのか

腸内細菌叢では、腸内細菌同士の厳しいせめぎ合いがあります。善玉菌と悪玉菌は仲良く共存しているわけではなく、互いに陣地を広げようと画策しています。ふとしたきっかけでその均衡が崩れると、一気にその勢力図は変わります。食べ物や生活環境などが乱れるとその勢力図は大きく変動し、人間の免疫機能はもちろんのこと、消化・吸収機能など幅広い領域で影響を与えるのです。

特に免疫系に関しては、バクテロイデスのような日和見菌の存在は重要で、酪酸《らくさん》と呼ばれる物質を産生するものが多く、この酪酸は酢酸やプロピオン酸とともに腸内環境をととのえる物質です。酪酸や酢酸、プロピオン酸こそが肥満防止にもひと役買う「短鎖脂肪酸《たんさしぼうさん》」の総称なのです。そもそも肥満は、脂肪細胞と呼ばれる細胞が内部に脂肪の粒を蓄え、肥大化することによって起こされます。もしものときに備えて、エネルギー源を体内に溜め込んでおくための飢餓対策の一つなのです。しかし飲食で、とめどもなく溜まり続ける脂肪細胞を放っておくと、血液中の栄養をどんどん取り込んで肥大化していきます。この脂肪細胞の暴走にブレーキをかけるのが、短鎖脂肪酸なのです。善玉菌として知られる腸内細菌の中には、主に酢酸をつくるビフィズス菌、酪酸をつくるフェイカリバクテリウムと呼ばれる大便菌、乳酸をつくる乳酸菌などがあります。乳酸菌はブドウ糖から乳酸を、ビ

フィズス菌はブドウ糖から酢酸と乳酸をつくり出します。

短鎖脂肪酸は腸内細菌のキー物質ですが、酢酸をわざわざビフィズス菌につくってもらわなくても、発酵食品の一つである食物酢を飲めば強い殺菌力で、悪玉菌の増殖を抑制できるのではないかと思われる方がいるかもしれません。酢であれば他の酪酸やプロピオン酸のような強烈な臭いもないので手軽ですし、唾液の分泌量を増やす効果も絶大ですので、食欲を増進するにはもってこいの調味料といえます。しかし、残念ながら食物酢に含まれる酢酸は大腸に届く前に吸収されてしまうので、その効果は一時的でしかありません。

一方でビフィズス菌は腸の中に食べ物がある間、ずっと酢酸を出し続けるので血中濃度が維持され、効果が長続きします。そのため、食物酢は腸内環境をととのえるのに役立つとはいえません。人間は殺菌力の強いビフィズス菌を腸内に棲息させることによって生き延び、現在のように進化してきたといえるでしょう。

腸内細菌がつくり出す短鎖脂肪酸と糖尿病には、深い関わりがある

腸内細菌と病気との関係については、多くの研究が発表されています。特に生活習慣病に対する腸内細菌の影響についての研究は盛んです。生活習慣病の代表格である糖尿病と腸内細菌は、私たちが想像する以上に深い関わりがあるようです。

現在、全国の糖尿病患者数は約９００万人と推計され、予備軍を含めると２０００万人

以上です。日本人の６人に１人が罹患する可能性があり、決して他人事ではありません。

糖尿病は血液中のブドウ糖のコントロールが上手くいかなくなり、次第に全身の血管が傷つけられていく病気で、特に細い血管が多い腎臓はダメージを受けやすく、老廃物を体内から排出される機能が失われると、その役割を補うため週に2〜3日も人工透析のために病院に通う生活となってしまいます。

目の網膜の血管が破れて失明したり、足が壊死《えし》したりして切断を余儀なくされることもあります。最近の研究では、糖尿病予備軍になるとがんや認知症になるリスクが大幅に上がるといわれています。そもそも糖尿病は血液中の血糖値が高くなっている状態が続くと発病するのですが、その血糖値は膵臓から分泌されるインスリンというホルモンが制御しています。そのインスリンの分泌が不足するのが「I型糖尿病」と呼ばれるもので、子どものときに発症する例が多いタイプです。もう一つは、肥満など生活習慣病によってインスリンの働きが鈍くなって発症する「II型糖尿病」というタイプです。このタイプの最大の原因は肥満であり、肥満を改善するのが糖尿病治療の基本とされています。

２０１３年、スウェーデンのヨーテボリ大学の研究チームが、II型糖尿病患者の腸内細菌叢を採取分析したところ、短鎖脂肪酸の「酪酸」を生産する腸内細菌の数が少ない傾向にあることを『ネイチャー誌』に発表しています。この研究にさきがけて、中国の深圳《しんせん》大学の研究チームも同誌にII型糖尿病患者と健常者の腸内細菌を解析し、相互間に明らかな腸内細菌のバランスに違いがあることを見出し、関連する遺伝子マーカーが6万個以上見つかったと発表しています。

腸内細菌が生産する短鎖脂肪酸には、腸の細胞を刺激してインクレチンと呼ばれるホルモンが膵臓に働きかけてインスリンの分泌を促す力があります。実際のインクレチンは糖尿病の治療薬としてすでに知られている物質であり、インクレチンが働きかけるのは膵臓だけではなく、胃の活動にブレーキをかけて腸に送られる食べ物の量を調節してもいるのです。急にたくさんの食べ物が胃に入ってきても、血糖値を急に上げないという役割も持っています。短鎖脂肪酸の働きが弱くなると糖尿病を発症するわけですが、腸内細菌が糖尿病予防にも、大きな役割を果たしているのです。

03 腸内細菌によって生物は進化してきた

コアラが教えてくれた腸内細菌の大切さ

実は私たちが体質だとか個性だと考えているものと、腸内細菌が深く関わっていることが知られています。

神戸大学で腸内細菌の研究を行う大澤明先生は、オーストラリア南東部・ブリスベン郊外にあるコアラの保護施設で働いていました。日本に一時帰国した際、腸内細菌の世界的権威である東京大学名誉教授の光岡知足《ともたり》先生（1930〜2020年）から学会の席で、「コアラの腸内細菌を調べてみたら」との助言を受けました。その2年後、大澤先生はコアラの腸内細菌から、ロンピネラ・コアララムという新種を発見しました。

愛くるしい表情で人気のコアラは、一日のほとんどの時間を木の上で寝て過ごしています。コアラの主食はユーカリの葉です。ユーカリの葉は昆虫や野生動物に食べられるのを防ぐため、タンニンを多く含んでいます。タンニンが多いと消化が悪く、一般に動物の餌とはなりません。しかしコアラは、ユーカリを食べて消化・吸収しているのです。

哺乳類では肉食動物の消化管は短く、草食動物のものは長い傾向にあります。反芻動物のウシやヤギでは四つの部屋に分かれた胃の中に単細胞の原生動物や細菌が共生しており、それらの細菌の中には宿主動物自身では分解できない、植物由来の難分解物質セルロースを分解できる菌が棲み着いています。さらに草食動物の盲腸は大型化しており、その内部にも微生物が共生しています。コアラは数百種類あるユーカリの中で、限られた種類のみを食べます。このようなコアラの偏食傾向は、腸内細菌によって決まるという研究成果が報告されています。

「寄生者・宿主」の共生関係が、宿主動物の食性の多様化に結びついているのです。食性の多様性は生き物の生死に直結しており、もし腸内細菌や原生生物などの寄生者がいなければ、動物は自然界で生きていけないかもしれません。コアラの盲腸の長さはおよそ2メートルにも及びますが、そこにタンニンを分解する酵素「タンナーゼ」をつくる乳酸菌「ロンピネラ・コアララム」が棲み着いています。コアラはこの乳酸菌をお腹の中に飼い続けることによって他の動物と餌を奪い合うことから逃れ、生き延び、今日に至りました。このようにお互い助け合って生きていくことを共生といいます。コアラとロンピネラ菌は相互共生しているのです。しかし、このロンピネラ菌は、一体どこからやってくるのでしょうか。

人間でもコアラでも、母親の体内にいる間は無菌状態です。生まれてくる時に、母親の産道に常在している膣内細菌や腸内細菌を出産の際に受け継ぐのです。

コアラの赤ちゃんは、お母さんの大便を離乳食として食べます。なぜそんなことをするのでしょうか。実は大便を通じて、お母さんのロンピネラ菌を受け継いでいるのです。赤ちゃんコアラはそれを食べて盲腸の中にロンピネラ菌を定着させます。こうして代々ロンピネラ菌はコアラのお腹の中に受け継がれ、二つの生物は共に生き、共に進化してきました。

赤ちゃんの奔放な行動は、腸内細菌を体内に取り入れるため?

このように生物は共生を通じて、個々を超える能力を獲得してきました。私たち人間も、決して例外ではありません。赤ちゃんは離乳期ぐらいになると、いろいろな物を口に入れたがります。スリッパの底を舐めたりゴミを食べようとしたりと、親にとっては心配でなりませんが、ひょっとするとその行動は外から微生物を取り入れることによって、自らの腸管免疫をつくるための学習をしているのではないかと、私は思っています。

科学的に明確な証拠はありませんが、腸内細菌を手に入れるために人間の本能にすり込まれた知恵ではないでしょうか。病原菌などは口から侵入するものが多く、食べ物に紛れて腸管から体内に摂り込まれます。それを阻むためにいろいろな腸内細菌が腸内に誕生し、さらに免疫作用を強化するように進化したと推測するのは、決して荒唐無稽《こうとうむけい》なことではありません。人間の場合、母から子に腸内細菌を受け継いでいくという個人レベルでの継承の他に、もっと大きなレベルでの継承があります。日本人特有の腸内細菌の継承例として、外国人が持たない「海藻を消化する」遺伝子を持った腸内細菌が見つかっているのです。コアラにロンピネラ菌がいるように、日本人の腸内には「海藻消化菌」が棲みついています。太古の昔、私たちの祖先はその海藻消化菌を腸内に棲みつかせ、それを代々受け継いでいるのです。

このように私たちは、外から細菌を摂り入れ腸内細菌と共生することによって生き延びてきました。腸内細菌のない無菌動物の寿命は、無菌でない動物に比べて寿命が1・5倍長くなることが知られています。それならなるべく無菌にしたほうがいいのではないかと思われますが、現実には無菌状態など自然界ではあり得ません。無菌動物を私たちの住んでいる環境に連れてくると、いっぺんに死んでしまいます。

腸内細菌が全くない無菌動物を観察すると小腸が短く、腸管免疫の重要な器官でもあるパイエル板も小さい。無菌マウスは食べる量も少なく、免疫はほとんど成立していません。腸内細菌がいなければ、免疫機能が備わらないのです。生まれてすぐにアトピー性皮膚炎になる赤ちゃんの腸内細菌数が、非常に少ないことが知られています。ウツなどの心の病気に悩んでいる人の腸内細菌が少ないことも、明らかになっています。

腸内細菌は食べ物を消化してビタミンを合成し、免疫力を高めます。それだけではなく前述の通り、「幸せ物質」であるドーパミンや、セロトニンと呼ばれる物質の原料を脳に送るという重要な働きもしているのです。

善玉菌・悪玉菌・日和見菌と共に生きる

私たちの腸内には、善玉菌と呼ばれる細菌と悪玉菌と呼ばれる細菌に加え、普段はおとなしいものの、時によって悪さをする日和見菌によって構成されています。健康な成人の場合、日和見菌と善玉菌、悪玉菌の比率は7：2：1と日和見菌の数が明らかに多いのです。善玉菌だけでいい、悪玉菌や日和見菌は必要ないと思われるのは、もっともな話です。悪玉菌は免疫系により腸管から排除されるはずなのですが、実際には両方とも腸内に共生しています。つまり悪玉菌と呼んでいる腸内細菌ですら、私たちの免疫系は悪玉と判断していないのです。

似たような現象が、寄生虫についても言えます。人間にとって大きな異物である回虫を、人間の免疫系は排除しません。寄生虫学の大家である藤田紘一郎《こういちろう》先生（１９３９～２０２１年）は、「回虫はヒトの精密な免疫機構の攻撃を回避して、逆にその免疫機構に刺激を与えて強化している」と説明しています。腸内細菌も回虫と同じような作用で、人間の免疫系攻撃を阻止し、逆に免疫系を強化しているとも言えるのです。

免疫系とは、「自己と非自己を認識する」システムです。つまり自分の組織は攻撃しないが、侵入して来る病原菌などの非自己は攻撃します。とすれば腸内細菌も非自己ですから攻撃されても仕方ないところですが、免疫系は「非自己が自己にとって危険かどうかという価値的な判断をしているのではないか」という説があります。この説を「デンジャーセオリー」といいます。危険な病原細菌は排除されますが、安全な腸内細菌は排除されずに共生することによって、免疫システムが作用しているのです。

異物である腸内細菌が排除されないのは、腸内細菌の細胞壁にある菌体成分が免疫系の攻撃を防いでいると考えられています。

善玉菌だけでは、腸内細菌は力を発揮できない

肥満防止にひと役買いそうなバクテロイデスは、日和見菌です。バクテロイデスの中に

は毒性を持つものと無毒性のものがありますが、日和見菌はもちろん無毒性。善玉でも悪玉でもない勢力の強い方へなびく、いわば選挙の際の無党派層のような存在です。腸内細菌叢の大多数を占める日和見菌の中にはバクテロイデスの他にクロストリジウム、非病原性の大腸菌などがあります。非病原性の大腸菌は病原性大腸菌O－157が体内に侵入してきたときに、それを追い払う番兵のような働きをします。私たちは野菜の細胞壁成分であるセルロース（食物繊維）を分解する酵素を持っていませんが、大腸菌はこれを分解し、ビタミンを合成するという役割を持っているのです。

私たちは、乳酸菌やビフィズス菌などを善玉菌として体内に摂り込めば腸内環境が改善されて、健康に良いと思い込んでいるところがありますが、腸の機能が正常に働かせるには善玉菌だけではなく、このような日和見菌の存在が重要です。

私たちと腸内細菌は、「共に生きて」います。一度このような関係が成立すると、免疫系もこれらの腸内細菌を排除しないようになっていくのです。これは人の免疫系だけでの話ではなく、発酵食品の微生物フローラや農業関係、特に土中の微生物フローラに関しても同じことが言えます。ともすれば、華々しく目立つ善玉菌のみを有用菌として注目しがちですが、病原菌は別にしてその他共存する多くの微生物を不要、あるいは有害と決めつけることには問題がありそうです。

事実、人間の腸内細菌叢だけでなく、発酵食品の発酵中の微生物フローラや土壌環境を維持する微生物フローラの中には、今まで注目されていなかった働きをする微生物の存在が明らかになってきているのです。これらの微生物の働きはまだまだ不明な点が多く、善玉菌だけに注目し、他の菌を軽んじるような「一将《いっしょう》功成りて万骨《ばんこつ》枯る」ことがあってはならないと思うのです。

コラム

度がすぎた清潔は、体に悪い

通常、病気を起こす異物が体の中に入ってくると、それを排除するために免疫システムが働きます。私たちの体には、重さにすると1～2キログラムもの常在菌が存在しています。皮膚ブドウ菌や黄色ブドウ球菌などの常在菌は皮膚だけでなく、大腸菌のように腸内にも存在しています。大腸菌は海水浴場の汚染度を測る基準になっていますが、腸内でビタミンを合成したり、腸に入ってきた外敵を真っ先に倒したりする役割も担っています。皮膚の常在菌も、皮膚の脂肪を食べて脂肪酸の膜をつくって皮膚を弱酸性に保ち、酸に弱い病原菌の侵入を防いでいます。

異常に増えすぎては困りますが、ほどほどの常在菌は体に「飼って」おくほうが賢明というものです。

常在菌は人間に早くから棲みついており、外から侵入した菌が居着くことができないので、間接的に免疫力を発揮しているといえます。つまり常在菌は人の健康に、欠かすことのできない存在です。免疫細胞も、この異物（非自己）を攻撃することはしません。

ところが清潔にこだわって殺菌剤や除菌剤を多用すると、常在菌がいなくなり体に悪い外敵に隙を与えてしまいます。その状態は、果たして「キレイ」といえるのでしょうか。環境が衛生的になりすぎると細菌と接触する機会も減り、私たちの免疫力を脆弱にするのです。

【 第七章 】

私たちは菌とともに生きている

腸内環境のバランスを整える「腸活」は健康維持のために今やすっかり定着しましたが、覚えておきたいキーワードが「身土不二」。人間の体と土地は、切り離せない関係にあるのです。

01

日本人の食生活の変化と腸内細菌

動物性タンパク質の摂取量は増加、炭水化物の摂取量は減少

人間は一生の間に、およそ70トンもの膨大な量の食品を食べて排泄し、その命をつないでいます。しかし、日々食べている食品の種類や量は戦後、大きく変化しました。**図38**に示したように、日本人は米を食べなくなった一方で肉類や油脂類、牛乳及び乳製品の消費量が増しています。

野菜の消費量を米国と比較してみると、米国では近年やや減少しているものの70年代から長期的に増加傾向をたどり、90年代中頃には日本を上回って推移しています（**図39**＝364ページ）。1960年代から約50年間の間に起きたこの大きな変化が、私たちの健康に大きく影響していることは、言うまでもありません。

動物性食品と植物性食品のバランスが理想的な、いわゆる日本型食生活は脳卒中などの循環器系疾患、結核を中心とした感染症を減少させ、日本は世界でも屈指の長寿大国となりました。私が生まれた1956年と2022年を比較すると、この66年間で男性の平均寿命が63・6歳から81・8歳と、18歳も延びました。女性は67・5歳から87・1歳となんと20歳も伸びています。

図38　米、肉類、牛乳・乳製品、油脂類の年間1人当たりの消費量

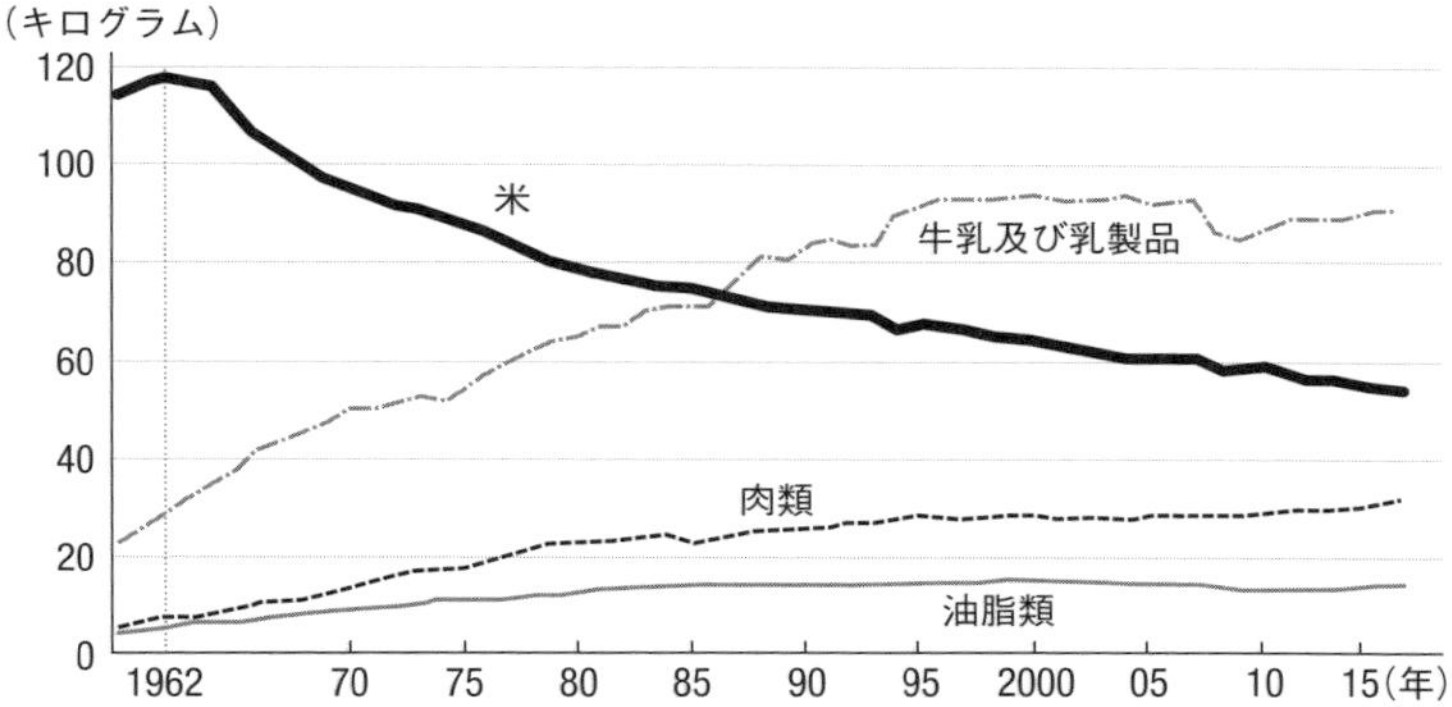

出典：nippn.com（農林水産省「食料需給表」をもとに作成）

半面、糖尿病を始めとする生活習慣病や心筋《しんきん》梗塞《こうそく》、脳卒中、高血圧などの循環器系疾患の増加が深刻になっています。

人は霞《かすみ》を食べて生きているわけではありません。食生活は人にとって最も基本的、かつ日常的な営みです。悩みも不安もなく、淡々と営まれるのが普通なのです。ところがこの飽食時代に、増え続ける生活習慣病予防のために、私たちは何をどのように食べていったらいいのでしょうか。

かつて、世界中の人々の体は「身土不二」が育ててきた

目まぐるしく変わる食の風潮の中で、世代を越えても変わらない人の食性と食文化との関わりを考えるうえでふさわしい言葉が、「身土不《しんどふ》二《じ》」です。マクロビオティックとは穀物や野菜、

図39　日本人における1人当たりの野菜消費量の推移

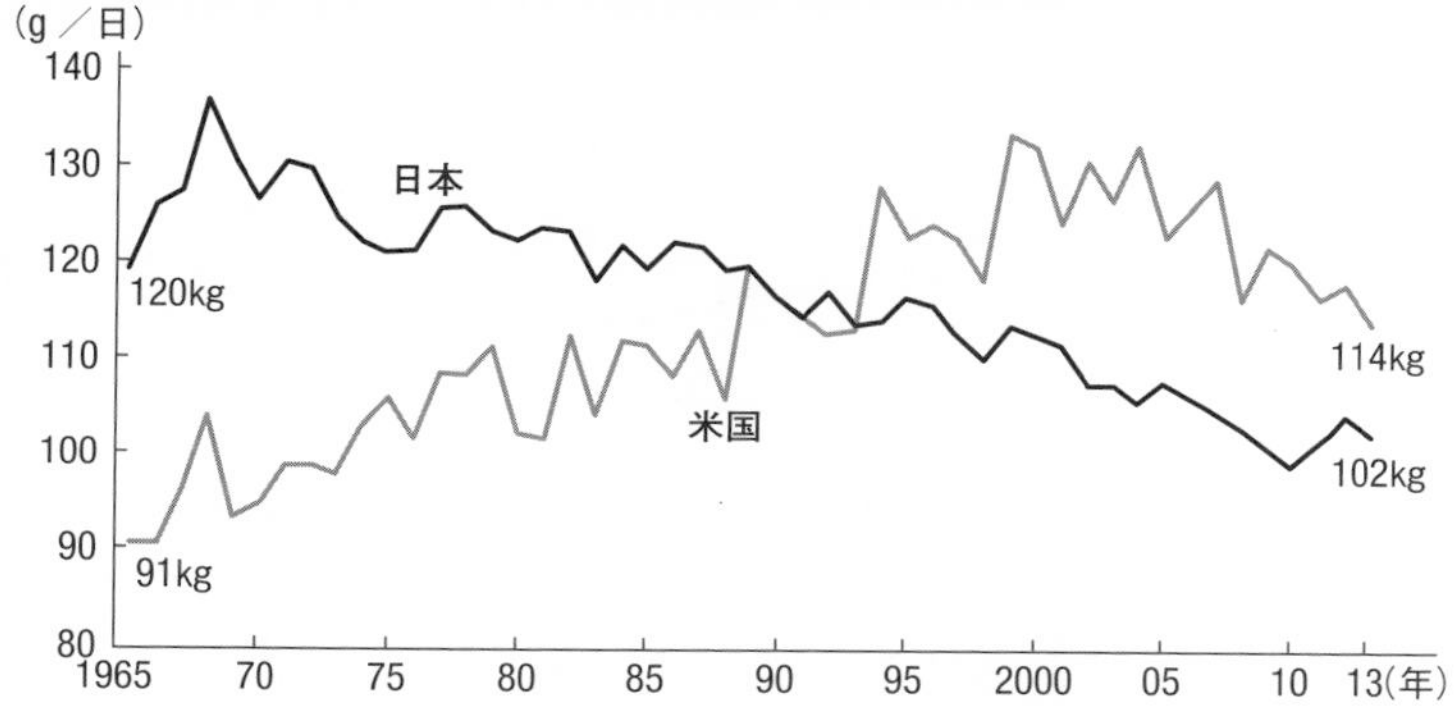

出典：農林水産省「食育白書」

海藻などを中心とする日本の伝統食をベースとした食事を摂ることにより、自然との調和を図りながら健康な暮らしを実現する考え方です。

その食の考え方「一物全体」「陰陽のバランス」とともに重要なキーワードとして、「身土不二」があります。身体（身）と環境（土）とは不可分（不二）という意味です。俗に、住んでいるところの一里四方の物を食べて暮らせば健康でいられるという食の信条として、または思想として用いられる言葉です。

身土不二は日本人ばかりではなく、世界のそれぞれの地域に住む人々が実践してきました。ヨーロッパ人はその地域の身土不二を実践することによって、乳肉食に適合する身体になっていきました。日本人もヨーロッパ人も、ヒトとしては同一種のホモ・サピエンスですが、それぞれの地域の歴史の中で築き上げられた食生活の体系は異なっています。身近なところから入手できる食材を使って、それを上手に組み合わせながら自らの体をつくり上げてきました。この広い地球の多種多様な環境の中で、自分たちにとって最高・最良の健康が維持できるようにと工夫を重ねてきたのです。

日本の風土はヨーロッパのように寒冷ではなく、中近東のように乾燥した土地でもありません。日本は豊かな自然に恵まれた、世界でも類を見ないほどの国なのです。その豊かな風土で育まれた日本人特有の食生活の体系を捨て、欧米の食文化を目指してきたことによって生じたさまざまな矛盾が、現在の健康問題の根源にあります。長い歴史の中で食べ続けてきた日本食（和食）が、日本人としての体質を形成してきました。そのバランスが**図38・39**から分かるように、崩れ始めています。

食生活が急変しても、腸内細菌叢はすぐに適応できない

戦後、脂肪摂取量が高く高カロリーの肉食文化が急速に普及しましたが、日本人がこれらの食事に適合して日本人の体質を肉食に合った身体に進化させるには、これまで歩んできた歴史に匹敵する長い年月が必要になると思います。

食生活が急変すると、長い時間をかけて築き上げた腸内細菌叢《そう》（フローラ）との共生のバランスが崩れるために、新たなバランスを探り始めなければなりません。それまでと同じくらい〝上手くいく〟ようになるまでには、何世代もかかるのです。50年や100年の短

期間で変わるはずもありません。この急激な食生活の変化が、生活習慣病となって現れているのは紛《まぎ》れもない事実です。

日本人の体を形づくってきた腸内細菌叢について、興味深い話を紹介しましょう。前述したように日本人の多くが持つ「海藻を消化する遺伝子」は、もともと海の中で海藻を食べて生活していた細菌が持っていたものと考えられています。こうした細菌は海藻にも付いていますから、それを食べた日本人の祖先はその細菌を腸内に摂り入れ、その細菌から別の細菌への遺伝子が移動することによって、腸内細菌の中に摂り込まれた可能性が高いと考えられています。

海藻を消化する腸内細菌が生まれてしまえば、その菌を代々受け継ぐだけで日本人は海藻を消化することができます。生きるために役立つ機能を、細菌を使って手に入れたのです。これは人間が自分の遺伝子として、その機能を獲得するよりはるかに簡単です。「細菌にできる仕事は腸内細菌に任せる」という戦略のもとで、私たちは進化してきたといえるかもしれません。

細菌の遺伝子を利用することには、大きなメリットがあります。それは、新たな遺伝子の獲得スピードです。細菌は世代交代が早く、遺伝子が簡単に書き換わる性質があるため、新しい遺伝子を獲得するスピードも非常に速い生き物なのです。そのため、人間が自分の遺伝子として獲得しようとすると何百年もかかってしまう世代交代を、ごく短い時間で行うことができます。そのようなメリットがあるため、多くの遺伝子操作を伴った分子生物学の実験には、細菌を使った例が多いわけです。細菌が外部からの遺伝子を容易に取り込むこともできるからです。

あえて遺伝子を捨てて、腸内細菌と合理的に共進化してきた

地球上のありとあらゆる動物は単独で生きるようには進化せず、腸内細菌と共に進化してきました。それはつまり、共に進化したほうが、一つの種が単独で進化するより有利だということを示しています。

人間の進化の過程でよく語られるのが、ビタミンC合成遺伝子です。人間は体内で必須栄養素であるビタミンCを合成できないので、外から、つまり食事から摂取するしかありません。しかし、多くの動物は体内でビタミンCを合成できます。

動物が合成できるのですから、人類の祖先もかつてはビタミンCを合成できたと推測されますが、人類は進化の過程でその能力を捨ててしまったのでしょう。というのも、人類はとても長い間、ビタミンCが豊富な野菜や果物がたくさんある環境で進化していったので、ビタミンCがあり余っていました。あえて言えば、そんな状況の中でビタミンC合成遺伝子を持っていても、何の役にも立ちません。ビタミンCの合成にエネルギーを使うより、外から豊富な野菜や果物を摂ったほうがより効率的なので、自分のビタミンC合成遺

伝子を捨ててしまったのです。

このように、生物は生きていくために必要な機能を全て自分の遺伝子として持つのではなく、新たな遺伝子を獲得するのでもなく、あえて捨てる戦略を取ることも進化のうえではあり得る選択といえるでしょう。他の生物に任せられるものは任せてしまうという、実に合理的な選択をして進化を遂げてきたわけです。動物の進化は、相当早い時期から腸内細菌がいる状況で進み、ずっと腸内細菌と共に生きてきたと考えられています。

このようにして獲得された「海藻を消化できる腸内細菌」とともに歩んだ進化によって、日本人特有の腸内細菌叢が与えられました。それは世代を越えても変わらない、日本人の食性が形づくってきたものと考えられます。昔ながらの食事（和食）のスタイルが健康にいいのは、その腸内細菌とともに進化してきたからです。そのような腸内細菌と共に歩んだ日本人の進化は、長い時間をかけてきた中で一番上手くいく仕組みだといえます。まさに、身土不二です。

日本人は、長年にわたり和食を食べてきました。それぞれの民族にはそれぞれの食生活に最適化された腸内細菌がいるので、欧米人が和食を食べても、もちろん身体にはいいかもしれませんが、腸内細菌がその真価を引き出してくれるとは思えません。

02 腸内の善玉菌・日和見菌・悪玉菌

腸内に棲む善玉菌の中でも、ビフィズス菌が最優勢の理由

第六章で腸内細菌の基本的な働きについて触れましたが、ここではもう少し詳しく見ていきましょう。

国際的な腸内細菌研究の第一人者である光岡知足《ともたり》先生（１９３０〜２０２０）が逝去されたのは、２０２０年の年末のことでした。享年90、大往生でした。私はそれまで先生がお住まいの千葉県市川市で、幾度となくお話を伺う機会がありました。先生は理化学研究所主任研究員、東京大学教授を歴任され、腸内細菌学を樹立したパイオニアでした。同じ微生物を扱い生業《なりわい》としていた私を快く受け入れてくださり、多くのことを教えていただきました。先生からお聞きした話を思い出しながら、その一端を少し紹介しましょう。

光岡先生は『ファルマシア』という日本薬学会の機関誌に腸内細菌叢と健康、病気との関わり合いについて論文を発表しました。その中で、腸内環境を整えることの重要性を分かりやすく解説しています。

それによると、腸内細菌には、善玉菌もあれば悪玉菌もあります。善玉菌はビフィズス菌、乳酸桿菌《かんきん》、腸球菌で、中でもビフィズス菌が最優勢とされています。人間の腸内に存

在するビフィズス菌は糞便1グラム当たり100億～1000億個にもなります。乳酸菌が100万～1億個であるのに比べて、ビフィズス菌のほうがケタ違いに多く存在しているのです。最優勢であるビフィズス菌の有用な働きとしては、腸管の感染の阻止、消化吸収の補助、有害菌の増殖抑制、免疫機能促進などがあります。その役割はとても重要で、ビフィズス菌を働かせることによって健康維持、健康増進が行われているといっても過言ではありません。

一方、腸内細菌には有害作用を持つものも少なくありません。それらは腐敗産物をつくり、中には発がん物質や老化物質、毒素をつくるものもあります。この毒素をつくる菌が下痢や腸炎、便秘、肝臓障害、高血糖、高血圧、がん、自己免疫疾患、免疫抑制などの悪い作用を体に及ぼします。

腸内の7割を占める日和見菌は日常のストレス、免疫抑制剤、抗生物質、手術といった外的ストレスを受けると、今までおとなしかったのにその病原性を発揮して、日和見感染を引き起こします。そのため、手術でがんを取り除いても免疫が下がった状態にあると、日和見菌が腸から入って血液の中で増殖し、敗血症を起こして患者が亡くなることも珍しくないと聞きました。

どうしてビフィズス菌が有益なのかというと、それは乳酸や酢酸をつくるからです。これらの酸は腸の働きを活発にして、便秘の改善やアルカリ性を好む腐敗菌の勢力を抑え、腐敗菌の出す有害物質を減らします。さらに便臭の改善、大腸がんの予防といった優れた働きをするからです。

普通のマウスに人間のビフィズス菌を単独で与えても全く増えませんが、牛乳と一緒に与えると棲《す》みつくことが知られています。しかし、マウスに牛乳を与えるのをやめて固形飼料に切り替えると、すぐに腸内からビフィズス菌がいなくなってしまいます。腸内のビフィズス菌には、牛乳が非常に大切であることが分かります。

無菌マウスにヒト型のビフィズス菌を与えると、ビフィズス菌は見事に定着したそうです。同様にマウス型のビフィズス菌も定着し、それぞれのマウスは最後まで生き延びたといいます。しかし、ヒト型のビフィズス菌が腸内に定着しているマウスに、マウスの盲腸内容物を与えると、ヒト型ビフィズス菌はいなくなってしまったのです。これは、もともといるマウスの常在菌によってヒト型の腸内ビフィズス菌が駆逐され、定着できなかったことを示しています。この結果から、人間の腸内でもマウスの腸内でも、外から取り入れた乳酸菌は、よほどのことでもない限り定着できないことが明らかになったわけです。

プロバイオティクスとプレバイオティクス、シンバイオティックス

やがて、ビフィズス菌を増やすには「プレバイオティクス」と「プロバイオティクス」を摂ればいいといわれるようになりました。

プロバイオティクスとは、「生きたまま腸に届いて人体に良い影響を与える微生物、あるいはそれを含んだ食品」を指します。現在、世界で活用されているプロバイオティクスの菌は50種類以上にも及びます。その代表格が、乳酸菌とビフィズス菌です。食品ではヨーグルト、乳酸飲料、納豆、麹《こうじ》や味噌などです。

プレバイオティクスはプロバイオティクスの働きを促すもので「腸内の善玉菌だけに働き、増殖を促したり活性を高めたりすることで健康に有益な物質」と定義づけられています。具体的には、腸内環境を整えるオリゴ糖や食物繊維などがあります。オリゴ糖とは、ブドウ糖や果糖と呼ばれる単糖類がつながってできた糖です。さまざまな食材に含まれますが、乳製品のガラクトオリゴ糖、野菜のフラクトオリゴ糖、大豆食品の大豆オリゴ糖などが知られています。

プレバイオティクスとプロバイオティクスの両方摂ることを、「シンバイオティックス」と呼びます。ヨーグルトを食べたり、野菜や大豆食品を意識して食べたりする心がけは、まさにシンバイオティックスなのです。

免疫力を高めるバイオジェニックスも、健康維持に重要

光岡先生はこれとは別に、「バイオジェニックス」という概念も提唱しています（図40）。バイオジェニックスとは生体に直接作用し、免疫機能促進、抗変異原作用、抗酸化作用な

図40 「バイオジェニックス」「プロバイオティクス」「プレバイオティクス」

名称	腸内フローラとの関係	具体的な食品
バイオジェニックス	腸内細菌叢を介さず、身体に直接働きかける。腸内細菌のバランスが正常になるよう働きかける。	乳酸菌生産物質
プロバイオティクス	あくまでも生きた菌として、腸内細菌叢のバランスを改善して体調調節を行う。ただし、体外より摂取した生きた菌は腸内で発育・定着することは困難（多種類の菌を多量に毎日摂ることが必要）。	ヨーグルトなどの発酵乳や乳酸菌飲料（生きた菌だけに限定されたもの）※1
プレバイオティクス	腸内善玉菌の増殖を促し、腸内細菌叢のバランスを整える。	食物繊維やオリゴ糖、フラボノイド、カテキン、ビタミンなどを含んだ食品※2

※1：ぬか漬け、味噌、キムチ、納豆などの発酵食品、ビフィズス菌、乳酸菌、酪酸菌などの生きた菌を含んだサプリメント

※2：サトウキビ、タマネギ、キャベツ、ゴボウ、アスパラガス、蜂蜜、バナナ、牛乳、ヨーグルト、ジャガイモ、ブドウ、きなこ、ニンニク、トウモロコシなど（※ただし食品に含まれるオリゴ糖は少量）、オリゴ糖やデキストリンなどのサプリメント

出典：「バイオジェニックスの時代へ」（バイオジェニックス連絡協議会 光岡知足・2009年）

どその他の生理活性作用を発揮するものとしては、ポリフェノールの一種で、野菜や果物、大豆などに含まれているフラボノイドと、フラボノイドの一種でブルーベリーなどのベリー類に含まれているアントシアニン、緑茶に含まれいるカテキンなどが挙げられます。

死んだ乳酸菌である「乳酸菌死菌体」などもその一つです。乳酸菌死菌体には腸内に棲んでいる乳酸菌を増やす因子が多く、清涼飲料水やガム、チョコレートなどの菓子類やサラダなどにも添加、サプリメントとしても利用されています。都合がいいことに乳酸菌死菌体は「死菌」で生きていないので、生菌が食材や食品で繁殖する心配がありません。

ビフィズス菌を増やすには、その摂り方が重要です。乳酸菌は生きている（プロバイオティクス）と、死んでいる（バイオジェニックス）

にかかわらず、少量ではなくたくさんの菌を摂ることが大切なのです。

ただし、ヨーグルト（プロバイオティクス）は脂肪分が高く、糖を添加したものもあるので注意が必要です。もちろん、糖分や脂肪分が気にならない人にとって、ヨーグルトはとてもいい食品であることに間違いありませんが、食事制限されている人には特に乳酸菌死菌体の摂取をおすすめします。

私どもの会社がつくっている乳酸菌死菌体（「クラビス乳酸菌」）は、1グラムの中に2兆5000億個の死んだ乳酸菌（バイオジェニックス）が含まれています。仮に同じ量の乳酸菌をプロバイオティクスとしてヨーグルトで摂るには、100グラムのヨーグルト268個（26・8キログラム）を食べる計算になります。これだけのヨーグルトを食べることは無理なので、バイオジェニックスが注目されているのです。プロバイオティクスだけでは乳酸菌が十分摂れないので、バイオジェニックスで今いる乳酸菌を育てる（育菌）、と考えてもらっていいでしょう。

プレバイオティクスであるフラクトオリゴ糖は特定保健食品で、光岡先生が発見したものです。フラクトオリゴ糖は難消化性で消化酵素では分解されないため、大腸で善玉菌の栄養素となり、腸内環境を良好に保つ働きがあります。加齢によってビフィズス菌が少なくなっても、オリゴ糖を摂ることによってビフィズス菌が優位に増えるのです。私どもの会社が手がけている「クラビス乳酸菌死菌体」（植物由来〈漬物〉乳酸菌、ラクトバチルス・プランタラム）もオリゴ糖同様の効果を示し、ビフィズス菌の増殖を促します。マウスを使った試験では、その数が摂取しなかったマウスと比べて3倍にも増えました。このようにオリゴ糖や乳酸菌死菌体の摂取によって、腸内のビフィズス菌を増やすことができるのです。

「ヨーグルト」「ヤクルト」「カルピス」は、一体何が違うのか

乳製品には発酵乳や乳酸飲料、殺菌酸乳・乳酸菌生産物質などがありますが、その違いが分かりにくいかもしれませんので少し説明しましょう（**図41**＝376ページ）。

発酵乳はヨーグルトで、分類は生菌となりプロバイオティクスに含まれます。発酵乳酸菌飲料は「ヤクルト」に代表される生菌飲料で、これもプロバイオティクスです。殺菌酸乳とは「カルピス」などに代表される飲料で、殺菌工程が入るので死菌殺菌酸乳になり、バイオジェニックスに含まれます。一方、乳酸菌生産物質には乳酸菌がつくった分泌物で、菌体を除いた乳酸菌分泌物と、培養した死菌とその上清《じょうせい》（上澄）を一緒にした乳酸菌発酵液の2種類があります。乳酸菌生産物質の多くは培地に大豆を使い、糖質を加えて培養しています。ここで注目してほしいのが、培養が終わったときにどの程度の菌数が含まれているかということです。

発酵乳（ヨーグルト）と発酵乳酸菌飲料（ヤクルトなど）は1ミリリットル当たり1000万個以上の菌を培養できますが、5日から7日まで培養を続けると、自らつくり出す乳酸で

図41　乳製品の種類

		発酵乳	発酵乳乳酸菌飲料	殺菌酸乳	乳酸菌生産物質	
					乳酸菌分泌物	乳酸菌発酵液
乳酸菌の構成	生菌	○	○			
	死菌			○	○	
	上清				○	○
培養基質		乳			大豆・糖質	
無脂乳固形分（%）		8%以上	3%以上			
培養終了後の乳酸菌数／mℓ		10^7以上	10^7以上	10^{10}以上	10^{10}以上	10^{10}以上
商品例		ヨーグルト	ヤクルト	カルピス	生源	喜源

出典：『バイオジェニックスの時代へ』（バイオジェニックス連絡協議会／光岡知足／ 2009年）

乳酸菌は死んでいきます。死菌になることを気にせずどんどん増やしていくと、その数は死菌を含めて１００億個／mℓまでになります。このように、菌数が非常に高い点に注目してください。

光岡先生は１９７０年代にカルピスの効用を研究し、殺菌酸乳を与えたマウスの寿命が８％ほど延びたそうです。死菌を与えるとマウスの腸内でビフィズス菌が多くなりますが、牛乳や普通の餌では増えることがなかったと聞きました。

長生きする原因をさらに探ったところ、「マウスが、がんになりにくい」「腎炎を起こしにくい」ということが分かり、さらに実験と観察を重ねました。エーリッヒ腹水がん細胞を、あらかじめマウスに植えておいて殺菌酸乳を与えると、対照群と比べてこのエーリッヒ腹水がん細胞の増殖が30％ほど阻止されたのです。その結果から光岡先生は、殺菌酸乳が免疫機能を刺激して、がんを抑えているに違いないとの推論にたどり着いたそうです。

死んだ乳酸菌を餌にして善玉菌がパワーアップ

しかし人間にとって、なぜ生きていない乳酸菌が有益なのでしょうか。

乳酸菌はしばらく培養していると、自分の出した酸でほとんどが死んで壊れてしまい、バラバラな小さな破片になります。そのバラバラになった乳酸菌の死体が腸内環境を改善し、免疫機能を飛躍的に高めるのです。

腸管を流れてきたウイルスや病原菌などの外来菌は、回腸（小腸）にあるパイエル板という組織を通して体内に引き込まれます。パイエル板の表面にはM細胞と呼ばれる細菌が待機し、ウイルスや病原菌などの抗原をパイエル板内部に取り込みます。すると、体内にはそれを捕食し、やっつけてしまうマクロファージという〝兵隊細胞〟がいて、これが外来菌を食べると同時に全身の免疫細胞に向けて「異物が入ってきたぞ」という信号を出します。つまり、人間の持つ免疫機能のスイッチを押す役割をします。それが制がん効果や感染防除作用につながる重要な働きをしています。

死んでバラバラになった乳酸菌は生菌に比べて圧倒的にサイズが小さいため、パイエル板が異物と認識して取り込まれやすくなっています。しかも細かくなった分だけ数も多いので、免疫機能のスイッチを押す回数が飛躍的に増えます。これによって人間が本来持っている自己免疫機能が活発に働き出し、免疫力を高く維持して健康な体をつくります。これこそ、乳酸菌はその生死にかかわらず、免疫機能を活性化させるメカニズムなのです。乳酸菌は菌種・菌株によって微妙に細胞壁構成成分が異なるので、高い免疫機能を活性化させるには特定の菌種・菌株であることが重要です。

乳酸菌といえば、一般的には腸内環境を整えるだけだと思われがちですが、免疫機能の促進など一歩進んだ疾病《しっぺい》予防効果も期待できることが分かってきました。1978年頃のことでしたが、やがて死菌であっても驚くべき機能を発揮することが、何人かの研究者などによって確認されました。近年になってやっとバイオジェニックス、すなわち死菌でも機能性があることが認知されてきています。

殺菌酸乳（カルピス）を血圧の高いラットに与えると、血圧が下がることも明らかになっています。殺菌酸乳の中に血圧を下げる物質ラクトトリペプチドがあることが判明し、「アミールW」という機能性表示食品として、アサヒ飲料から販売されています。

死んだ菌でいいとなれば、長期間発酵させた乳酸菌生成物を加熱処理し、カプセルなどで摂取することも可能になります。通常、ヨーグルト200ミリリットルで20億個程度の生きた乳酸菌（プロバイオティクス）を摂取できるのに対して、乳酸菌生成物を製品として加工処理すれば、わずか数グラムで1～2兆個もの摂取が可能です。前述の「クラビス乳酸菌」がそれに当たり、わずか1グラムで100グラムのヨーグルト268個分に含まれる乳酸菌に相当する量が摂取できる計算になるのです。クラビス乳酸菌は、秋田今野商店で製造販売しています。

死菌化した乳酸菌は、約0・6ミクロンの小さな破片になる

死んでバラバラになった乳酸菌のサイズについて、もう少し説明していきましょう。

通常、乳酸菌は1日培養した場合の培養液中の生菌は1ミリリットル当たり20億を超える数が確認されていますが、6日間培養した場合の培養液中には自らの出した乳酸で死菌化していて、生菌はもはや残っていません。しかし、注目すべきはその菌体の大きさです。一般に球菌は2ミクロン前後、細長い棒状の形をした桿《かん》菌は5ミクロン前後です。乳酸菌の場合、1日目は1・4ミクロンほどあった球菌が、6日目は壊れて0・6ミクロンという小さな破片になってしまうのです。

バラバラになって小さくなることは、とても重要な意味を持っています。食べ物の中には病原菌を始め有害物質が含まれる場合もあるので、腸はその食べ物を体内に摂り入れていいかどうかを瞬時に見分ける働きを担っています。人間の体を病原菌から守るために、腸には強い免疫系が必要です。そんな腸の役割のために存在しているのが、小腸の後半部分にある回腸から大腸にかけて多く存在しているパイエル板です。

食事によって口から摂り入れた食物は、吸収・消化されて肛門に至るまでの器官で栄養素の吸収だけでなく、細菌などの異物をそのまま取り込んでいます。それらは、パイエル板の下に控える、マクロファージなどに摂り込まれていくのです。パイエル板が摂り込んで貪食《どんしょく》できる大きさは最大20ミクロンといわれています。乳酸菌の細胞は単独でバラバラ状態であることは少なく、凝集して大きな塊《かたまり》となっていることが多いのですが、死菌体化してバラバラになり微小になっていることで、パイエル板での摂り込みがスムーズに行われると考えられています。

この貪食が、人の免疫力を向上させることが分かっています。

腸内細菌は、腸内を通過する菌と常在菌とに分けられる

多くの人たちは善玉菌について、間違った考え方を持っているようです。「生きた乳酸菌」を含むヨーグルトを常食すると、腸内に定着・増殖してくれると期待するのですが、それは残念ながら叶《かな》いません。実は食事やサプリメントで取り入れた乳酸菌は、腸内に定着することができないのです。

乳酸菌の良さを世界で初めて発表したのは、1908年にノーベル生理学・医学賞を受賞した、ロシアの微生物学者で動物学者のイリア・メチニコフ（1845〜1916年）です。彼は、「人間の老化は腸内の有害菌による腐敗産物が原因で、ヨーグルトを食べて有害

菌を減らすことが長寿の秘密」というヨーグルト不老長寿説を唱えました。

しかし、ヨーグルトの中の乳酸菌は胃酸で殺されてしまいます。また、乳酸菌はその名前のイメージから、乳酸をつくりその酸の中で生きながらえていると思っている人も多いかもしれませんが、実は乳酸菌は酸に弱く、自らつくった酸で死んでしまうのです。自らがつくり上げた、しかし自分でしかつくり上げることができない酸が仇《あだ》となって、それで死んでしまうなんて、なんとも哀れで無常な死に方です。いずれにせよ、それらの理由から、死んだ乳酸菌が腸内を腐敗の状態から発酵の状態にするとは考えられないとして、いつしかヨーグルト不老長寿説は無視されるようになりました。

ところがその後、ヨーグルト中の乳酸菌は胃の中で死なず、無事に小腸に達すれば増殖して、発酵の状態に導くのではないかという仮説が生まれました。そのため、ヨーグルトを食べる文化がなかった日本にもさまざまな乳酸飲料が登場し、今では1日に数百万本も売り上げる巨大市場へと成長したのです。

一般に、乳酸菌は胃さえ通過すれば生きられると考えられていますが、実は胃だけでなく腸にも外来菌を殺す物質がたくさんあることが知られています。小腸の繊毛《せんもう》の根元にパネート細胞という組織があり、そこから外来菌の細胞膜を溶かすリゾチーム、殺菌力のある胆汁酸《たんじゅう》、外来菌の鉄代謝を阻害して死に追いやるラクトフェリン、白血球の一種・好中球、マクロファージと呼ばれる自然免疫細胞などが腸管粘液の中に出てきて、生きている外来菌を捕らえて殺してしまうのです。

ＩｇＡという抗体は、全体の３分の２が腸で分泌されます。補体と呼ばれる血中タンパク物質は、侵入してきた外来菌と結合すると活性化され、その細胞壁を壊して生体防御のために働いています。

このように、菌を殺す物質が小腸にはたくさんあるので、乳酸菌がこれらをかいくぐって大腸まで到達することは難しいのです。そもそも食物は小腸に入ってから３時間くらいで大腸に達するので、胃酸で叩かれた乳酸菌が約３時間のうちに増えることは、とうてい無理な話というわけです。多くの障害を乗り越えて万に１個でも大腸へ到達しても、大腸には常在のビフィズス菌などが外来の乳酸菌の１０００〜１万倍もいて、餌の奪い合いをすることになります。外来菌が常在菌の餌を奪い取って勝てることは、残念ながらあり得ません。そのため、ヨーグルトや乳酸飲料などに含まれる乳酸菌やビフィズス菌は、定着することも増殖することもできない通過菌とされます。腸内細菌はこれら通過菌と、腸内細菌叢をつくる常在菌に分けられるのです。

通過菌は口から取り込まれても、増殖することなく死菌として排出されてしまうのに対して、常在菌は腸内で増殖しながら安住しています。善玉菌、悪玉菌、日和見菌にかかわらず腸内の常在菌のほとんどは、酵素があると増殖できません。嫌気性菌で種類は１０００種以上、数は６００兆から１０００兆個あるといわれています。細胞分裂のスピードは速く、6~7時間で1万から1000億倍に増えていきます。その代わり死ぬのも早く、ほぼ3日で菌の命は尽きてしまいます。その成れの果てが便であり、食べ物の残りカスやはがれた腸粘膜とともに死菌体も排泄されるのです。

くり返しになりますが、ヨーグルトや乳酸飲料などに含まれる乳酸菌やビフィズス菌は通過菌なので、定着することも増殖することもできません。そのため、自分の腸にいる常在菌の中の善玉菌を育てることが大切になります。

では、どうすれば、ビフィズス菌を代表とする善玉菌を増やすことができるのでしょうか。大切なのは、腸内細菌に餌を与えるという考え方です。私たちの食事は腸内細菌にとっても大切な餌なので、短鎖脂肪酸をつくる善玉菌のビフィズス菌や日和見菌のバクテロイデスのような腸内細菌が大好きな、食物繊維を与えてやることが重要になります。

食物繊維は噛《か》んだ時に残る硬い筋のようなものではなく、胃や腸の中で消化されずに残るもので、穀物、小豆や大豆などの豆類、芋類、海藻、根菜類、果物などに多く含まれています。

03

食物繊維は第六の栄養素

不溶性、ドロドロ型水溶性、サラサラ型水溶性の三種がある

かつての栄養学の世界では、食物繊維は栄養にならない食物のカス扱いされていましたが、現在はタンパク質、脂質、糖質、ビタミン、ミネラルという五大栄養素に次ぐ第六の栄養素と呼ばれ、研究が進められています。その結果、食物繊維には三つのタイプがあることが分かってきました。大きく分けると、水に溶けない不溶性と水に溶ける水溶性の二種類ですが、水溶性食物繊維は水に溶けたときの様子から、果物や海藻に含まれるドロドロ型と、科学的に合成された食物繊維で、清涼飲料水や機能性食品などに使われるサラサラ型に分けることができます。ひと口に食物繊維といっても、これら三種類の食物繊維には、それぞれ性質や働きに違いがあることが分かっています。

食物繊維は、「便秘の解消に効く」ことで知られていますが、不溶性食物繊維を摂ると排便の間隔が短くなる、水溶性食物繊維のドロドロ型を摂ると時間が規則的になる、サラサラ型を摂ると排便がスムーズになる、といった傾向があります。不溶性は便の量を増やして大腸を刺激し、ドロドロ型は腸内細菌が腸内で分解される時に生じる短鎖脂肪酸《たんさしぼうさん》が腸壁を刺激することによって、排便を促します。サラサラ型は大腸の壁から水分を奪うため、便

図42 食物繊維総量

●すべての食品 含有量TOP20

順位	食品名	100gあたりの成分量（g）
1	こんにゃく（精粉）	79.9
2	あらげきくらげ（乾）	79.5
3	粉寒天	79.0
4	角寒天	74.1
5	凍みこんにゃく	71.3
6	しろきくらげ/乾	68.7
7	干しわらび	58.0
8	きくらげ（乾）	57.4
9	えごのり（素干し）	53.3
10	干しひじき（鉄釜／乾）	51.8
10	干しひじき（ステンレス釜／乾）	51.8
12	ほうじ茶	49.3
13	あらめ（蒸し干し）	48.0
14	てんぐさ（素干し）	47.3
15	乾シイタケ	46.7
16	せん茶	46.5
17	トウガラシ	46.4
18	ひとえぐさ（素干し）	44.2
19	玉露	43.9
20	おから（乾燥）	43.6

●調理加工食品類 含有量TOP20

順位	食品名	100gあたりの成分量（g）
1	卵の花いり	5.1
2	春巻き	3.5
3	ひじきのいため煮	3.4
4	きんぴらごぼう	3.2
5	いんげんのごま和え	2.8
6	もやしのナムル	2.7
7	お好み焼き	2.6
8	わかめとねぎの酢みそ和え	2.5
9	青菜の白和え	2.4
10	かきフライ	2.3
10	ぜんまいのいため煮	2.2
12	切り干し大根の煮物	2.0
13	ポテトコロッケ	2.0
14	チャーハン	1.9
15	筑前煮	1.8
16	メンチカツ	1.7
17	とりから揚げ	1.7
18	しゅうまい	1.7
19	松前漬け／しょうゆ漬	1.6
20	ぎょうざ	1.5

出典：文部科学省 食品成分データベース

を柔らかくして強制的に排便するという働きをします。中でもドロドロ型は、腸内の善玉菌が棲みやすい状況にすることで善玉菌を増やす働きがあるため、腸の具合を良くするというわけです。

水溶性食物繊維は腸内の水分に溶けてゲル状になる性質があるため、栄養の吸収を緩やかにする働きがあります。血糖値の急激な上昇やコレステロールの吸収も抑えるため、メタボリックシンドローム（内臓脂肪症候群）や生活習慣病の改善にも効果があります。

サラサラ型の水溶性食物繊維が入った飲料や機能性食品は手軽に摂ることは可能ですが、有害物質を排出する効果は期待できません。健康のためには不溶性やドロドロ型を含む食品を、食事で摂ることが望ましいといえます。

厚生労働省は1日20〜25グラムの食物繊維を摂るようにすすめています。食物繊維を多く含む食品は**図42**の通りです。

食物繊維は効率よく摂り込むことが重要です。どれも不規則な生活が続くと不足がちになる食材なので、日頃からこまめに摂取することを心がけたいものです。

サラサラ型の食物繊維には、ビフィズス菌を増やす働きがある

食物繊維の他にもう一つ、善玉菌のビフィズス菌を増やす役割を持つものがあります。それがオリゴ糖です。オリゴ糖はビフィズス菌の餌になり、腸内細菌叢を改善する働きがあ

ることが知られています。

糖は、結び付いている糖の数によって単糖類、少糖類、多糖類に分けられます。単糖類はブドウ糖や果糖という糖の最小単位です。少糖類には砂糖（ショ糖）や麦芽糖、乳糖など二つの糖が結び付いた糖で、二糖類と呼ばれています。オリゴ糖は3~10個の糖が結び付いた糖で、結び付いている糖の数によって性質が異なります。二糖類は腸内ですぐに消化酵素で分解され、速やかに吸収されていく一方、オリゴ糖はほとんど吸収されることがありません。たとえば、乳果オリゴ糖は難消化性物質のラクトスクロースを主成分とするオリゴ糖で、胃酸によって1・5%、小腸の粘膜にある消化酵素によって5%しか分解されません。つまり、オリゴ糖は摂取しても90%以上が消化、吸収されないので、それがビフィズス菌の餌になるのです。

オリゴ糖といっても糖の一種なので甘味はありますが、吸収できないので高血糖のリスクもほとんどなく、しかもカロリーは砂糖の半分ほどなので、機能性糖として注目されています。

糖が数百、数千と結び付いた糖はもはやオリゴ糖ではなく、澱粉《でんぷん》と呼ばれます。ご飯に含まれる澱粉は多糖類の仲間で、2000~3000個も糖が結合しているため、消化に時間がかかります。その分、腸の蠕動《ぜんどう》運動が促されるために便通が改善されるのです。

ここではあえて食物繊維とオリゴ糖を分けて説明しましたが、前記したサラサラ型の食物繊維こそオリゴ糖です。食物繊維も同じ多糖類の仲間で結合している糖は3000~50万個と、とてつもなく長いので、そもそもほとんど消化することができないのです。「消化が悪い」というとイメージは悪いのですが、糖に関してはすぐ消化される単糖類のほうが体に負担をかけます。ゆっくり消化される澱粉、あるいはほとんど消化されないオリゴ糖・食物繊維のほうが腸内フローラにとってはいいのです。

オリゴ糖は、虫歯になりにくい甘味料として開発された

私たちの口の中には300~700種類の細菌が生息していますが、虫歯の原因となる菌はその中の一種で、ストレプトコッカス・ミュータンスといいます。この虫歯菌が、歯垢《しこう》の中に潜んでいるのです。生まれたばかりの赤ちゃんの口の中に、ストレプトコッカス・ミュータンスはいません。なぜなら虫歯菌は歯のあるところにしか棲《す》めないため、歯が生《は》えていないところでは生きていけないからです。この虫歯菌は糖質をエネルギーとして増えていくので、たとえば砂糖を多く含む甘いものを食べた場合、それを分解する過程で虫歯菌が酸をつくり出します。エナメル質や象牙質《ぞうげ》はとても硬い組織ですが、酸に対しては弱い性質があるため、歯の表面で虫歯菌が活動すると歯質がどんどん溶けていってしまいます。しかし、その糖質がオリゴ糖であれば、単糖類のブドウ糖や砂糖といった二糖類のようにエネルギー源として摂り込むことができないため、虫歯にならない甘味料として開

発されるようになったわけです。

人間の腸内細菌叢を構成する代表的な菌種にオリゴ糖（フラクトオリゴ糖）を与えた場合、ビフィズス菌が最も利用度が高く（相性が良く）、他の腸内細菌を圧倒します。オリゴ糖の機能性が明らかになることで、大豆オリゴ糖、乳果オリゴ糖、ガラクトオリゴ糖など他のオリゴ糖についても研究が進み、フラクトオリゴ糖と同様の働きあることが判明してきました。

ただ、人によってはオリゴ糖を摂りすぎると、腹痛や下痢などの一因になる可能性があることも分かってきているので、お腹《なか》が敏感な人はオリゴ糖を含む食品は控えたほうがいいでしょう。とはいえ、オリゴ糖は糖の仲間なのでリンゴ、バナナ、ブドウなどの果物、タマネギ、キャベツ、アスパラガスなどの野菜類にも多く含まれています。個々のオリゴ糖含有量は多くはありませんが、これらの食品は食物繊維が豊富でもあるので、相乗作用で腸内細菌叢の改善が期待されています。

短鎖脂肪酸をつくる腸内細菌は、バクテロイデスやビフィズス菌以外にもたくさん見つかっているので、それ以外の腸内細菌が重要だと考える専門家も少なくありません。腸内細菌叢は、前記したように一種の細菌の活躍だけでは維持することができません。他の多くの細胞が関与することで、いわば細菌たちのチーム力によって成り立っている事実を忘れてはいけないと思います。

あとがき

1キログラムの動物性タンパク質をつくるためには、5～10キログラムの植物タンパク質（いわゆる飼料）が必要です。動物に植物を与えて、植物タンパク質を動物タンパク質に変えるのはロスも大きく、植物の病害虫により収穫量が変動すれば、十分な量の動物性タンパク質を得ることが叶《かな》いません。

しかし、微生物を用いれば安定的に培養ができますし、微生物の菌体量に大きな変動はありませんから、このような損失は生まれません。微生物は酒やパン、チーズなどの生産に関わるだけでなく、菌体そのものを食べることもできるのです。菌体内にはタンパク質や糖質、脂質、ビタミンなど、重要な栄養素がたくさん含まれています。

世界人口が80億人を超え、さらに着実に増え続けると予測されています。従来の農業を主体とした食料生産手段では、もはや供給が追いつかないといわれているのです。それだけに微生物がつくるタンパク源が、解決の鍵を握っているかもしれません。

第一章では「菌食のすすめ」と題して、この実態を紹介することで近未来の代替肉（菌肉）の可能性をイメージしていただけたことと思います。

第二章では「酒に関わる菌類の活躍」と題して、酒造りの高度な技術を紹介しました。地球上には100万種類以上の生物がいて、菌類と呼ばれる仲間は9万7000種ほど知られています。菌類の中にはカビや酵母、キノコの類まで含まれており、カビの仲間はその中の約36%前後を占めているといわれています。その種類は少なく見積もっても3万種は下らないとされていますが、7~8万種という研究者もいます。いずれ、20万種くらいにはなるだろうという予測もあるほどです。

これだけの数があるカビの中から、なぜ日本人は麹菌《こうじ》というカビを選び出したのでしょうか。酵母は現在、約500種が知られています。酒を造る微生物はもっと他にいてもよさそうなものですが、100万種もある生物の中で唯一、酵母だけなのです。つまり、麹菌や酵母とは、それだけ特殊な微生物ということができます。

酵母がどのような形をしていてどれだけ小さいかとか、アルコール発酵能力があるとか、米麹が澱粉《でんぷん》を分解して甘いエキス（甘酒）をつくることなどについて知っている人も多いでしょうが、それだけでは酒造りの本質を理解することはできません。酵母はなぜ酒造りの主役になれたのか、麹菌はなぜ日本の酒や味噌、醤油という発酵食品の基《もと》になれたのか、日本人はなぜこの二つの菌類を使いこなし、見事な酒文化を築くことができたのか。

酵母と麹がからみ合いながら、醪《もろみ》という一つの共生環境の中で酒が出来上がります。本書では、「酒と酵母と麹の話」を通じて麹菌を知り、酵母を知り、酒をよりよく知っていただけるように心がけました。

第三章では焼酎を取り上げました。焼酎の風味はさわやかさ、こだわり、コク、のどごしの良さなど原料の持つ多様な個性が源泉となっています。米焼酎やソバ焼酎は以前から市民権を得ていましたが、その後、麦焼酎、芋焼酎が都会の人々を魅了しました。多くの酒類の中で焼酎は順調にシェアを高め、第3次焼酎ブームのきっかけをつくり出しました。

なぜ今、焼酎ブームなのでしょうか。焼酎が健康によい酒であることも指摘されていますが、一方では何千年という悠久の時間をかけて人々が創造してきた歴史、文化、壮大な夢とロマンが焼酎の中に凝縮されていることを忘れてはなりません。焼酎は西洋の麦芽酒文化とは異なるカビ酒文化の一大産物であり、麹菌の持つ発酵機能が限りなく濃縮された複雑で芳醇な酒なのです。清酒にも、どの蒸留酒にもない焼酎しか持っていない香りがあり、それが消費者の心をつかんだのです。

本章では焼酎造りの技を原料や蒸留法にフォーカスして取り上げました。焼酎造りの高度な伝統の技を肴に、一献傾けていただければうれしい限りです。

第四章では、薬や化粧品の基となる菌の活躍ぶりをお伝えしました。私たちが用いている医薬品のうち約半分は高等植物や微生物、動物を含めた天然資源由来であるといわれています。人類は薬用植物を大昔から民間薬として用いてきましたが、ペニシリンのように微生物が生産する抗生物質なども薬として広く使われてきました。中でも、医薬品の20％以上は微生物に由来するそうです。1グラムの土の中には1000万個のカビ、1000万個の放線菌、さらには1億個の細菌が存在するといわれています。微生物は自分の空間領域を広げるために、他の微生物が嫌う物質を体外に分泌しているのです。

ここではペニシリン開発や、コレステロールを下げるスタチンの開発秘話を紹介しました。さらには微生物由来、あるいは微生物によって生成されるものの中に美肌効果やシミ対策、肌のうるおい効果を持つ基礎化粧品も人気のため、取り上げました。

このように微生物は衣・食・住・医薬・美容・保健などの実生活に見られるいろいろな現象や、各種の材料、技術などの発見、発明、工夫、知恵において、さまざまな形で貢献しています。しかし、一般の方々には実生活のどのようなところでこれらの技術が活かされているのか、知られていないように思われます。私たちの暮らしの中で、発酵食品以外に利用されている微生物の活躍の様子を知っていただければと思い、紹介しました。

第五章では、農業や自然環境を保つうえで活躍する微生物に注目しました。地球上に棲んでいる生き物の役割は、大きくは生産者と消費者、分解者に分けられます。生産者は植物です。二酸化炭素と水を原料にして太陽エネルギーで光合成を行い、糖やデンプンをつくり出しています。動物は消費者です。動物は植物や他の動物がつくった有機物を食物として利用しますが、自らの手で無機物から有機物を合成することはできません。

それに対して、細菌やカビなどの微生物は植物（生産者）は動物（消費者）とは別の役割を持っています。動植物の死体や排泄物といった有機物を分解して無機物に変化させ、それを植物や肥料（栄養）として利用できるようにさせるのです。このように、細菌やカビなどの微生物は有機物を分解するので、分解者と呼ばれています。

生産者、消費者、分解者のバランスがよく取れた世界は安定していますが、いずれかが多すぎたり少なすぎたりすると一時的に不安定となり、自然環境に歪《ゆが》みが生じます。分解者である微生物は土の中で生活しています。これらの分解作用が地球上の植物を育てる元《もと》になっていて、さらには動物の生活を支えているのです。したがって、微生物は地球上の生き物を支えている「縁の下の力持ち」です。農業はまさに、この縁の下の力持ちによって成り立つ産業といえます。

炭素や窒素、リンなどさまざまな元素は植物、動物、微生物の体をくり返し回ることで物質循環を行っています。人間が吸っている酸素も、植物が光合成時に発生させているからこそ、空《から》にならずにすんでいるのです。もしこの物質循環が止まって植物の光合成が行われず成長できなくなったら、人間の吸う酸素はすぐになくなってしまいます。誠にありがたきかな植物、ありがたきかな太陽です。

これら生産者、消費者、分解者は、相互に関係しながら生きています。生き物たちはあらゆる戦略を使って、環境に適応できる生き方を選んできました。生き方はいろいろで、決して一つではないということを私たちに教えてくれます。農業の世界でも自然の中でも、動物や植物、そして微生物は相乗共生して生き抜いていることを知っていただけたら幸いです。また、後半では環境浄化と微生物の役割について触れました。ここでは私たちの生活に直接関与することはない、馴染みの薄い微生物について紹介しています。これら特殊な微生物の中には、間接的に人類に多大な恵みを与えてくれる微生物も少なくありません。しかし、これら微生物の生育している環境があまりにも特殊であるために、これまで研究されてこなかったのです。近年の実験技術の進歩によってようやくこれらの微生物が単離され、その特性が明らかになってきました。

21世紀には人に環境に優しく、省資源で省エネルギーの技術が不可欠になることでしょう。微生物はまさに、これらを実現してくれるシステムの基軸になると思っています。

第六章では健康で長寿であるための鍵になる、腸内細菌の働きに触れました。私たちの体には、常在菌と呼ばれる微生物がたくさん棲んでいます。私たちが母親の胎内にいる時は無菌状態だといわれていますが、この世に生まれた瞬間に、数多くの微生物に出会います。母親を始めとする周囲の大人の環境から受け継いだ微生物は赤ちゃんの体内に入り、数時間のうちに定着し、それぞれが居心地のよい場所に常在菌として棲み続けることになります。これらの微生物の多くは、私たち人類よりもずっと古い歴史を持っています。人の免疫は全ての微生物を排除するのではなく、常在菌と上手に共生しながら進化の道をたどってきました。

私たちの体の免疫は、有害な微生物やウイルスなどの外敵を排除することによって生き延びるだけでなく、害のない微生物や体に有用な微生物たちと共存する賢さを身につけながら、地球環境に適応してきたのです。言い換えれば、人は地球上で最も古い歴史を持つ原始的な微生物たちを体の中で飼いながら、共に進化の道を歩んできたといえます。

微生物との共生が生み出す巧みなメカニズムを知ると、驚きを覚えることと思います。

第七章では、めまぐるしく変わる食嗜好風潮の中で、私たち日本人が長い時間をかけて築き上げてきた腸内環境が変化しようとしていることを認識し、食を見直していく必要性を述べました。

日本人は身近なところから入手できる食材を使って、それを見事に組み合わせながら自らの体に合わせて（食生活を）進化させてきました。それは、世界のそれぞれの地域に住む人々すべてが実践してきたことです。

しかし戦後、日本人の食生活は脂肪摂取量が多く、高カロリーのものに変わりました。それに伴い、日本人の持っていた旧来型の腸内環境は崩れ、そのため新たなバランスを探り始めなければならない傾向にあります。

人の腸内環境がこれまでと同じくらい上手くいくようになるには、何世代も待たなければなりません。昔ながらの食事のスタイルが健康にいいのは、これまでお腹の中に飼ってきた腸内細菌とともに進化してきたからに他ならないのです。

私たちは決して、一人で生きているのではありません。腸内には1000種類以上、6

00兆個以上ともいわれるの生き物たちとの共存共栄を図ることによって初めて、一つの生命体になっていることを忘れるわけにはいきません。細胞同士が助け合って生きているのが、人間なのです。

この大切な腸内細菌を大切にしながら腸内細菌が喜ぶ食べ物を摂り、明朗で柔和に満ちた幸せな生活を送ることが、すなわち長寿につながるものと私は確信しています。

生き物たちはあらゆる戦略を使って、環境に適応できる生き方を選んできました。生き方はいろいろで、決して一つではないということを私たちに教えてくれます。

本書が、私たちが生きていくうえで大切な役割を果たす微生物について、さらなる興味を持ってもらえる一助になれば幸いです。

本書の企画・立案をいただいた産学社の薗部良徳社長、編集者の吉川健一さん、相田英子さんに感謝申し上げます。この本をまとめるにあたり、多くの諸先生の著作物、論文を参考にさせていただきました。この場を借りて皆様に厚く御礼申し上げます。

2024年2月

今野宏

【主要参考文献】

・『麹学』（村上英也・編著、日本醸造協会、１９８６）
・『最新酒造読本』（日本醸造協会、１９９６）
・『清酒製造技術』（日本醸造協会、１９９９）
・『本格焼酎製造技術』（日本醸造協会、１９９１）
・『発酵食品への招待』（一島英治、裳華房、２００６）
・『和食とうま味のミステリー』（北本勝ひこ、津出ブックス、２０１６）
・『醸造の辞典』（北本勝ひこ・大矢禎一・後藤奈美・五味勝也・高木博史、朝倉書店、２０２１）
・『酒を楽しむ本』（佐藤 信、講談社、１９７８）
・『発酵』（小泉武夫、中公新書、１９９７）
・『麹カビと麹の話』（小泉武夫、光琳、１９９４）
・『絵でわかる麹のひみつ』（小泉武夫、講談社、２０１９）
・『酒と酵母のはなし』（大内弘造、技報堂出版、１９９７）
・『なるほど！吟醸酒造り』（大内弘造、技報堂出版、２０００）
・『酵母菌の生活』（永井 進、学会出版センター、１９８２）
・『日本酒の科学』（和田美代子・高橋俊成、講談社、２０１６）
・『東方アジアの酒の起源』（吉田集而、ドメス出版、１９９３）
・『酒づくりの民族誌』（山本紀夫、八坂書房、２００８）
・『日本酒の起源―カビ・麹・酒の系譜―』（上田誠之助、八坂書房、１９９９）
・『Forbes. R. J Studies in Ancient Technology Vol. Ⅲ Leiden』（１９６５）
・『やさしい微生物学』（浜本哲郎・浜本牧子、講談社、２００７）
・『本格焼酎』（小川喜八郎・永山久春、みやざき文庫、２００２）
・『読本本格焼酎Ｄａｎｃｙｕ』（プレジデント社、２０２０）
・『蒸留の本』（大江修造、日刊工業新聞社、２０１５）
・『身土不二を考える』（島田彰夫、無明舎出版、１９９１）
・『無意識の中の不健康』（島田彰夫、農文協、２０００）
・『じつは私たちは菌のおかげで生きています』（今野 宏、ワニブックス、２０２１）
・『ミルシル 酒造りの微生物学』（今野 宏、国立科学博物館、２０１５）

・『食をめぐる菌の話』（今野　宏、産学社、２０２２）
・『バイオテクノロジーの教科書上・下』（ラインハート・レンネバーグ、講談社、２０１４）
・『今話題の薬』（日本農芸化学会、学会出版センター、１９９５）
・『人に役立つ微生物のはなし』（日本農芸化学会、学会出版センター、２００２）
・『ルーンショット』（サフィ・バーコール、日経ＢＰマーケティング、２０２０）
・『微生物の不思議な力』（小幡斉・加藤順子、関西大学出版部、２０１０）
・『免疫と腸内細菌』（上野川修一、平凡社新書、２００３）
・『腸内フローラ１０の真実』（ＮＨＫスペシャル取材班、主婦と生活社、２０１５）
・『腸を鍛える』（光岡知足、祥伝社新書、２０１５）
・『人の健康は腸内細菌で決まる』（光岡知足、技術評論社、２０１１）
・『免疫力は腸で決まる』（辨野義己、角川新書、２０１５）
・『新しい免疫入門』（審良静男・黒崎知博、講談社、２０１５）
・『腸内共生系のバイオサイエンス』（日本ビフィズス菌センター、丸善出版、２０１１）
・『共生微生物からみた新しい進化学』（長谷川政美、鳴海社、２０２０）
・『免疫力をアップする科学』（藤田紘一郎、ソフトバンク・クリエイティブ）
・『人体常在菌のはなし』（青木皐、集英社新書、２００４）
・『うんち学入門』（増田隆一、講談社、２０２１）
・『環境バイオ入門』（本田淳裕、技報堂出版、２００１）
・『人間の遺伝』（田島弥太郎・松永　英、ＮＨＫブックス、１９８１）
・『微生物で害虫を防ぐ』（渡辺仁、裳華房、１９８９）
・『今日の抗生物質』（山口英世、南山堂、１９８４）
・『根の活力と根圏微生物』（小林達治、農文協、１９９３）
・『新農薬概論』（本田　博・赤塚尹巳・佐藤仁彦・近藤誠登、朝倉書店、１９９３）
・『微生物農薬』（山田正雄、全国農村教育協会、２０００）
・『農業環境を守る微生物利用技術』（西尾道徳、家の光協会、１９９８）
・『土壌微生物とどうつきあうか』（西尾道徳、農文協、１９８８）
・『病害防除の新戦略』（駒田亘・稲葉忠興、全国農村教育協会、１９９２）
・『「微生物と農業』（岸　國平・大畑寛一、全国農村教育協会、１９８６）

【著者紹介】

今野 宏（こんの・ひろし）

1956年秋田県生まれ。株式会社秋田今野商店 代表取締役社長。日本農芸化学会東北支部参与。日本生物工学会北日本支部委員。全国種麹組合理事長。秋田栄養短期大学客員教授。1980年東京農業大学農芸化学科卒業。農学博士。オランダ・デルフルト工科大学微生物研究所留学（1983～ 86）。株式会社真菌類機能開発研究所研究部長（1994～ 2000）。日本菌学会理事。秋田大学理工学部生命科学科非常勤講師を歴任。特許庁長官賞（2010、2017）。糸状菌遺伝子研究会技術賞受賞（2014）。著書に『じつは私たち菌のおかげで生きています』（ワニブックス）、『食をめぐる「菌」の話』（産学社）。共著に『キノコの世界』（朝日百科）、『大豆の栄養と機能性』（CMC出版）がある。

微生物がつくる発酵ワンダーランド

初版 1刷発行●2024年 3月20日

著 者
今野 宏

発行者
薗部良徳

発行所
㈱産学社
〒101-0051 東京都千代田区神田神保町3-10 宝栄ビル Tel.03-6272-9313 Fax.03-3515-3660
http://sangakusha.jp/

印刷所
㈱ティーケー出版印刷

ISBN978-4-7825-3596-7 C0026